Python数据爬取
技术与实战手册

郭卡　戴亮◎编著

中国铁道出版社

CHINA RAILWAY PUBLISHING HOUSE

内 容 简 介

海量数据的产生和大数据的高价值利用，让数据爬取变得日益重要。本书为读者介绍了如何使用 Python 编写网络爬虫批量采集互联网数据，如何处理与保存采集到的信息，以及如何从众多纷乱的数据中提取到真正有用的信息。本书末尾介绍了几种常用的数据可视化工具。让读者能够从头到尾完整地完成网络数据的采集与分析项目。

本书理论与实例并重，既能够帮助数据从业者快速提升工作效率，又可以帮助大数据爱好者用网络爬虫方便生活。

图书在版编目（CIP）数据

Python 数据爬取技术与实战手册/郭卡，戴亮编著. — 北京：
中国铁道出版社，2018.8
　　ISBN 978-7-113-24522-1

Ⅰ. ①P… Ⅱ. ①郭… ②戴… Ⅲ. ①软件工具-程序设计-手册
Ⅳ. ①TP311.561-62

中国版本图书馆 CIP 数据核字(2018)第 102692 号

书　　名：Python 数据爬取技术与实战手册
作　　者：郭　卡　戴　亮　编著

责任编辑：荆　波　　　　　　　　读者热线电话：010-63560056
责任印制：赵星辰　　　　　　　　封面设计：MXK DESIGN STUDIO

出版发行：中国铁道出版社（100054，北京市西城区右安门西街 8 号）
印　　刷：北京鑫正大印刷有限公司
版　　次：2018 年 8 月第 1 版　2018 年 8 月第 1 次印刷
开　　本：787 mm×1 092 mm　1/16　印张：19.75　字数：402 千
书　　号：ISBN 978-7-113-24522-1
定　　价：59.80 元

版权所有　侵权必究

凡购买铁道版图书，如有印制质量问题，请与本社读者服务部联系调换。电话：（010）51873174
打击盗版举报电话：（010）51873659

前　言

　　过去的几十年里，各行各业都出现了大规模的数据增长，尤其是在移动互联网快速发展的今天，数据体量巨大、处理速度快和价值密度低是目前大数据的显著特征。随着大数据时代的到来，如何利用大数据技术将海量数据快速地转换为有用的知识与信息资源已成为 IT 界广泛关注的焦点，也是 IT 人士的必备技能。要真正地享受到大数据时代的便利，获取到能够改善生活、提高工作效率的信息，必须具备快速获取并分析数据的能力。网络爬虫已经成为人们工作、学习和生活中获取海量数据不可或缺的工具，广泛应用于娱乐、金融、科研等众多领域，例如：求职者可以利用网络爬虫抓取招聘信息，快速筛选出适合自己的岗位；购房者可以抓取二手房信息，帮助做出购房决策；业余时间人们可以抓取影评信息，挑选优质电影放松身心；股民也可以获取股票数据、新闻报道，掌握财经动态；在科研项目中使用网络爬虫爬取并分析当前该领域的研究趋势，能够节约大量时间和精力，并为科研项目提供方向性的指导。

　　对于零基础的读者，在自学网络爬虫前需要补习 Python 和计算机网络知识，需要大量时间。本书中，作者将结合自身学习 Python 网络爬虫的经验，为大家筛选学习网络爬虫所需要的必备知识，书中的理论知识都将通过实例应用的形式展现，帮助大家在短时间内掌握基本的网络爬虫技能。为了方便读者学习了网络爬虫之后能够将采集到的数据加以利用，书中还会进一步介绍如何使用 Python 进行数据分析的相关技术。

　　作者总结了学习心得体会，采用适合初学者的学习方法写成此书，希望对大家有所帮助。因作者水平和成书时间所限，本书难免有疏漏或不当之处，敬请读者指正。

本书特色

1. 实例优先

　　读万卷书不如行万里路，虽然 Python 是一门简单明了的编程语言，但对于初学者来说，即使充分理解了其基础理论和算法，在实践中还是会碰到诸多难题。

　　本书采用理论与实践操作相结合的方式帮助读者融入 Python 的世界，其例举的网站均为常见网站，如微博、豆瓣、百度、简书等，方便读者在进行编程练习时也能获取到一定的有用信息。秉承"益于理解,重在掌握"的原则,笔者有意用较多的实例来展示这些内容,希望读者能在学习中及时获得反馈,提高学习效率。

2. 内容全面

本书介绍了 Python 语言中与网络爬虫以及数据分析有关的众多第三方库的使用方法,涵盖了网络访问、网页解析、数据存储、数据分析、数据可视化等各方面的内容;适合初学者快速熟悉网络爬虫及数据分析技术的细节。

3. 讲解详尽

本书对重要的第三方库如 urllib、BeautifulSoup、lxml、Scrapy、Numpy 等均进行了翔实地讲解,对重点函数进行了实例说明,并且每个实例均由浅入深地从项目思路开始层层剖析,帮助读者建立起数据抓取及分析的思维,做到"授人以渔",使读者能够快速脱离书本,建立自己的项目。

读者须知

- 版本的选择

要运行书中代码,你需要安装 Python 3.4.4 及以上版本,因为示例代码无法在 Python 2 环境中运行。

- 操作系统环境

书中代码运行在 Windows 操作系统中,在 Linux 环境下运行可能会出现报错。

- 浏览器的使用

书中大多数浏览器操作都是基于 Chrome、Firefox 等,若使用 IE 浏览器,对应的操作方法将会有所变化,耗费不必要的时间。

本书结构

本书作为 Python 网络数据采集的入门书籍,力求囊括以数据采集为中心的各方面知识与经验技巧,以期帮助读者快速上手,实现自己的网络爬虫项目。

(1) 本书从框架上主要讲了以下内容:
- 用 Python 语言进行网络爬虫实战编程;
- 各种应用场景下的网络爬虫技术;
- 爬虫工具与技能,以及如何应用。

(2) 本书从讲解顺序上可以分为以下三个部分:
- 第 1~2 章为入门理论部分,主要讲解 Python 语言与网络爬虫的基础知识;
- 第 3~7 章为网络爬虫实践部分,主要介绍网络爬虫的各项技术内容;

- 第 8~13 章是爬虫工具部分，读者除了需要掌握爬虫编写技能外，还需要了解与爬虫相关的采集、存储、分析、可视化工具的使用，才能将网络爬虫项目做得更加完善。

本书读者对象

- Python 语言初学者

网络爬虫无疑是学习 Python 语言的最佳切入点，初学者能够通过网络爬虫的编写快速地获取正面反馈，提升学习兴趣，并能够在编程过程中学习到更深层次的 Python 应用知识。

- 数据运营与分析人员

本书中介绍了很多数据采集相关的工具及技能，这些工具能够简化数据运营及分析人员的日常工作，并提升相关从业人员处理实际问题的能力。

- 大中专院校社科类学生或社科类科研人员

社科类学科往往需要大量的社会公开数据支持才能写出优质的论文，网络爬虫可以说是最简单高效地数据获取途径；对社科类学生和科研人员来说，网络爬虫能够极大地提升学习和研究的效率，是进行学术研究的必备技能。

- 对数据采集和分析有兴趣的各类人员

读者可以通过本书入门及巩固数据采集和分析的相关技术，并将之应用于感兴趣的项目中，做到学以致用。

本书学习建议

根据本书的知识结构，我们对不同基础的读者提出如下学习建议：

- 如果您是一名零基础的读者，对 Python 语言和网络爬虫知之甚少，建议从第 1 章开始按顺序阅读本书；
- 如果您有一定的 Python 语言基础，而对网络爬虫不太了解，建议您从第 2 章开始学习；
- 如果您对 Python 语言和网络爬虫都有一定的了解，想快递搭建爬虫项目，建议您从第 3 章开始阅读，并重点阅读各章示例与综合实例。
- 本书第三部分为爬虫相关技术介绍，适合在项目开发过程中进行查阅。

学习完本书中的知识之后，相信读者已具备了编写小型爬虫项目的能力，后续还可以通过实际爬虫项目来提升编写大规模高并发爬虫项目的能力。希望读者能够在未来的学习中不断提升自己对核心技术的掌控能力，进阶为网络爬虫领域的专家。

本书编者

本书 1~11 章由一线计算机教师郭卡编写，12~13 章由戴亮编写，最后由郭卡进行全书统稿。本书编写过程中得到了辽宁师范大学计算机与信息技术学院各位老师的鼎力相助，在此深表感谢。

编 者
2018 年 5 月

目 录

第 1 章　最佳拍档：网络爬虫与 Python 语言

1.1 什么是网络爬虫 1
　　1.1.1 网络爬虫的定义 2
　　1.1.2 网络爬虫的工作流程 2
　　1.1.3 网络爬虫的分类 3
　　1.1.4 为什么选择用 Python 编写网络爬虫 4
　　1.1.5 编写爬虫的注意事项 4
1.2 Python 环境配置 5
　　1.2.1 Python 的安装 5
　　1.2.2 Python 第三方库的安装 6
　　【示例 1-1】使用包管理器安装科学计算库 numpy 6
　　【示例 1-2】源代码方式安装 xlrd 库（使用 setup.py 文件）............................ 7
　　【示例 1-3】源代码方式安装 xlrd 库（使用 whl 文件）................................... 8
　　1.2.3 Python 开发工具的选择 8
　　【示例 1-4】将文本编辑器配置成 Python 开发工具（以 Notepad++为例）.. 12
1.3 Python 基本语法 13
　　1.3.1 Python 书写规则 13
　　1.3.2 Python 基本数据类型 18
　　【示例 1-5】以列表 a = ['a','a','b','c','d','d','e']为例讲解 List 的基本操作 21
　　【示例 1-6】以列表 a = [1,2,3,4,5,6,7,8]为例讲解数据型列表的属性分析 23
　　【示例 1-7】以字典 a 为例，讲解字典的基本操作 25
　　1.3.3 Python 独有数据生成方式：推导式 29
　　1.3.4 函数 30
　　【示例 1-8】局部变量与全局变量重名的运行结果与解决方案 31
　　1.3.5 条件与循环 34
　　1.3.6 类与对象 35
　　【示例 1-9】请输出学生信息中某学生的班级、姓名和总分数 35
　　1.3.7 Python 2 代码转为 Python 3 代码 36
　　【示例 1-10】以文件 test.py 为例，介绍 Python 2 代码到 Python 3 代码的转化 37

第 2 章　应知应会：网络爬虫基本知识

2.1 网页的构成 38
　　2.1.1 HTML 基本知识 39
　　2.1.2 网页中各元素的排布 46
　　【示例 2-1】以新浪博客文本为例，学习各类元素的排布规则 46
2.2 正则表达式 48

2.2.1　正则表达式简介 48
　　　2.2.2　Python 语言中的正则表达式 49
　　　【示例 2-2】正则表达式应用中，当匹配次数达到 10 万时，预先编译对正则表达式
　　　　　　　　性能的提升 51
　　　2.2.3　综合实例：正则表达式的实际应用——在二手房网站中提取有用信息 52
　2.3　汉字编码问题 54
　　　2.3.1　常见编码简介 54
　　　2.3.2　常用编程环境的默认编码 55
　　　2.3.3　网页编码 56
　　　2.3.4　编码转换 56
　2.4　网络爬虫的行为准则 57
　　　2.4.1　遵循 Robots 协议 57
　　　2.4.2　网络爬虫的合法性 59

第 3 章　静态网页爬取

　3.1　Python 常用网络库 61
　　　3.1.1　urllib 库 62
　　　【示例 3-1】从众多代理 IP 中选取可用的 IP 63
　　　【示例 3-2】百度搜索 "Python" url 演示 Parse 模块应用 66
　　　3.1.2　综合实例：批量获取高清壁纸 68
　　　3.1.3　requests 库 71
　　　【示例 3-3】用 requests 实现豆瓣网站模拟登录 72
　　　3.1.4　综合实例：爬取历史天气数据预测天气变化 74
　3.2　网页解析工具 77
　　　3.2.1　更易上手：BeautifulSoup 77
　　　【示例 3-4】解析 HTML 文档（以豆瓣读书《解忧杂货店》为例） 78
　　　3.2.2　更快速度：lxml 81
　　　3.2.3　BeautifulSoup 与 lxml 对比 82
　　　【示例 3-5】爬取豆瓣读书中近 5 年出版的评分 7 分以上的漫画 82
　　　【示例 3-6】BeautifulSoup 和 lxml 解析同样网页速度测试（基于网易新闻首页）... 85
　　　3.2.4　综合实例：在前程无忧中搜索并抓取不同编程语言岗位的平均收入 85

第 4 章　动态网页爬取

　4.1　AJAX 技术 89
　　　4.1.1　获取 AJAX 请求 90
　　　4.1.2　综合实例：抓取简书百万用户个人主页 91
　4.2　Selenium 操作浏览器 97
　　　4.2.1　驱动常规浏览器 97
　　　4.2.2　驱动无界面浏览器 100
　　　4.2.3　综合实例：模拟登录新浪微博并下载短视频 101
　4.3　爬取移动端数据 103
　　　4.3.1　Fiddler 工具配置 103

4.3.2 综合实例：Fiddle 实际应用——爬取大角虫漫画信息 105

第 5 章 统一架构与规范：网络爬虫框架

5.1 最流行的网络爬虫框架：Scrapy 111
  5.1.1 安装须知与错误解决方案 111
  5.1.2 Scrapy 的组成与功能 112
5.2 综合实例：使用 Scrapy 构建观影指南 118
  5.2.1 网络爬虫准备工作 119
  5.2.2 编写 Spider 121
  5.2.3 处理 Item 123
  5.2.4 运行网络爬虫 124
  5.2.5 数据分析 124
5.3 更易上手的网络爬虫框架：Pyspider 126
  5.3.1 创建 Pyspider 项目 127
  【示例 5-1】利用 Pyspider 创建抓取煎蛋网项目并测试代码 127
  5.3.2 运行 Pyspider 项目 129

第 6 章 反爬虫应对策略

6.1 设置 Headers 信息 132
  6.1.1 User-Agent 133
  6.1.2 Cookie 136
6.2 建立 IP 代理池 138
  6.2.1 建立 IP 代理池的思路 138
  6.2.2 建立 IP 代理池的步骤 138
6.3 验证码识别 140
  6.3.1 识别简单的验证码 141
  【示例 6-1】通过 pytesseract 库识别 8 个简单的验证码，并逐步提升准确率 141
  6.3.2 识别汉字验证码 146
  6.3.3 人工识别复杂验证码 146
  6.3.4 利用 Cookie 绕过验证码 149

第 7 章 提升网络爬虫效率

7.1 网络爬虫策略 152
  7.1.1 广度优先策略 153
  7.1.2 深度优先策略 153
  7.1.3 按网页权重决定爬取优先级 154
  7.1.4 综合实例：深度优先和广度优先策略效率对比
    （抓取慕课网实战课程地址） 154
7.2 提升网络爬虫的速度 158
  7.2.1 多线程 159
  【示例 7-1】使用 4 个线程同步抓取慕课网实战课程地址（基于深度优先策略） .. 159
  7.2.2 多进程 161

      7.2.3　分布式爬取 162

      7.2.4　综合实例：利用现有知识搭建分布式爬虫（爬取百度贴吧中的帖子）...... 162

第 8 章　更专业的爬取数据存储与处理：数据库

  8.1　受欢迎的关系型数据库：MySQL 170

      8.1.1　MySQL 简介 170

      8.1.2　MySQL 环境配置 171

      8.1.3　MySQL 的查询语法 174

      【示例 8-1】使用 MySQL 查询语句从数据表 Countries 中选取面积大于 10 000km^2

              的欧洲国家 177

      8.1.4　使用 pymysql 连接 MySQL 数据库 178

      8.1.5　导入与导出数据 179

  8.2　应对海量非结构化数据：MongoDB 数据库 180

      8.2.1　MongoDB 简介 180

      8.2.2　MongoDB 环境配置 182

      8.2.3　MongoDB 基本语法 186

      8.2.4　使用 PyMongo 连接 MongoDB 188

      8.2.5　导入/导出 JSON 文件 189

第 9 章　Python 文件读取

  9.1　Python 文本文件读写 190

  9.2　数据文件 CSV 192

  9.3　数据交换格式 JSON 193

      9.3.1　JSON 模块的使用 194

      【示例 9-1】请用 JSON 模块将 data 变量（包含列表、数字和字典的数组）转换成

              字符串并还原 194

      9.3.2　JSON 模块的数据转换 195

  9.4　Excel 读写模块：xlrd 195

      9.4.1　读取 Excel 文件 196

      9.4.2　写入 Excel 单元格 197

  9.5　PowerPoint 文件读写模块：pptx 197

      9.5.1　读取 pptx 197

      9.5.2　写入 pptx 198

  9.6　重要的数据处理库：Pandas 库 199

      9.6.1　使用 pandas 库处理 CSV 文件 200

      9.6.2　使用 pandas 库处理 JSON 文件 200

      9.6.3　使用 pandas 库处理 HTML 文件 202

      【示例 9-2】用 read_html()将某二手房网站表格中的数据提取出来 203

      9.6.4　使用 pandas 库处理 SQL 文件 203

  9.7　调用 Office 软件扩展包：win32com 204

      9.7.1　读取 Excel 文件 204

      9.7.2　读取 Word 文件 205

9.7.3 读取 PowerPoint 文件 ... 205
9.8 读取 PDF 文件 ... 206
 9.8.1 读取英文 PDF 文档 ... 206
 9.8.2 读取中文 PDF 文档 ... 208
 9.8.3 读取扫描型 PDF 文档 ... 210
9.9 综合实例：自动将网络文章转化为 PPT 文档 ... 211

第 10 章 通过 API 获取数据

10.1 免费财经 API——TuShare ... 214
 10.1.1 获取股票交易数据 ... 215
 【示例 10-1】获取某股票 2017 年 8 月份的周 K 线数据 ... 215
 10.1.2 获取宏观经济数据 ... 217
 10.1.3 获取电影票房数据 ... 219
10.2 新浪微博 API 的调用 ... 220
 10.2.1 创建应用 ... 220
 10.2.2 使用 API ... 222
10.3 调用百度地图 API ... 225
 10.3.1 获取城市经纬度 ... 226
 【示例 10-2】使用百度地图 API 获取南京市的经纬度信息 ... 226
 10.3.2 定位网络 IP ... 226
 【示例 10-3】使用百度 API 定位 IP 地址（223.112.112.144）... 226
 10.3.3 获取全景静态图 ... 227
10.4 调用淘宝 API ... 228

第 11 章 网络爬虫工具

11.1 使用 Excel 采集网页数据 ... 231
 11.1.1 抓取网页中的表格 ... 232
 11.1.2 抓取非表格的结构化数据 ... 233
11.2 使用 Web Scraper 插件 ... 237
 11.2.1 安装 Web Scraper ... 237
 11.2.2 Web Scraper 的使用 ... 238
 【示例 11-1】使用 Web Scraper 爬取当当网小说书目 ... 238
11.3 商业化爬取工具 ... 240
 11.3.1 自定义采集 ... 241
 【示例 11-2】利用网络爬虫软件八爪鱼自定义采集当当网图书信息 ... 241
 11.3.2 网站简易采集 ... 245
 【示例 11-3】利用网络爬虫软件八爪鱼的网络简易采集方式抓取房天下网中的合肥新房房价数据 ... 245

第 12 章 数据分析工具：科学计算库

12.1 单一类型数据高效处理：Numpy 库 ... 248
 12.1.1 ndarray 数组 ... 248

【示例 12-1】对一维 ndarray 数组 a 进行读取、修改和切片操作 249
【示例 12-2】对多维 ndarray 数组 b 进行读取、修改和切片操作 250
【示例 12-3】对多维 ndarray 数组 n 进行矩阵运算（拼接、分解、转置、行列式、
求逆和点乘）.. 252
12.1.2 Numpy 常用函数 253
【示例 12-4】对多维 ndarray 数组 a 进行统计操作 253
【示例 12-5】对一维 ndarray 数组 a 进行数据处理操作（去重、直方图统计、相关
系数、分段、多项式拟合）.. 256
12.1.3 Numpy 性能优化 257
12.2 复杂数据全面处理：Pandas 库 258
12.2.1 Pandas 库中的 4 种基础数据结构 258
12.2.2 Pandas 使用技巧 264
【示例 12-6】对比普通 for 循环遍历与 iterrows()遍历方法的速度差异 264
12.3 Python 机器学习库：Scikit-learn 268
【示例 12-7】以鸢尾花数据为例，使用 Sklearn 进行监督学习的基本建模过程
（决策树模型）.. 269

第 13 章 掌握绘图软件：将数据可视化

13.1 应用广泛的数据可视化：Excel 绘图 271
　　13.1.1 绘制（对比）柱形图 272
　　13.1.2 绘制饼图并添加标注 273
　　13.1.3 其他图形 275
　　13.1.4 Excel 频率分布直方图 276
　　【示例 13-1】利用 Excel 绘制全国各省市城镇人员平均工资频率分布直方图 276
13.2 适合处理海量数据：Tableau 绘图 278
　　13.2.1 基本操作：导入数据 278
　　13.2.2 绘制（多重）柱状对比图 279
　　13.2.3 智能显示：图形转换 281
　　13.2.4 绘制频率分布直方图 281
　　【示例 13-2】利用 Tableau 绘制 2015 年我国城镇就业人员平均工资频率分布
直方图 281
13.3 完善的二维绘图库：Matplotlib/Seaborn 283
　　13.3.1 使用 Matplotlib 绘制函数图表 283
　　13.3.2 使用 Matplotlib 绘制统计图表 285
13.4 优化：Seaborn 的使用 289
13.5 综合实例：利用 Matplotlib 构建合肥美食地图 293
　　13.5.1 绘制区域地图 293
　　13.5.2 利用百度地图 Web 服务 API 获取美食地址 294
　　13.5.3 数据分析 298
　　13.5.4 绘制热力图完善美食地图展示 300

Chapter 1 第 1 章

最佳拍档：网络爬虫与 Python 语言

人类自早期的结绳、小石头、算筹就开始用数据来解决问题，随着社会和技术的发展，产生的数据量愈来愈多，数据类型与结构也愈来愈复杂，加之互联网的逐渐普及，每天都会产生海量的数据，导致传统数据中心平台难以快速处理分析，也无法满足大数据背景下的数据挖掘需求。

大数据目前没有统一的概念，麦肯锡全球研究院在《大数据：下一个创新、竞争和生产力的前沿》报告中对其描述为：大数据是指无法在一定时间内用传统数据库软件工具对其内容进行抓取、管理和处理的数据集合。[1] 近年来，大数据已然成为 IT 行业继"Web 2.0"、"云计算"之后最热门的话题，各个互联网公司也看到其中的利益，都争先恐后地加入以期占得先机。那么如何从大数据中提取有用的信息，并对其整理、分析，再依靠搜索引擎这种方式已经远远不能满足需求。因此为了从海量数据中以更快地速度采集更多、更有用的信息，必须建立属于自己的个性化搜索引擎——网络爬虫。本章主要涉及的知识点有：

- 理解什么是网络爬虫并明白其工作流程。
- 为什么选择 Python 来写网络爬虫。
- Python 安装配置及其基本语法。

1.1 什么是网络爬虫

本节中将精炼介绍网络爬虫的定义、分类以及工作流程等内容，理解了网络爬虫

---

[1]解林超,石佳,王仲锋,纪德良. 大数据时代对传统数据中心的影响及思考[J].中国新通信,2014,16(02):38-39. [2017-09-29].

的概念之后才能快速形成编写网络爬虫的思路，为本书后续内容的学习打好基础。

1.1.1 网络爬虫的定义

网络爬虫是用于通过模拟用户浏览行为来自动获取 Web 数据的程序，是搜索引擎的基础。伴随着互联网技术的发展，网络信息数量与种类剧增，使用传统的搜索引擎难以满足用户对于信息获取的需求，越来越多的人开始尝试使用自定义的网络爬虫获取特定的网络数据。

不过在日常生活中，需要用到网络爬虫的地方并不多，很多人的第一个爬虫程序都是在做毕业论文的时候编写的。使用爬虫能够节约很多时间，让我们把更多的精力集中在论文中更有深度的内容上。

很多社科系的学生会以问卷调查或者网络爬虫的方式来获取论文数据，甚至每年到了准备毕业论文的季节（三四月份），国内一些大型网站接收到的爬虫访问数量会达到一个高峰。

1.1.2 网络爬虫的工作流程

网络爬虫的主要抓取对象是网页，获取的数据都是用户肉眼所见的数据，所以网络爬虫的核心思想是模拟人类浏览操作，只有在模拟人类操作获取到网页内容后，才能开始解析网页、提取数据的工作，网络爬虫的简单工作原理如图1.1所示。

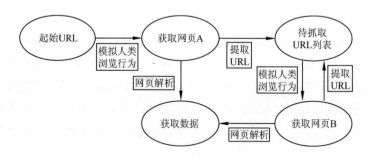

图 1.1 网络爬虫工作流程

网络爬虫具体工作流程如下：

（1）网络爬虫的爬取通常从一个起始 URL（网络地址）开始抓取，通过模拟人类用户浏览行为，获取起始 URL 对应的网页 A。

（2）从网页 A 中通过网页代码解析，提取出一系列的 URL 和有用的数据，这些 URL 会被网络爬虫加入到待抓取 URL 列表中，而有用的数据将被保存到本地（通常会保存到数据文件或者数据库中，方便使用）。

（3）网络爬虫会从待抓取 URL 列表中依次抓取每个 URL，通过模拟人类用户浏览操作获取到相应的网页 B。

（4）从获取到的网页中 B 提取出 URL 和有用的数据，URL 加入到待抓取列表中等候网络爬虫访问，有用的数据保存到本地。

1.1.3 网络爬虫的分类

1．不同用途

网络爬虫[2]根据用途可分为以下几类：

（1）通用网络爬虫（全网爬虫）

通用网络爬虫通常应用于搜索引擎和大型的 Web 服务提供商，其爬取范围和数据量巨大。此类网络爬虫主要强调爬取的广度与速度，对精度方面要求不高；通常会采用分布式爬取的方式。

（2）聚焦网络爬虫（主题网络爬虫）

聚焦网络爬虫用于有选择性地爬取某一站点的网页数据或与某一主题相关的网页数据，本书介绍的网络爬虫均属于此类型，爬取数据量不大，需要解决的问题是根据特定的网站制定出特别的爬取策略。

（3）增量式网络爬虫

增量式网络爬虫用于对已爬取数据的更新，是一种周期性运行的网络爬虫，常见于各类信息门户网站，如某些招聘信息网站，每天会爬取各类高校、企业的网站，并更新岗位信息。

（4）深网爬虫

深网是指无法通过常规搜索引擎找到的网页，包括搜索引擎无法抓取的网页、通过关键词查询的网页、需要登录或付费才能查看的网页等。

深网爬虫侧重于抓取深层网页数据，深网爬虫首先要寻找深网入口（一般为表单形式），然后模拟人类行为向表单提交特定数据，来获取深网网页内容。

2．不同获取方式

网络爬虫通常以下面两种方式来获取数据：

（1）构造请求

构造与人类访问过程相似的网络请求，让网站误以为爬虫请求是正常的人类访问请求，从而获取到网站数据。这种方式速度快，但是容易被反爬虫技术发现。

（2）自动化操作浏览器

这个方法是借助网站自动化测试工具操纵浏览器，从而实现自动化抓取数据。这种方式速度慢，但是稳定性好，不易被反爬虫技术发现。

---

[2]孙立伟,何国辉,吴礼发. 网络爬虫技术的研究[J]. 电脑知识与技术,2010,6(15):4112-4115. [2017-09-24].

1.1.4　为什么选择用 Python 编写网络爬虫

有很多编程语言都可以用于编写网络爬虫，诸如 Java、Python、C#等，其中 Python 语言在编写网络爬虫方面有着其他语言无法比拟的优势。

1. Python 语法简练

使用 Java 或其他语言编写的几十行代码的小网络爬虫，在 Python 中只需十几行代码即可完成，省去了大量的开发时间，而 Python 语言一直被人诟病的运行速度问题在网络爬虫中并不会暴露出来，因为网络爬虫项目的主要耗时是在网络访问中。

2. 众多第三方库

Python 中有众多网络爬虫相关的第三方库，如 requests、bs4、scrapy 等，很多基础代码不需要自己完成。和其他语言相比，使用 Python 编写网络爬虫的学习成本最低。

3. 数据处理能力强大

网络爬虫获取的数据最终都需要经过数据清洗和分析才能具有实际价值，而 Python 的数据分析能力是其他几种语言难以匹敌的，近年来由于大数据分析行业的发展，Python 语言的地位正在逐年攀升，根据 IEEE Spectrum 发布的排行榜，Python 已经超越 C 和 Java 语言，成为目前最受欢迎的编程语言，如图 1.2 所示。

Language Rank	Types	Spectrum Ranking
1. Python	⊕ 🖥	100.0
2. C	🖥 ⏹ ■	99.7
3. Java	⊕ 🖥 ⏹	99.5
4. C++	🖥 ⏹ ■	97.1
5. C#	⊕ 🖥 ⏹	87.7
6. R	🖥	87.7
7. JavaScript	⊕ 🖥	85.6
8. PHP	⊕	81.2
9. Go	⊕ 🖥	75.1
10. Swift	🖥 ⏹	73.7

图 1.2　编程语言排行榜

1.1.5　编写爬虫的注意事项

大量自编网络爬虫的访问使网站服务器的负担越来越大，网站开发者们开始不断强化网站的反爬虫能力，如通过爬虫信息识别、封禁 IP 和添加验证码等手段以减少爬虫访问，这些手段造成自编网络爬虫的难度越来越大，要求网络爬虫开发者也必须对 Web 开发技术有所了解，从而能够根据网站特征针对性地编写爬虫。这就涉及到一些反爬虫技术的知识，将在本书第 6 章中介绍。

然而作为爬虫开发者也不能不顾一切地增大访问速度和数据抓取量，因为这样会增大网站维护者的负担，是不道德的。关于编写爬虫的准则，将在本书的 2.4 节中进行介绍。

1.2　Python 环境配置

所谓的环境就是编写和运行程序所需要的条件的总和，包括程序运行条件和程序编写条件。Python 的环境配置分为三个步骤，分别是 Python 安装、Python 第三方库的安装和 IDE（集成开发环境）或代码编辑器的安装。

1.2.1　Python 的安装

本书中所使用的 Python 版本为 3.4.4，64 位 Windows 版。官方下载地址为：https://www.python.org/downloads/release/python-344/，在网页最底部有文件下载列表，如图 1.3 所示，建议选择 Windows x86-64 MSI installer 选项。

Files

Version	Operating System
Gzipped source tarball	Source release
XZ compressed source tarball	Source release
Mac OS X 32-bit i386/PPC installer	Mac OS X
Mac OS X 64-bit/32-bit installer	Mac OS X
Windows debug information files	Windows
Windows debug information files for 64-bit binaries	Windows
Windows help file	Windows
Windows x86-64 MSI installer	Windows
Windows x86 MSI installer	Windows

图 1.3　Python 下载列表

文件下载完成之后直接双击安装，安装过程中会出现配置环境变量选项，如果没有出现，请在安装完成之后自行配置环境变量。详细操作步骤如下：

（1）右键单击，依次选取“计算机”→“属性”→“高级系统设置”→“高级”选项卡→“环境变量”，在“环境变量”对话框中双击 Path 选项，如图 1.4 所示。

（2）将 Python 安装目录输入“变量值”文本框中；注意要使用分号将 Python 安装目录与前面的变量分隔开，如图 1.5 所示。

（3）配置完成之后，打开控制台，输入 Python，出现如下提示即为配置成功。

```
C:\Users\Administrator>python
Python 3.4.4 (v3.4.4:737efcadf5a6, Dec 20 2015, 20:20:57) [MSC v.1600 64
```

```
bit (AM
D64)] on win32
Type "help", "copyright", "credits" or "license" for more information.
>>>
```

图 1.4　设置系统变量　　　　　　　　　　图 1.5　编辑 Path

1.2.2　Python 第三方库的安装

安装完 Python 之后，就具备了运行 Python 代码的条件，但是为了编写代码时能够省心省力，还需要安装第三方库。在 Python 语言学习到一定阶段之后，可以使用第三方库完成一些较为繁琐的任务。

安装第三方库的方法主要有两种：使用包管理器安装和使用源代码安装，第一种方法较为方便，但是有些第三方库对于环境（主要是操作系统环境）要求较高，选择包管理器安装的方式很容易出现错误，因此在包管理器安装出错时，会选择源代码安装，源代码安装成功率更高，但是操作也较为复杂。

1．使用包管理器安装

Python 中常用的包管理器有 pip 和 easy_install，安装第三方库只需提供名称即可，如安装 numpy（一个科学计算库）。

【示例 1-1】使用包管理器安装科学计算库 numpy。

具体代码如下：

```
pip install numpy
```

或者

```
easy_install numpy
```

因为 pip 更常用，这里介绍一下 pip 的一些使用技巧。

由于 pip 的数据源在国外，偶尔会出现网络不通畅导致安装失败的情况，为了提高下载速度，可以将计算机中的 pip 源更换成国内的 pip 镜像，常用的镜像有：
- 清华大学源：https://pypi.tuna.tsinghua.edu.cn/simple
- 豆瓣源：http://pypi.douban.com/simple/
- 中国科技大学源：http://pypi.mirrors.ustc.edu.cn/simple//

镜像使用方法为：

```
pip install -i https://pypi.tuna.tsinghua.edu.cn/simple numpy
```

另外，在 Windows 系统中，可以使用如下方法永久性地修改 pip 源。

在 user 目录下创建一个 pip 文件夹，在文件夹中新建文件 pip.ini，在文件中输入如下内容：

```
[global]
index-url = https://pypi.tuna.tsinghua.edu.cn/simple
```

2．使用源代码安装

在使用 pip 或者 easy_install 无效的情况下，只能选择使用源码安装 Python 第三方库，有以下两种方法。

方法一：使用源代码中的 setup.py 文件安装

从 github 或者 pypi 中下载源代码，以读写 Excel 文件的 xlrd 库为例。

【示例 1-2】源代码方式安装 xlrd 库（使用 setup.py 文件）。

操作步骤如下：

（1）在 github 中搜索 xlrd，能够找到 xlrd 的源代码，如图 1.6 所示。

图 1.6　GitHub 中的 xlrd 库源代码

（2）进入源代码页面，可以看到 xlrd 的所有源文件，如图 1.7 所示，单击 Clone or Download→Download ZIP 选项，便可以将 xlrd 的源代码下载到本地。

除此之外，还可以先安装 git 工具，然后在控制台输入 git clone +源代码 URL 的形式下载源代码。

（3）解压之后可以看到一个 setup.py 文件，在控制台中，进入该目录下，输入如下代码：

图 1.7　下载源代码的 ZIP 压缩包

```
python setup.py install
```

注意：控制台中进入某文件夹方法为输入：cd/d C:/book/，即进入了 C:/book/目录中。

等待片刻第三方库便可安装完成。

特别提醒：阅读优秀源代码是一个快速提高编程水平的好方法。

方法二：使用 whl 文件

首先要安装 wheel 包，wheel 包可以使用 pip 安装，这里推荐一个非官方的 Python 第三方库大全网址：

http://www.lfd.uci.edu/~gohlke/pythonlibs/

该网站中收录了几乎所有的 Python 常用第三方库（均为 whl 格式），仍以安装 xlrd 库为例。

【示例 1-3】 源代码方式安装 xlrd 库（使用 whl 文件）。

具体操作步骤如下：

（1）在上述网站中找到 xlrd 包：xlrd-1.1.0-py2.py3-none-any.whl。

（2）在控制台进入到 whl 文件所在目录，输入如下代码：

```
pip install xlrd-1.1.0-py2.py3-none-any.whl
```

xlrd 库即安装成功。

1.2.3 Python 开发工具的选择

Python 的开发工具有两种类型可供选择，分别是 IDE（集成开发环境，一种用于程序开发的软件，一般由编辑器、编译器、调试器和图形界面组成）和文本编辑器。另外，因为本书中大部分程序都是在 Windows 环境下开发的，所以本节主要介绍 Windows 中的各种 Python 开发工具的特点。

作者忠告：对于 Python 初学者来说，不要在开发工具方面过多尝试，本节中介绍的所有工具都经过了无数用户的检验，请根据自身习惯和工作需要选取一个合适的工具即可，任何一个工具都会有自身独有的 bug；初学者应该将主要精力集中在研究 Python 语言上。

1. IDLE

IDLE 是 Python 语言中自带的 IDE，不用另外安装。

IDLE 占用空间小，基础功能还算齐全，能够运行和调试代码，还有自动补全功能（自动补全需按 Tab 键）。

IDLE 分为两个部分：Editor 和 Shell。

据个人经验，Shell 部分（见图 1.8）对新手并不友好，常常会出现错误。因此对于新手来讲，如果需要测试小段代码，可以直接在控制台启动 Python 即可。

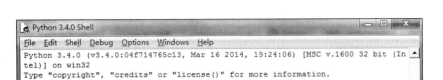

图 1.8 Shell 部分

在 Editor 中可以打开.py 文件或自行输入 Python 代码,如图 1.9 所示。输入代码并保存后,单击 Run 即可运行代码,简单方便,适合刚入门的新手使用。

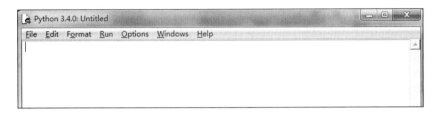

图 1.9 Editor 部分

2. PyCharm

PyCharm 由 JetBrains(位于捷克的优秀软件开发公司)出品,是一款功能强大的专业 IDE,也是目前 Windows 环境下用户最多的 IDE,如此巨大的用户群体让在 pyCharm 中遇到的问题很快找到解决方案,极大地减少了初学者的学习成本。

PyCharm 提供免费的社区版,免费版的功能对于学习来说已经足够,可用于编写 Python、Jupyter Notebook、Html 文件。

PyCharm 还提供了 Package 管理工具,操作简单方便,PyCharm 的 Package 管理工具在 File→Settings→Project:ProjectName→Project Interpreter 中(ProjectName 为项目名称),如图 1.10 所示。

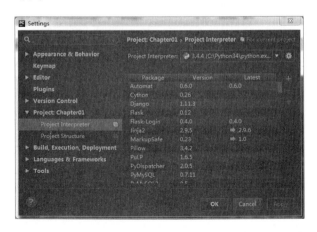

图 1.10 PyCharm Package 管理工具

在 PyCharm 界面中,单击"+"按钮还可以搜索并安装第三方库,如图 1.11 所示。

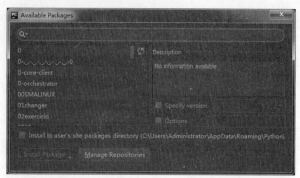

图 1.11　利用 PyCharm 安装第三方库

PyCharm 的缺点也很明显：比较笨重，启动缓慢。

3．Spyder

Spyder 最大的特点就是模仿了 Matlab 的工作界面，能够实时地查看和修改变量的值，其中的 IPython 控制台可以作为代码的结果显示区域使用，也可以在其中单独进行代码测试，很适合做科学计算领域的开发。

Spyder 通常集成在 Anaconda 和 WinPython 中，也可以单独下载使用，界面构成如图 1.12 所示。

4．Jupyter Notebook（原 IPython Notebook）

Jupyter Notebook 是一款专门用于数据处理及可视化的 IDE，随着数据科学的迅猛发展，Jupyter Notebook 的用户正在快速增长，它可以通过浏览器访问本地或者远程的 IPython（一个 Python 的交互式 Shell，比默认的 pythonshell 好用），配合 Python 的绘图库，能够在浏览器中发挥出强大的数据可视化能力，其界面如图 1.13 所示。

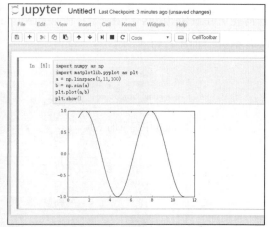

图 1.12　Spyder 界面构成　　　　　　图 1.13　Jupyter Notebook 界面

5．WinPython/Anaconda

Anaconda 是目前数据分析/科学计算领域最流行的开源 Python 发行版本，其中包含了 180 多个科学计算包以及依赖项，为新手解决了开发环境配置这一大难题。最新版本的 Anaconda 集成了 Jupyter Lab（可以看成修改版的 Jupyter Notebook）、Jupyter

Notebook、IPython Qt Console、Spyder 等工具，还可以选择安装 Visual Studio Code、Orange3（可视化机器学习工具）和 rstudio（R 语言开发工具）。

Anaconda 中提供了 conda 工具进行第三方库的安装和管理，使用方法与 pip 类似，代码如下：

```
conda install numpy
```

WinPython 和 Anaconda 类似，都是比较适合于新手学习的开源 Python 发行版本，在应用方面也都适合于做科学计算，如果你使用的是 32 位系统，建议使用 WinPython（因为 WinPython 安装比 Anaconda 更加简单，Anaconda 在 Windows 7 以前的版本中安装常出现报错），WinPython 中同样集成了大量的 Python 第三方库，并提供了 IDLEX、IPython Qt Console、Jupyter Notebook、Spyder 等开发工具，安装完 WinPython 之后就几乎不需要为环境配置而烦恼，如图 1.14 所示。

用户可以轻松地借助 WinPython Control Panel 进行第三方库安装及管理，如图 1.15 所示。

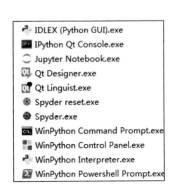

图 1.14　WinPython 中提供的工具

图 1.15　WinPython 中的第三方库管理工具

6．文本编辑器

文本编辑器主要用于编写和查看文本文件，因为程序和程序配置文件通常都是以纯文本的形式存储，所以也可以使用文本编辑器来编写和查看代码。有些文本编辑器借助插件进行拓展，能够实现简单的代码测试功能。

如果不喜欢使用笨重的 IDE，可以使用文本编辑器进行 Python 开发，但是这种方法对新手来说并不友好，需要投入一定的精力研究。

常用的文本编辑器有 Atom、Notepad++、Sublime Text、Visual Studio Code 等。这几种文本编辑器使用方法大同小异，其中 Notepad++最为轻巧，下面用一个小示例来讲解以 Notepad++为例如何将文本编辑器配置成 Python 开发工具。

【示例 1-4】将文本编辑器配置成 Python 开发工具（以 Notepad++为例）

（1）在 Notepad++的菜单栏单击"运行"→"运行"命令，在弹出的窗口中输入如下命令：

```
cmd /k python "$(FULL_CURRENT_PATH)" & ECHO. & PAUSE & EXIT
```

命令参数及其说明如下表 1-1 所示。

表 1-1 命令中各参数及其说明

参 数 名 称	说　　明
cmd /k python	表示打开控制台（CMD），运行 Python
"$(FULL_CURRENT_PATH)"	表示 Python 的路径；因为在环境变量中已经添加了 Python 路径，所以这段命令只需原样输入，不需要将 FULL_CURRENT_PATH 改为 Python 路径
ECHO	表示运行结束后换行
PAUSE	表示暂停，即不立即关闭控制台
EXIT	表示按任意键之后关闭窗口
&	命令间的连接符

若需要运行的文件为 D://ProgramFiles/test.py，则这段命令的作用与手动在控制台中输入如下命令作用相当：

```
python D://ProgramFiles/test.py
```

大部分的文本编辑器都是采用调用控制台的方式运行 Python 文件，只是实现方式略有不同。

（2）单击"保存"按钮，在弹出来的新提示窗口中为此命令取名为 Run Python，并设置快捷键（在文本编辑器中，熟练使用快捷键能够极大地提高编程效率），如图 1.16 所示。

（3）单击菜单栏中"运行"选项，可以在下拉菜单中看见 Run Python，单击 Run Python 或使用 ctrl+shift 快捷键，即可运行当前文件，运行结果如图 1.17 所示。以后运行代码可以直接使用快捷键或者从"运行"菜单中运行。

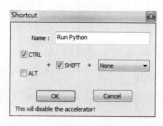

图 1.16　设置快捷键和名称　　　　图 1.17　运行 Python 代码

注意：文件必须保存之后才能运行。

1.3 Python 基本语法

前面已经介绍了选择 Python 语言编写网络爬虫的理由，接下来将学习如何驾驭 Python 这个强大的工具。与学习外语一样，掌握一门编程语言首先要学会这门语言的基本语法，只有遵循了正确的语法，才能与同样使用这门语言的人进行交流。

Python 作为最受欢迎的编程语言之一，其语法以简练易懂著称。相信通过本节的讲解，大家会对 Python 编程规则建立起清晰的认识框架。

1.3.1 Python 书写规则

Python 中一般不强制使用语句结束符号";"，而是简单地依靠缩进来区分语句之间的级别关系，因此 Python 语句书写必须规范，才能准确地看出每行代码在整个网络爬虫中的基本作用。

Python 之父 Guido van Rossum 参与编写过一个 Python 格式规范，名为 PEP8（地址：https://www.python.org/dev/peps/pep-0008/），在编写 Python 代码时，请尽量遵守 PEP 8 书写规范，能使代码整洁易懂。

因为 PEP 8 并没有官方的中文文档，为了方便读者学习和读解，我将其中的常见注意事项简单翻译后分门别类的介绍给大家。

1. 引号

在 Python 中单引号和双引号作用是一样的，但是引号必须成对出现；如果一个长字符串中需要使用两层引号，建议在外部使用双引号，内部使用单引号，如下所示：

```
"hello,my 'world'!"
```

2. 缩进

缩进时应遵循以下规范：
（1）每级代码之间缩进 4 个字符。
（2）推荐使用空格 Space。
（3）如果代码中已经使用了 Tab 作为缩进符，则不再允许使用空格 Space，二者不可混用。

3. 单行最长长度

关于单行代码长度应遵循以下原则：
（1）每行代码最长不要超过 79 个字符。
（2）长算式如果要换行，尽量在运算符之前换行。
（3）每个导入语句应单独成行。

建议格式：

```
import os
import sys
```

不建议格式：

```
import os, sys
```

4．表达式中的空格

Python 中经常会使用空格来加强代码间的空间层次感，避免代码过于紧凑，影响 Python 代码整体的可读性。但是下列情况下请不要使用空格或不要连续使用太多的空格。

（1）在括号与变量之间。

建议格式：

```
spam(ham[1], {eggs: 2})
```

不建议格式：

```
spam( ham[ 1 ], { eggs: 2 } )
```

（2）在分号、冒号、逗号前后不加空格。

建议格式：

```
if x == 4: print x, y; x, y = y, x
```

不建议格式：

```
if x == 4 : print x , y ; x , y = y , x
```

（3）在函数名与括号之间不加空格。

建议格式：

```
spam(1)
```

不建议格式：

```
spam (1)
```

（4）在字典名与括号之间不加空格。

建议格式：

```
dct['key'] = lst[index]
```

不建议格式：

```
dct ['key'] = lst [index]
```

（5）连续使用过多的空格会导致变量名与数值之间的视觉联系变弱，造成代码逻辑混乱。

建议格式：

```
x = 1
y = 2
long_variable = 3
```

不建议格式：

```
x             = 1
y             = 2
long_variable = 3
```

5．注释

注释是提升代码可读性的重要部分，Python 中使用注释时应遵循以下规定：

（1）块注释应该放置在代码前面，并与代码保持同样的缩进，"#"号之后要加一个空格，每行注释的末尾要添加结束符，如英文句号"."。

（2）尽量减少行注释的使用，避免使用过多的注释。

（3）文档描述（docstring）用于介绍函数、模块、类的作用、返回值等信息，放置在函数、模块、类内部的第 1 行，一般使用成对的三引号（'''或者"""）。

单行文档描述：

```
def f():
""" This is function f"""
```

多行文档描述：

```
Def f():
    """
    This is function f():
    It's a mining number.
    """
```

6．变量命名

在 Python 中为变量命名时，应遵循以下规定：

（1）变量命名应避开 Python 中已有的函数名，如 list，dict 等。

（2）避免使用小写 l 和大小写 o 作为单字符变量，因为有些输入法无法区分这两个字母与数字 1/0 的差别。

（3）类名中每个单词的首字母均应该大写。

（4）常量名全部使用大写字母。

推荐使用如下变量命名方式：

- b（小写字母）
- B（大写字母）
- abc（小写单词）
- a_b_c（带下划线的小写单词）
- ABC（大写单词）
- A_B_C（带下划线的大写单词）
- SumData（单词首字母大写）
- sumData（混合风格）

7．编程的规范与建议

为了增强代码的可读性，读者在编程时请遵循以下规范和建议。

（1）函数名尽量使用由下画线分割开的小写字母形式，以增强可读性。

（2）如果函数没有返回值，请使用 return None，而不是直接写 return。

（3）使用 is not，不要使用 not .... is，因为判断变量本身的真假比判断变量反命题的真假更直接，更易于理解，举例如下：

建议格式：

```
if foo is not None:
```

不建议格式：

```
if not foo is None:
```

（4）为了让程序更具可读性，尽量不要使用 lambda 表达式，而改用正常的函数定义，lambda 函数可读性差，仅用于特定场合（第 12 章批处理会讲到）。

建议格式：

```
def f(x): return 2*x
```

不建议格式：

```
f = lambda x: 2*x
```

（5）判定数据类型，因为 type 只能对类型做出直接判断，而 isinstance 功能更强，可以对子类进行判断，所以使用 isinstance 更不容易出错。

建议格式：

```
if isinstance(obj, int):
```

不建议格式：

```
if type(obj) is type(1):
```

举例如下：

```
>>> class test(int):
...     pass
...
>>> t = test()
>>> type(t) is int
False
>>> isinstance(t,int)
True
```

（6）判定该数组是否为空，if 后应该直接接 Boolean 类型变量而不是数值变量，便于理解。

建议格式：

```
if not seq:
    if seq:
```

不建议格式：

```
if len(seq):
    if not len(seq):
```

（7）对于本身就是 Boolean 类型的变量，不要再将其与 True、False 比较，以简化代码并减少运算量。

建议格式：

```
    if greeting:
```

不建议格式：

```
    if greeting == True:
```

强烈不建议格式：

```
if greeting is True:
```

实用技巧：PyCharm 中有一个拓展工具名为 Autopep 8，能够自动将代码整理成满足 PEP 8 的格式，对于读者编写程序时会有帮助。

1.3.2 Python 基本数据类型

Python 有 5 个标准的数据类型：
- Number（数值）
- String（字符串）
- List（列表）
- Dictionary（字典）
- Tuple（元组）

1．Number 数值

Number 数据类型用于存储数值，因此，该数据类型一旦定义，便无法修改；如果要修改 Number 变量的值，需要重新为该变量分配内存空间。

Python 中无需声明变量类型，系统会自动识别，省去了很多烦恼，却也留下了一些陷阱。

在 Python 中，变量第一次使用时必须赋值，不能像 C 语言中那样先声明而不赋值。

Python 中的数值类型分为：
- int（有符号整型）
- long（长整型）
- float（浮点型）
- complex（复数）

Python 支持以上 4 种不同的数值类型（Python 3 中整数只有 int 类型，没有 long 类型）。

在变量赋值时，Python 会根据数值格式自动识别数据类型，如下所示：

```
>>> a = 1
>>> b = 1.0
>>> c = 2j
>>> print(type(a),type(b),type(c))
<class 'int'><class 'float'><class 'complex'>
```

上面的 a 因为没有小数点，被系统识别为 int，带有小数点的 b 被识别为 float，而带有"j"（虚部）字样的 c 被识别为 complex。

常见的数据类型的含义如下：

（1）int 类型：Python 2 中的 int 类型有数值范围限制，在 32 位系统上，整数的位数为 32 位，取值范围为 $-2^{31} \sim 2^{31-1}$。在 64 位系统上，整数的位数为 64 位，取值范围为 $-2^{63} \sim 2^{63-1}$；而在 Python 3 中 int 类型并没有范围限制。

（2）long 类型：Python 2 中通过在整型数值的末尾添加 L 或者 i 来识别长整型数据。而 Python 3 中将 long 类型和 int 类型统一归为 int 类型。

（3）float 类型：float 代表浮点数据，用于表示实数，由整数部分与小数部分组成。

（4）complex 类型：complex 表示复数，由实数与虚数两部分构成，形式为 $a+bj$，其中 a，b 均为浮点类型。

多个变量赋值，举例如下：

```
>>> a = b = c = 1
>>> a,b,c = 1,2,'string'
```

2. String 字符串

String 字符串是一种表示文本的数据类型，通常用于编程、概念说明、函数解释等，Python 中字符串在内存中的存储方式与列表类似，字符串中的每个字符都是可以像列表元素一样单独提取出来的。

字符串也具备列表的很多功能，如切片、翻转、拼接等：

以字符串 a='string'为例。

（1）读取字母

```
>>> a[1]
'r'
```

（2）字符串切片

```
>>> a[2:4]
'in'
```

（3）翻转字符串

```
>>> p = 'string'
>>> p[::-1]
'gnirts'
```

（4）字符串拼接

在字符串拼接操作中最常用的是直接使用+号，代码如下：

```
>>> b = 'byte'
>>> a+b
'sringbyte'
```

除此之外，我们还可以使用格式化控制符进行字符串的拼接。

Python 语言中有两种格式化控制符：%和{}。

首先介绍%，%控制符最常用在 print()函数中。例如：

```
>>> a = '%sa' % 1
```

```
>>> a
'1a'
>>> print('%sa' % 1)
1a
>>> print('%sa%rb%fc' % (1,1,1))
1a1b1.000000c
```

上例中的%s为类型码,用于指定参数将以何种形式拼接入字符串,Python语言中的常用类型码如下表1-2所示。

表1-2 Python中常用的类型码

类型码	说明
%s	字符串（采用str()的显示）
%r	字符串（采用repr()的显示）
%c	单个字符
%b	二进制整数
%d	十进制整数
%i	十进制整数
%o	八进制整数
%x	十六进制整数
%e	指数（基底写为e）
%E	指数（基底写为E）
%f	浮点数
%F	浮点数，与上相同
%g	指数（e）或浮点数（根据显示长度）
%G	指数（E）或浮点数（根据显示长度）

其中%s和%r的区别：

%r常用于程序调试,因为%r使用变量的最原始数据,而%s则是直接获取字符串的内容（如果参数不是字符串则自动转换成字符串）,如下例中,使用%s获取到字符串'one',而使用%r获取到字符串"'one'"。

```
>>> a = '%s' % 'one'
>>> a
'one'
>>> b = '%r' % 'one'
>>> b
"'one'"
```

接下来介绍如何使用{}.format()来完成字符串的拼接,这种方法比格式化控制符%更加简明易读。

使用参数位置调用,例如:

```
>>> '{0}{1}'.format('a',2)#0、1指定参数位置
'a2'
>>> '{0}{1}{0}'.format('a',2)
'a2a'
```

也能通过参数名调用，例如：

```
>>> '{a}{b}'.format(a='c',b='d')
'cd'
```

还可以使用列表下标调用，例如：

```
>>> l = [1,2,3]
>>> k = [2,2,2]
>>> '{0[1]}{1[1]}{1[2]}'.format(l,k)
'222'
```

3．List 列表

List 列表是 Python 语言中最基本的数据结构之一，以一对方括号中的逗号分隔值的形式出现，举例如下：

[1,2,3,4,5]

Python 语言中列表最大的特点是其中可以混合存储任意类型的对象，如 Python 语言中自带的数值、字符串、列表、字典、元组以及用户自定义的类与对象等，这样不但为程序员节省了时间，也极大地降低了 Python 语言的学习门槛。

正所谓有得必有失，List 列表这样的设计虽然节约了程序员编写代码的时间，却加大了计算机运行代码的负担，因为在访问到 List 中的任意元素时，无论列表中是否存在多种类型，Python 会自动检测该元素的数据类型，从而增加了额外的运算量，导致 Python 语言中的 List 比其他编程语言中的数组运算速度更慢。因此在科学计算领域会使用 Numpy.ndarray、Pandas.Core.Series 等数据结构替代 List 以实现 Python 程序运行速度的提升。

下面用两个案例讲述 List 的基本操作和数据型列表的属性分析。

【示例 1-5】以列表 a = ['a','a','b','c','d','d','e']为例讲解 List 的基本操作。

（1）访问

代码如下：

```
>>> print(a[1],a[2])
a b
```

（2）切片

代码如下：

```
>>> a[2:6]
['b', 'c', 'd', 'd']
>>> a[:-1]
['a', 'a', 'b', 'c', 'd', 'd']
```

（3）倒序

代码如下：

```
>>> a[::-1]
['e', 'd', 'd', 'c', 'b', 'a', 'a']
```

（4）删除

代码如下：

```
>>> del a[0]
>>> a
['a', 'b', 'c', 'd', 'd', 'e']
```

（5）去重

去重可以使用 set()，set()会将列表转换为一个无重复项的集合对象，然后再利用 list(set)将集合重新转换为列表。代码如下：

```
>>> b = set(a)
>>> list(b)
['b', 'c', 'd', 'a', 'e']
```

（6）将 List 转换为字符串

使用特定字符将 a 中的每个元素连接起来，可以使用任意字符串，如使用空字符串和问号，代码如下：

```
>>> ''.join(a)
'abcdde'
>>> '?'.join(a)
'a?b?c?d?d?e'
```

（7）拼接

Python 的列表可以像字符串一样直接使用+号连接，代码如下：

```
>>> a+a
['a', 'b', 'c', 'd', 'd', 'e', 'a', 'b', 'c', 'd', 'd', 'e']
```

除此之外，在拼接操作中，append()也是最常用的 List 方法，用于往列表中添加元素，append()不适合用于列表的组合，append(list)会将 List 作为一个元素加入到新的列表中。代码如下：

```
>>> a.append(1)
>>> a
['a', 'b', 'c', 'd', 'd', 'e', 1]
>>> a.append([1,2,3])
>>> a
['a', 'b', 'c', 'd', 'd', 'e', 1, [1, 2, 3]]
```

如果要将两个列表连接起来，除了使用+号，还可以使用 extend()，例如：

```
>>> a.extend(a)
>>> a
['a', 'b', 'c', 'd', 'd', 'e', 1, [1, 2, 3], 'a', 'b', 'c', 'd', 'd', 'e', 1, [1, 2, 3]]
```

（8）插入元素

insert()方法能够在特定位置插入某个元素，代码如下：

```
>>> a.insert(2,10)
>>> a
['a', 'b', 10, 'd', 'd', 'e', 1, [1, 2, 3], 'a', 'b', 'd', 'd', 'e', 1, [1, 2, 3]]
```

（9）查询

index()方法能够查询某个元素在列表中第一次出现的位置，代码如下

```
>>> a.index('d')
3
```

【示例 1-6】以列表 a=[1,2,3,4,5,6,7,8]为例讲解数据型列表的属性分析。

（1）返回列表长度（即列表中元素的个数）

代码如下：

```
>>> len(a)
8
max()/min()
```

（2）返回列表中最大/最小的元素

代码如下：

```
>>> max(a)
8
>>> min(a)
1
sum()
```

(3) 计算列表中所有元素的和,并返回。

代码如下:

```
>>> sum(a)
36
pop()
```

(4) 用于移除列表中的一个元素,并返回该元素的值。

代码如下:

```
>>> a.pop(1)#参数1为元素的位置
2
>>> a
[1, 3, 4, 5, 6, 7, 8]
count()
```

(5) 统计列表中特定对象的个数。

代码如下:

```
>>> a.count(1)
1
>>> a.count(2)
0
remove()
```

(6) 删除列表中的某个对象。

代码如下:

```
>>> a.remove(1)
>>> a
[3, 4, 5, 6, 7, 8]
reverse()
```

(7) 将列表中的元素反向返回,作用类似于a[::-1]。

代码如下:

```
>>> a
[3, 4, 5, 6, 7, 8]
>>> a.reverse()
>>> a
[8, 7, 6, 5, 4, 3]
sort()
```

(8) 对列表中的所有元素进行排序,也可以使用 sorted()函数,调用 sorted(list)不会对列表进行修改,而 list.sort()会修改列表。代码如下:

```
>>> a = [8, 7, 6, 5, 4, 3]
>>> sorted(a)
[3, 4, 5, 6, 7, 8]
>>> a
[8, 7, 6, 5, 4, 3]
>>> a.sort()
>>> a
[3, 4, 5, 6, 7, 8]
insert()
```

注意：Python 语言中提供了一种 Array 数组，在 Array 数组中只允许存储同一种类型的数据，所以运算速度快于 List，读者可根据实际情况选择使用该数组，以提升运行速度。

4．Dictionary 字典

Dictionary 字典是一种由成对的键-值（Key-Value）组成的数据集合，也被称为关联数组或者哈希表。Python 语言中的字典也可以存储任意类型的对象，如数值、字符串、元素、列表等，但是不能使用字典作为键（Key），可以使用元组作为键。对于值并没有类型限制，但是要求值必须是不可变的。

一个字典的整体内容由{}包围，不同键值对之间用逗号分隔，键与值之间使用冒号分隔，例如字典 a 形式如下：

```
>>> a = {'a':(1,2,3),('b','c'):[4,5,6],'f':'g'}
```

【示例 1-7】以字典 a 为例，讲解字典的基本操作。

（1）访问和修改字典中的元素

代码如下：

```
>>> a['a']#使用键来访问
(1, 2, 3)
```

如果键不存在会出现 Key Error 错误，如下所示：

```
>>> a['b']
Traceback (most recent call last):
  File "<stdin>", line 1, in <module>
KeyError: 'b'
```

（2）对字典元素赋值

代码如下：

```
>>> a['a']=[1,2,3,4]
>>> a
{'a':[1,2,3,4], ('b','c') : [4,5,6,] ,'f':'g'}
```

（3）添加元素

代码如下：

```
>>> a['h']=1
>>> a
{'a': [1,2,3,4], ('b','c') [4,5,6], 'f': 'g' 'h': 1}
```

（4）删除字典元素

代码如下：

```
>>> del a['a']
>>> a
{'f': 'g', ('b', 'c'): [4, 5, 6]}
```

（5）遍历字典的方法

遍历字典有三种方法。

方法一：遍历键

代码如下：

```
>>> a={'f': 'g', ('b', 'c'): [4, 5, 6]}
>>> for k in a.keys():
...     print(k)
...
f
('b', 'c')
```

方法二：遍历值

代码如下：

```
>>> for v in a.values():
...     print(v)
...
g
[4, 5, 6]
```

方法三：同时遍历键和值

代码如下：

```
>>> for k,v in a.items():
...     print(k,v)
...
f g
('b', 'c') [4, 5, 6]
```

(6)将两个列表合并为字典

代码如下:

```
>>> m = [1,2,3,4]
>>> n = ['a','b','c','d']
>>> k = dict(zip(n,m))
>>> k
{'c': 3, 'a': 1, 'd': 4, 'b': 2}
```

5. Tuple 元组

Tuple 元组在内存中的存储方式与列表类似,是包含在圆括号中的、由逗号分隔的数据集,元组中也可以存放各种类型的元素,只是元组一旦创建之后便不能修改,所以在网络爬虫中,较少使用元组来存储数据。

下面介绍元组的使用方法。

(1)创建元组

创建空元组,代码如下:

```
>>> t = ()
>>> t
()
```

创建只有一个元素的元组时,需要在末尾加上逗号,否则相当于一个变量赋值语句,代码如下。

```
>>> t = (1)
>>> t
1
>>> t = (1,)
>>> t
(1,)
```

(2)访问元素

访问元组中的元素与数组、字符串等类似,都是通过下标来访问,示例代码如下:

```
>>> t = ('a','b','c','d')
>>> t
('a', 'b', 'c', 'd')
>>> t[1]
'b'
```

(3)切片

元组也能和列表一样进行切片操作,示例代码如下:

```
>>> t[1:3]
```

```
('b', 'c')
>>> t[:-1]
('a', 'b', 'c')
>>> t[::-1]
('d', 'c', 'b', 'a')
```

（4）修改元组

前面已经提到，元组是无法修改的，如果对元组元素进行赋值，会发生报错。例如：

```
>>> t[1] = 2
Traceback (most recent call last):
  File "<stdin>", line 1, in <module>
TypeError: 'tuple' object does not support item assignment
```

只能从元组中获取元素，然后再将新元素重新创建为一个新元组，如元组的拼接，示例代码如下：

```
>>> t1 = (2,2,3)
>>> t2 = (3,4,5)
>>> t3 = t1 + t2
>>> t3
(2, 2, 3, 3, 4, 5)
```

（5）删除元组

元组的删除操作在网络爬虫中应用较少，因为元组中的元素是不可修改的，故只能整体删除元组，示例代码如下。

```
>>> t = (1,2,3)
>>> t
(1, 2, 3)
>>> del t
>>> t
Traceback (most recent call last):
  File "<stdin>", line 1, in <module>
NameError: name 't' is not defined
```

元组中还内置了以下函数以完成不同的功能，示例代码如下：

```
>>> len(t1)              #返回元组长度
3
>>> max(t1)              #返回元组中最大值
3
>>> min(t1)              #返回元组中最小值
2
>>> tuple([1,2,3])       #将列表转换为元组
(1, 2, 3)
```

1.3.3 Python 独有数据生成方式：推导式

推导式是 Python 中独有的数据生成方式，是从一个数据序列构建另一个数据序列的方法，可以快速地通过单行代码构建 List，不需要使用 for 循环，且运行速度快于 for 循环创建字典或列表的方式。

1. 列表推导式

列表推导式是最常用的推导式。通过 for 循环逐个生成列表元素，与常规 for 语句不同的是：推导式中的 for 语句写在要生成的元素后面，其使用方法如下：

```
>>> a = [i*2 for i in range(1,10)]
>>> a
[2, 4, 6, 8, 10, 12, 14, 16, 18]
```

相当于

```
>>> a = []
>>> for i in range(1,10):
...     a.append(i*2)
...
>>> a
[2, 4, 6, 8, 10, 12, 14, 16, 18]
```

若将[]替换成()，则会产生一个生成器（generator），如下所示：

```
>>> a = (i*2 for i in range(1,10))
>>> a
<generator object <genexpr> at 0x7f28d8e43888>
```

2. 字典推导式

字典推导式使用大括号{}，需要指定两个元素：键与值，例如：

```
>>> dic = {'a':2,'b':3,'c':4}
>>> a = {k.upper():v+1 for k,v in dic.items()}
>>> a
{'B': 4, 'A': 3, 'C': 5}
```

3. 集合推导式

集合推导式用法与列表推导式类似，不同的是集合推导式使用的是大括号{}，而且集合推导式中出现的重复值会被自动删除，例如：

```
>>> b = {i**2 for i in [1,2,3,4,3,2,1]}
>>> b
{16, 1, 4, 9}
>>> type(b)
```

```
<class 'set'>
```

1.3.4 函数

函数是指预先设定好能实现一定功能，并且能够重复利用的代码段。与数学中的函数概念类似，都是从自变量值（函数的参数值）通过一定的规则获取因变量（函数的返回值）的值的过程。

Python 语言中的函数为 function() 形式，上一节中讲到的 max()、min()、print() 等都是函数。Python 语言中的函数根据来源的不同，可以分为三种：

（1）内建函数，指的是 Python 系统自带的函数，在 Python 代码中可以直接调用，如 type()、print() 等。

（2）第三方函数，指的是其他程序员编写好的函数，其位于 Python 第三方库（可以理解为 Python 的扩展插件）中，需要先导入第三方库才能使用。

（3）自定义函数，指的是根据自身要求编写的函数，需要先定义函数，才能调用。

函数包括三大要素：

- 函数名：函数的名称，作为函数的标识，在调用时使用；
- 参数列表：函数运行时需要传入函数的变量；
- 返回对象：函数的返回值，可以理解为函数的值。

以上一节中求元组中最大值的函数 max(t1) 为例，三大要素如下：

- 函数名为 max；
- 参数为元组 t1；
- 返回对象为元组 t1 中的最大元素 3。

然而，在 Python 语言中，对于函数来讲，这三要素都不是必需的，任意元素都可以缺失，例如：

- 使用 lambda 可以创建匿名函数；
- 有些函数不接受外部变量，如下文中的 f()；
- print() 函数没有返回值。

1. 函数相关基本概念

（1）形参

形参出现在函数的定义中，即函数名后面括号中的参数，只能在函数内部使用，离开该函数便没有意义；例如前面讲的 max（t1）中的"t1"便是形参。

（2）实参

调用函数时，在函数括号中真正输入的变量为实参，形参和实参的作用是作数据传送，实参会被传输给函数中的形参。实参可以是任意数值类型，但是传入函数时实参必须有确定的值；同理 max（t1）中的"t1"是形参，而"（1,2,3）"便是实参了。

（3）全局变量

在函数外部声明的变量或者函数中带有 global 关键词的变量称为全局变量，声明全局变量时，变量名尽量大写，便于识别。

在函数内可以调用全局变量，如下：

```
>>> a = 5
>>> def f1():
...     print(a)
...
>>> f1()
5
```

但是不能像下面这样直接修改全局变量：

```
>>> def f2():
...     a = 1
...
>>> f2()
>>> a
5
```

如果要修改的话，需要在函数内使用 global 关键字声明全局变量，如下：

```
>>> def f3():
...     global a
...     a = 1
...
>>> f3()
>>> a
1
```

（4）局部变量

若某变量只在函数内部出现，则此变量一定为局部变量，而且在函数外部也无法调用此变量。

但是如果出现函数中的局部变量与全局变量重名的情况，则在函数内部全局变量会被局部变量替代，我们看一下下面这个小例子。

【示例 1-8】局部变量与全局变量重名的运行结果与解决方案。

代码如下：

```
>>> a = 1
>>> def f():
...     a = 2
...     return a
...
```

```
>>> f()
2
>>> a
1
```

返回的值是 2，而 a 的值为 1，说明在 f()函数内部 a 的值为 2，局部变量在函数内部已经替代了外部的全局变量。

如果要在函数内部使用全局变量，需要在变量前添加 global 关键词，例如：

```
>>> def f():
...     global a
...     return a
...
>>> f()
1
```

下面将主要介绍如何定义函数和调用函数。

2．自定义函数

定义函数需要用到 def 语句，定义函数的形式如下：

```
def 函数名（参数）：
代码块
```

自定义函数时请遵循以下规则：

（1）def 后面接函数名，def 与函数名之间添加一个空格，函数名可以任取，但是要尽量避开 Python 语言中的内建函数名。

（2）函数名后面的圆括号中为参数，参数个数没有限制，括号后面要添加冒号。

（3）代码块需要缩进。

（4）函数需要有返回语句 return，如果没有返回值，要写明 return None（前面已经讲过，这里再次重复）。

假设有函数如下：

```
>>> def func(a,b=1,c=False):
...     if c == False:
...         return a*b
...     else:
...         return None
...
```

此函数中函数名为 func，参数中有三个变量 a,b,c。其中 a 未给定默认值，b 和 c 均给定了默认值。返回对象有两种，根据 C 的取值决定返回哪一个算式的运算结果，如果 C 为 True 则返回 None。

3. 调用函数

在上述函数中，a 为必备参数，因为函数定义时并没有对 a 设定默认值，如果调用 func()不提供 a 参数，函数会出现如下报错：

```
>>> func()
Traceback (most recent call last):
  File "<stdin>", line 1, in <module>
TypeError: func() missing 1 required positional argument: 'a'
```

在调用函数时，只需给出 a 的值，函数即可正常运行，其他参数会自动选择其默认值带入运算。例如：

```
>>> func(a=1)
1
>>> func(a=1,b=2)
2
>>> func(a=1,c=True)
2
```

如果传入参数时未给出变量名，函数会自动按照变量顺序将变量值与变量名进行匹配。例如：

```
>>> func(1,2)
2
>>> func(1,2,True)
2
```

4. 自定义匿名函数

Python 语言中的自定义匿名函数又称 lambda 函数，能够只用一个表达式实现一个函数。自定义匿名函数简单方便，但是缺点也很明显，如下两条：

（1）只能有一个表达式，没有 return 语句，表达式即为返回值。

（2）可读性较差，属于易写不易读的函数使用方式，PEP 8 中建议尽量减少 lambda 函数的使用。

上述函数改为匿名函数的语法如下：

```
>>> f = lambda a,b=1,c=False:a*b if c==False else a+1
```

直接调用的方法与普通函数类似，如下：

```
>>> f(1,2,True)
2
```

1.3.5 条件与循环

Python 语言中的条件语句是根据一个或多个表达式的运行结果（True 或者 False）来决定代码块的执行与否，是计算机自动化判断能力的基础。

循环语句的作用是让计算机在满足某个特定的条件时，重复做某一项工作，在处理大批量数据时需要借助循环语句逐个处理。

1. if 语句

Python 语言中没有 switch 语句，所以条件语句通常由 if、elif、else 来完成，形式如下：

```
if 条件表达式1:
    执行语句1
elif 条件表达式2:
    执行语句2
else:
    执行语句3
```

运行过程有如下几种情况：

（1）判断条件表达式 1→条件表达式 1 == True→运行执行语句 1→运行结束。

（2）判断条件表达式 1→条件表达式 1 != True→判断条件表达式 2→条件表达式 2 == True→运行执行语句 2→运行结束。

（3）判断条件表达式 1→条件表达式 1 != True→判断条件表达式 2→条件表达式 2 != True→运行执行语句 3→运行结束。

其中 elif 和 else 是可选的，单独使用 if 也可以实现完整的条件选择语句。

2. for 语句

Python 语言中的 for 循环一般用于遍历一些可遍历对象（如列表、字典等），以列表为例，形式如下：

```
for item in list:          #item是list中的元素
    func(item)             #对item进行操作
```

for 循环首先会判断表达式是否成立，即上述 for 循环会逐个提取 list 中的元素 item，直至 list 没有更多元素可以提取，循环才会结束。

3. while 语句

while 语句同样用于循环执行语句，形式如下：

```
while 条件表达式:
    执行语句
```

循环开始时，首先检查条件表达式是否为真；若为真，则运行执行语句，运行结束之后再次判断条件表达式是否为真，如此循环往复，直至条件表达式为假。若上例中的条件表达式永远为真，循环将会永无休止地进行下去。

4．Break 语句和 continue 语句

break 和 continue 都是应用于循环中的语句。break 语句用于终止当前循环，若 break 语句处于多层嵌套的循环中，则会终止最内部的循环；continue 用于跳过 continue 语句之后的语句，直接进入下一轮循环。例如：

```
>>> for i in range(1,6):
...     if i == 4:
...             break#若i==4 则终止循环
...     print('hello%s' %i)
...
hello1
hello2
hello3
```

上述循环只输出了三个字符串，i 遍历到 4 时，循环终止。

```
>>> for i in range(1,6):
...     if i == 4:
...             continue#若i==4则跳到下一轮循环
...     print('hello%s' %i)
...
hello1
hello2
hello3
hello5
```

当 i 循环到 4 时跳到了下一轮循环，故没有输出'hello4'。

1.3.6 类与对象

类指的是具有相同属性和功能的对象的集合，它是一种数据类型，类似于 list、dict 等。而对象是描述某个客观事物的实体，是类的实例。类与对象的关系就像模具和铸件的关系。

类的属性有两种，一种是数据属性，即类中包含的变量；另一种是方法属性，即类中包含的函数。

下面用一个示例来介绍类和对象的使用。

【示例 1-9】请输出学生信息中某学生的班级、姓名和总分数。

代码如下：

```
class Student:
    def __init__(self):          #self代表的是类的实例
```

```
        self.class_num = 0
        self.name = ''
        self.age = 0
        self.english_score = 0
        self.chinese_score = 0
        self.math_score = 0
    def total_score(self):        #类的方法属性,计算总分
        return self.chinese_score+self.english_score+self.math_score
```

上例中__init__(self)为类的初始化函数,当类被实例化时,__init__(self)会自动运行:

```
Tom = Student()             #创建类Student的实例Tom,Tom就是一个对象
print(Tom.name,Tom.age)     #调用Tom的属性name和age
```

结果:

0 0

可以看到 name 和 age 属性都已经被初始化为 0 了,也可以对对象的属性进行赋值:

```
Tom.class_num = 1
Tom.name = 'Tom'
Tom.age = '14'
Tom.english_score = 88
Tom.chinese_score = 99
Tom.math_score = 81
print(Tom.class_num,Tom.name,Tom.total_score())
```

结果:

1 Tom 268

班级为 1 班,姓名为 Tom,总分 268 分。

1.3.7　Python 2 代码转为 Python 3 代码

Python 2 代码与 Python 3 代码无法兼容,所以开发者必须在 Python 2 与 Python 3 中作出抉择,自 2009 年 2 月 13 日 Python 3 发布以来,关于 Python 2 和 Python 3 孰优孰劣的争论就没有停止过,随着 Python 3 的逐步更新,同时众多第三方库也逐渐增加了对 Python 3 的支持。Python 3 的使用率变得越来越高。

大部分 Python 项目都在从 Python 2 向 Python 3 迁移,但是使用 Python 2 的人仍然很多,在自学 Python 3 的过程中必定会接触到很多 Python 2 代码,对于不熟悉 Python 2 和 Python 3 的区别的初学者们来说,将 Python 2 代码改写为 Python 3 代码是极为困

难的。因此 Python 3 提供了一个自动转换工具——2to3。下面将以一个简单的例子介绍 2to3 的使用。

【示例 1-10】以文件 test.py 为例，介绍 Python 2 代码到 Python 3 代码的转化。

假设有文件 test.py，其内容为：

```
a = raw_input()
print a
```

2to3.py 文件位于 C://Python34/Tools/Scripts/文件夹中。

在控制台中进入 test.py 所在文件夹，运行如下命令：

```
d:\Book\Chapter01>python c:\Python34\Tools\Scripts\2to3.py -w test.py
RefactoringTool: Skipping optional fixer: buffer
RefactoringTool: Skipping optional fixer: idioms
RefactoringTool: Skipping optional fixer: set_literal
RefactoringTool: Skipping optional fixer: ws_comma
RefactoringTool: Refactored test.py
--- test.py     (original)
+++ test.py     (refactored)
@@ -1,2 +1,2 @@
-a = raw_input()
-print a
+a = input()
+print(a)
RefactoringTool: Files that were modified:
RefactoringTool: test.py
```

可以看到，新生成了 test.py 文件，原 test.py 文件被转换成了 test.py.bak 文件，新的 test.py 文件内容如下：

```
a = input()
print(a)
```

至此，test.py 文件转化完成。

Chapter 2 第 2 章

应知应会：网络爬虫基本知识

知己知彼，百战不殆，网络爬虫的工作对象为 HTML 网页，所以在正式学习网络爬虫之前，需要储备一定的 HTML 知识，以确保正式开始编写网络爬虫时快速锁定有用信息的位置，再结合文本处理工具正则表达式，制定出最优化的数据提取方案。

切记，网络爬虫获取信息的过程中会涉及到用户隐私、知识产权等问题，编写网络爬虫必须遵守行业规范和相关法律法规，使用合理合法的方式获取数据。

本章主要知识点有：

- 网页的构成：学会定位目标信息；
- 正则表达式：学会最基本的文本解析方法；
- 中文编码问题：了解编码，遇到编码问题能够自行解决；
- 网络爬虫的行为准则：了解网络爬虫的行业规范和法律法规。

注意：请注意本章中的法律法规的时效性。

2.1 网页的构成

在开始一个网络爬虫项目时，首先要确定的是目标信息是以何种形式存在于网页之中的，该目标是文本、标签属性还是图片形式（曾有人为了反爬虫，把网页中的所有数字都换成了图片，需要经过图像识别方能提取）；目标信息在网页源代码中处于什么位置，找到网页中元素排布规律，并分析出目标信息带有的特殊标识，从而达到提取目标信息的目的。

2.1.1　HTML 基本知识

现代网页源代码一般由三部分构成：HTML、CSS 和 JavaScript。

（1）HTML（Hypertext Markup Language，超文本标记语言）构成了网页的基本骨架，是网页内容的载体。网页内容（即用户在网页之中可以浏览到的信息）包含文字、图片、视频等。

（2）CSS（Cascading Style Sheets，串联样式表）起到了修饰 HTML 的作用，是网页的外在表现，就像网页的外衣。能够修改字体、修改颜色、处理图片、超链接等，使网页效果变得丰富多彩。所有这些用来改变内容外观的东西称之为表现。

（3）JavaScript 是用来实现网页上的动态交互效果。例如：动态交互图表、滚动翻页效果、网页中的鼠标拖动轨迹等，网页中的各种动态效果一般都是用 JavaScript 来实现的。

1．网页显示基本原理

HTML 是一种规范，它通过成对出现的标记符（tag）来标记要显示网页的各个部分。通过在网页中添加标记符，告诉浏览器以何种格式显示网页。浏览器会自上而下地浏览网页文件（HTML 文件），然后根据内容周围的 HTML 标记符来解释并显示各种内容，这个过程叫作语法分析。

2．HTML 文件基本构成

本节将简单地介绍 HTML 和 CSS 的基本用法。在 PyCharm 中创建一个 HTML 文件，会自动加载如下代码，这也是一个 HTML 文件中的必备结构。

```html
<!DOCTYPE html>
<html lang="en">
<head>
<meta charset="UTF-8">
<title>Title</title>
</head>
<body>

</body>
</html>
```

其中各个标签的意义如下表 2-1 所示。

表 2-1　HTML 文件各标签名称及含义

标签名称	含义
<!DOCTYPE html>	不是标签，而是声明，必须位于 HTML 文件中的第 1 行，用于指示浏览器页面是通过哪个 HTML 版本进行编写的。在 HTML5 中只有一种声明：<!DOCTYPE html>

续表

标签名称	含义
<html lang="en"></html>	告知浏览器此文件为 HTML 文件。其中的 lang 属性为语言，"en"为英文
<head></head>	用于定义文档的头部，它是所有头部元素的容器。头部可以包含以下标签：<base>、<link>、<meta>、<script>、<style>以及<title>。绝大部分 HTML 标签都与<head>一样成对出现，表现为<tag></tag>形式出现，其中<tag>为开始标签，</tag>为结束标签
<meta charset="UTF-8">	用于声明本 HTML 文档的编码方式为 UTF-8（一种文字编码方式，将在 2.3 节介绍）
<title></title>	用于定义 HTML 文档的标题，显示在浏览器的标题栏或者状态栏中
<body></body>	用于定义 HTML 文档的主体内容，包含了 HTML 中的所有元素

3. HTML 常用标签

下面介绍一下 HTML 文件中常用标签的使用方式，为快速定位信息位置提供参考。

（1）网页标题

网页标题并不会在 HTML 文档中直接显示，而是会显示在浏览器中作为网页的标识。

```
<title>网页标题</title>
```

（2）HTML 文档各级标题

<h1>为最大一级标题，<h6>为最小一级标题，每一级标题都有系统预设的显示格式，也可以使用 CSS 对其进行格式自定义。

```
<h1>一级标题</h1>
<h2>二级标题</h2>
<h3>三级标题</h3>
```

（3）段落

浏览器会自动在段落元素的前后添加空行，另外段落符号如果忘记添加</p>结束标签也能被容错率较高的浏览器识别，但为了提高网页的稳定性，网页中的<p>标签都会与</p>结束标签成对出现，如下所示：

```
<p>这是一个段落</p>
```

（4）注释

在网页开发过程中，开发者会在 HTML 中添加注释，以方便团队协作开发。所以在爬取数据时，可以适当参考注释内容，帮助理解网页中各元素的具体作用。

```
<!-- 这是一段注释 -->
```

（5）属性

HTML 标签可以在开始标签中添加属性，为 HTML 标签提供一些附加信息，属性以键值对的形式出现，下面简单地介绍常见的属性。

① 背景颜色。将背景颜色设置为灰色，代码如下：

```
<body bgcolor='grey'>灰色背景</body>
```

效果如图 2.1 所示。

② 元素位置。设置靠左排列，代码如下：

```
<h1 align='left'>一级标题</h1>
```

图 2.1　灰色背景

③ 添加标识 id。id 属性是标签在网页中的唯一标识，不允许重复，所以通过 id 属性获取 HTML 元素非常方便，尤其是模拟用户输入及搜索行为时使用很频繁。在编写网络爬虫的过程中，将会经常遇到如下形式的标签：

```
<p id="username">用户名<p>
```

（6）超链接

通过鼠标单击超链接，可以从一个网页跳转到另外一个网页，一般使用包含 href 属性的<a>标签创建超链接。在一个超链接标签中通常会包含三个属性：超链接网址（href 属性）、网页打开方式（target 属性）和超链接标识（name 属性）。

- href 属性

href 属性存放的是超链接要跳转到的目标网址。例如：

```
<a href="https://www.baidu.com/">Baidu<a>
```

- target 属性

target 属性决定点击该链接之后，目标网页会在何处显示。

在新窗口中打开：

```
<a href="https://www.baidu.com/" target="_blank">Baidu<a>
```

在当前窗口或框架中打开（默认值，不需指定）：

```
<a href="https://www.baidu.com/" target="_self">Baidu<a>
```

在父窗口或父框架中打开：

```
<a href="https://www.baidu.com/" target="_parent">Baidu<a>
```

- name 属性

该属性为超链接添加标签名，作为识别标识。例如：

```
<a href="https://www.baidu.com/" name="Baidu">Baidu<a>
```

（7）图像

HTML 中的图像标签为<img>，<img>是一个空标签，就是说<img>标签只有属性，没有闭合标签；图像标签包含两个属性：源地址（src 属性）和替代文件（alt 属性）。

- src 属性

src 属性用于存储图片的源地址：

```
<img src="图片源地址">
```

- alt 属性

alt 属性的作用是当图片无法加载时，alt 属性中的文字会自动替换相应位置的图片。通常替代文本包含了图片的简单信息，以帮助用户在网络不畅的情况下了解图片内容，其格式如下：

```
<img src="图片源地址" alt="替代文本">
```

（8）表格

网页中的表格存放在<table></table>标签中，首先通过<tr></tr>标签分为若干行，在每一行中通过<td></td>标签又分为若干个单元格，<td></td>标签中的文字为单元格内容。

其格式如下：

```
<table>
<tr>
<td>row 1, cell 1</td>
<td>row 1, cell 2</td>
</tr>
<tr>
<td>row 2, cell 1</td>
<td>row 2, cell 2</td>
</tr>
</table>
```

效果如图 2.2 所示。

row 1, cell 1	row 1, cell 2
row 2, cell 1	row 2, cell 2

图 2.2　表格

（9）列表

HTML 中的列表分为有序列表和无序列表，无序列表包含在<ul></ul>标签中，有序列表包含在<ol></ol>标签中，两个列表中的每一项都包含在<li></li>标签中。

① 无序列表

其格式如下:

```
<ul>
<li>one</li>
<li>two</li>
<li>three</li>
</ul>
```

- one
- two
- three

图 2.3　无序列表

效果如图 2.3 所示。

② 有序列表

其格式如下:

```
<ol>
<li>one</li>
<li>two</li>
<li>three</li>
</ol>
```

1. one
2. two
3. three

图 2.4　有序列表

效果如图 2.4 所示。

（10）div 元素和 span 元素

div 元素和 span 元素并没有特别含义，div 元素是一种块级元素（显示时，会以新行块开始），可以作为其他元素的容器。span 元素是内联元素（显示时，不以新行开始），通常作为文本容器。这两个元素在网页布局中十分常见。

（11）表单

表单元素用于收集用户输入信息，网页中常见的输入框就是使用表单实现的。表单内容通常包含在<form></form>标签中。

表单中最重要的元素是<input>，<input>也是一个没有结束标签的空标签，主要用于收集用户输入，根据其 type 属性的不同，<input>有以下几种功能（注意，表单文本要正确提交，必须要具备 name 属性）。

① 输入文本

其格式如下:

```
<input type="text" name="text">
```

② 选择

其格式如下:

```
<input type="radio" name="username" value="username" checked>please type here
<input type="radio" name="password" value="password">please type here
```

效果如图 2.5 所示。

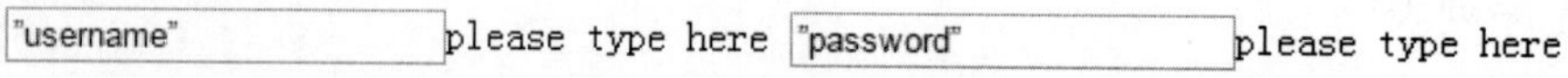

"username"　　please type here　"password"　　please type here

图 2.5　input 元素选择功能

③ 提交按钮

其格式如下：

`<input type="submit" name="submit" value="Submit">`

Submit

效果如图 2.6 所示。

图 2.6　提交按钮

（12）CSS

CSS 样式表用于对 HTML 标签的样式进行修改，通常采用以下三种方式：

- 外部样式表

如果同一种样式需要应用到多个网页中，最好将 CSS 做成外部样式表，以文件的形式引用，可以通过修改文件来修改多个网页的样式。外部样式表放在<head></head>标签中，格式如下：

```
<head>
<link rel="stylesheet" type="text/css" href="mystyle.css">
</head>
```

- 内部样式表

如果只是单个网页需要特别样式，可以使用内部样式表，内部样式表同样包含在<head></head>标签中，格式如下：

```
<head>
<style type="text/css">
body {background-color: blue}
p {margin-left: 30px}
</style>
</head>
```

- 内联样式

当仅对个别元素进行样式修改时，可以使用内联样式。内联样式采用在相关标签中添加样式属性的方式。例如，下面的例子中，将该段落的颜色设置为蓝色，左外边距设置为 30，代码如下。

```
<p style="color: blue; margin-left: 30px">
这是一个段落...
</p>
```

这是编写网络爬虫的过程中关注最多的 CSS 实现方式，因为网页中的同类标签往往会采用同样的样式(如字体,字号,颜色等),可以借助 CSS 属性提取同类标签。

(13)类

对 HTML 元素进行分类,分类后便可以对统一类元素设置统一的 CSS 样式。

例如:

```
<head>
<meta charset="UTF-8">
<title>类</title>
<style type="text/css">
        .element {
            background-color: black;
            color: white;
            margin: 20px;
            padding: 20px;
        }
</style>
</head>

<body>
<div class="element">
<h2>Element1</h2>
<p>First element</p>
</div>
<div class="element">
<h2>Element2</h2>
<p>Second element</p>
</div>
<div class="element">
<p>Third element</p>
</div>
</body>
```

效果如图 2.7 所示。

图 2.7 块元素的类属性

表 2-2 列举了网页中的一些常见标签元素及其作用,读者在编写网络爬虫时可以参考。

表 2-2　各类常见标签的作用

元　素	作　用	元　素	作　用
title	网页标题	font	字体
meta	页面元信息	table	表格
a	生成超链接	th	表头
img	图片	tr	表格中的一行
link	链接外部样式表	td	表格中的单元格
h1/h2/h3…	标题	ol/ul	有序列表/无序列表
button	按钮	li	列表项目
input	用户输入	cite	引用文献
label	对某一元素的说明	div	html 元素容器
p	段落	span	html 行内元素容器
b	粗体文字	canvas	图形容器
i	斜体文字	script	JavaScript 代码
em	强调文字		

2.1.2　网页中各元素的排布

大型网站通常为多人合作开发，所以为了方便沟通交流，所有信息的排布均会遵循一定的编写规范。

通常情况下，抓取的网页信息主要为文本、图片和标签属性三种。下面通过一个示例详细说明。

【示例 2-1】以新浪博客文本为例，学习各类元素的排布规则。

博文界面如图 2.8 所示。

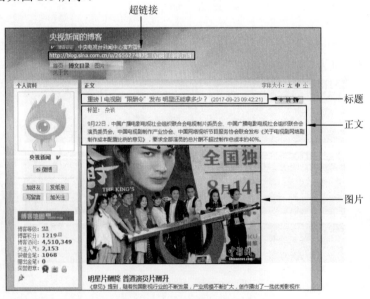

图 2.8　新浪博文网页构成

1．文本

网页中的文本主要包括标题文本、段落文本、表格文本、超链接文本等，右击文本，选择"审查元素"命令，可以查看文本在源代码中的位置，如图 2.9 所示。

图 2.8 中的"博文目录"、"图片"、"关于我"几个图标属于超链接文本，包含在<a></a>标签中，如下：

<a href="http://photo.blog.sina.com.cn/u/2656274875">图片</a>

标题文字包含在<h2></h2>标签中，如下：

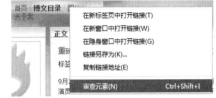

图 2.9　查看元素代码方法

<h2 id="t_9e5389bb0102x1s8" class="titName SG_txta">重磅│电视剧"限酬令"发布 明星还能拿多少？</h2>

博文的正文在<p></p>标签中，如下：

<p>
9月22日，中国广播电影电视社会组织联合会电视制片委员会、中国广播电影电视社会组织联合会演员委员会、中国电视剧制作产业协会、中国网络视听节目服务协会联合发布《关于电视剧网络剧制作成本配置比例的意见》，要求全部演员的总片酬不超过制作总成本的40%。</p>

"字体大小"这几个字在<span></span>标签中，如下：

<span id="articleFontManage" class="fontSize">字体大小: <a href="javascript:;" onclick="changeFontSize(2);return false;"> 大 </a><strong> 中 </strong><a href="javascript:;" onclick="changeFontSize(0);return false;">小</a></span>

"转载"两个字在<cite></cite>标签中，如下：

<cite><img class="SG_icon SG_icon111" src="http://simg.sinajs.cn/blog7style/images/common/sg_trans.gif" width="15" height="15" align="absmiddle">转载<em class="arrow">▼</em></cite>

总之网页中的文本五花八门，在各种标签中都有，上述位置只能作为一个参考，因为有些网页开发者并不一定会遵循标签的规则，有些开发者为了增加网络爬虫爬取的成本，会将文本信息放在一些很复杂的标签内。

2．图片

相比于文本来说，图片就很好找了，全在<img>标签内，如上例图 2.8 中的图片：

<img src="https://r.sinaimg.cn/large/article/18d794b1008f4b741c4915f17fe616d1.jpg" real_src="https://r.sinaimg.cn/large/article/18d794b1008f4b741c4915f17fe616d1.jpg" alt="资料图:某电视剧发布会" data-origin-src="https://mmbiz.qpic.cn/mmbiz_jpg/oq1PymRl9D4WlFw1EvBoDaibblicN3icrDATUicpEZXv2WOqKVRIFShCHgzli

```
comib4NTmvJyUzULQRZ4RZO7smUF6w/640?wx_fmt=jpeg&amp;tp=webp&amp;wxfrom=5&amp
;wx_lazy=1" title="重磅|电视剧"限酬令"发布 <wbr>明星还能拿多少?" action-data
="https%3A%2F%2Fr.sinaimg.cn%2Flarge%2Farticle%2F18d794b1008f4b741c4915f17f
e616d1.jpg" action-type="show-slide">
```

读者可以通过访问<img>标签的 src 属性来获取图片。

3．超链接地址

超链接是最常抓取的一种标签属性，超链接地址存放在<a>标签的 href 属性中，分为相对地址和绝对地址。

绝对地址是指超链接目标网页的真实地址，而相对地址是存在一个参考，即相对于网站域名，来描述其他文件位置的一种表示方式。本例中使用的就是绝对地址：

```
<a href="http://photo.blog.sina.com.cn/u/2656274875">图片</a>
```

这段写成相对地址的形式如下：

```
<a href=" /u/2656274875">图片</a>
```

2.2 正则表达式

网络爬虫的基本任务就是从网络信息（或者 API 信息）中提取有用信息，可以理解为从纷繁复杂的字符串中提取出结构化的、有价值的信息，而正则表达式则是完成这类任务的万能工具。

2.2.1 正则表达式简介

正则表达式是用来描述目标字符串特征的一串特殊的文本，它定义了一种匹配模式，可以用来匹配与检索符合该模式的文本。

正则表达式的应用场景非常广泛，例如在 Windows 系统中，如果需要查找 Microsoft Word 文档，在资源管理器的搜索栏输入".doc"，系统会自动寻找标题或者正文中含有".doc"字符的文件，该".doc"就发挥了类似于正则表达式的作用。

IT 圈有句话是这么说的：Some people, when confronted with a problem, think "I know, I'll use regular expressions." Now they have two problems（有人碰到了一个问题，心想"我可以用正则表达式"来做，那他现在有两个问题要解决了）。正则表达式的上手难度可见一般，不过不要害怕，在编写网络爬虫的过程中，因为 HTML 元素书写都非常规范，使用正则表达式进行数据提取时不会用到太过复杂的语法。提取任何一项网页元素的方法都能够通过搜索引擎找到答案。

正则表达式通常由元字符与字符串组成，学习正则表达式首先要了解元字符，常用的正则表达式的元字符如表 2-3 所示。

表 2-3 常见正则表达式元字符及其作用

元 字 符	作 用
string	匹配包含'string'的字符串
re1|re2	匹配正则表达式 re1 或者 re2
^	匹配以……开头的字符串
$	匹配以……结尾的字符串
.	匹配除\n 之外任意字符
*	匹配 0 次或者多次前文正则表达式
+	匹配 1 次或者多次前文正则表达式
?	匹配 0 次或者 1 次前文正则表达式
(...)	匹配括号内的正则表达式并另存为子组
[...]	匹配包含方括号中字符集任一字符的字符串
{}	匹配字符长度
\d	匹配十进制数字
\w	匹配字母或者数字
\s	匹配空格字符\n、\t、\r、\v、\f 等

2.2.2 Python 语言中的正则表达式

Python 语言中的正则表达式功能都集成在 re 模块中，常用的正则表达式函数有如下几个：

1．match()

match()函数从字符串的起始位置开始匹配；若匹配成功，返回匹配对象，否则返回 None。例如下面代码中，虽然 sbooks 字符串中包含了 book 子串，但是因为 book 子串不在起始位置，所以使用 match()会匹配失败，返回 None。

```
>>>print(re.match('book','books'))
<_sre.SRE_Match object; span=(0, 4), match='book'>
>>>print(re.match('book','sbooks'))
None
```

2．search()

与 match()原理类似，不同的是 search()不要求从字符串起始位置开始匹配。例如下面代码中，search()可以从 sbooks 字符串中找到 book 子串。

```
>>>print(re.search('book','sbooks'))
<_sre.SRE_Match object; span=(1, 5), match='book'>
>>>print(re.search('boook','sbooks'))
None
```

3. group()和 groups()

match()和 search()返回的匹配对象有两个方法,分别是 group()和 groups()。

当匹配没有子组要求(子组要求即正则表达式中包含了表 2-3 中的(...)元字符,系统会匹配括号内的正则表达式并另存为子组)时,group()会返回整个匹配结果,而 groups()会返回一个空元组。示例代码如下所示:

```
>>> python = 'python2 python3 are all python'
>>> b = re.search('python',python)
>>> b.group()
'python'
>>> b.groups()
()
```

当匹配有子组要求时,group()会返回指定子组,groups()返回所有子组的元组。示例代码如下:

```
>>> b = re.search('([a-z]*)([0-9]*)',python)
>>> b.group()
'python2'
>>> b.group(0)
'python2'
>>> b.group(1)
'python'
>>> b.group(2)
'2'
>>> b.group(3)
Traceback (most recent call last):
  File "<stdin>", line 1, in <module>
IndexError: no such group
>>> b.groups()
('python', '2')
```

4. findall()

findall()函数在网络爬虫中使用最为频繁,它用于查找字符串中所有符合正则表达式的字符串,返回一个列表。示例代码如下:

```
>>>python = 'python2 python3 are all python'
>>> print(re.findall('python',python))
['python', 'python', 'python']
```

5. split()

split()函数用于按某个字符将目标字符串分解成若干个部分,并将这些部分以列表的形式返回。示例代码如下:

```
>>> print(re.split(' ',python))
['python2', 'python3', 'are', 'all', 'python']
```

在 Python 语言中，字符串本身带有 split()方法，所以这个功能不借助 re 模块也可以使用，示例代码如下：

```
>>> python.split(' ')
['python2', 'python3', 'are', 'all', 'python']
```

利用这个功能可以统计一个句子中有多少个单词。

6. sub()

sub()函数用于将目标字符串中的某些字符替换成指定字符串，这个函数在网络爬虫项目中常用于去除爬取到的多余信息，如\n\t 等，示例代码如下：

```
>>>re.sub('python','java',python)
'java2 java3 are all java'
compile()
```

7. compile()

compile()是编译函数，通过预先编译，可以缩短正则表达式的匹配时间，因为未经预编译的字符串在匹配过程中需要由解释器来编译，当匹配次数巨大时，该函数会非常有用。

下面这个例子中，当匹配次数达到 10 万时，有无预编译的正则表达式匹配速度开始有明显差距。所以在开发大型网络爬虫项目时，尽量使用 compile()预编译之后再进行正则表达式匹配。

【示例 2-2】正则表达式应用中，当匹配次数达到 10 万时，预先编译对正则表达式性能的提升。

代码如下：

```
01: import re
02: import time
03: string_A = 'Price of this book is $19.90'
04: pattern = re.compile(r'\d+\.\d+')
05: start_time_1 = time.time()
06: for i in range(100000):
07:     matched_string = pattern.findall(string_A)
08: finish_time_1 = time.time()
09: start_time_2 = time.time()
10: for i in range(100000):
11:     matched_string_1 = re.findall(r'\d+\.\d+',string_A)
12: finish_time_2 = time.time()
13: print(finish_time_1 - start_time_1, finish_time_2 - start_time_2)
Result: 0.1975250244140625 0.30853891372680664
```

可以看出，当匹配数量达到 10 万次之后，使用 compile()和不使用 compile()的匹配速度差距开始显现。如果爬虫项目中有大量格式类似的页面或页面中有大量重复元素，请使用 compile()函数进行预先编译。

2.2.3 综合实例：正则表达式的实际应用——在二手房网站中提取有用信息

以某二手房网站的房产信息为例，介绍如何使用正则表达式提取网页中的有用信息，从网站源代码中截取一段，内容如下：

```
html = '''
<tr height="25" onMouseOver="this.bgColor='#FCFDE1';" onMouseOut="this.bgColor='#ffffff';">
    <td><b>1160002</b></td>
    <td>花山区</td>
    <td align="left">住宅</td>
    <td align="left">
        <a href='/HouseInfor.asp?action=ZjCs&id=1160002' title='查看详细' target="_blank">
        桃花村</a>
    </td>
    <td align="left">2室1厅1卫</td>
    <td align="left">简装</td>
    <td align="left"></td>
    <td align="left">4/4</td>
    <td align="left"><b>60m&sup2;</b></td>
    <td align="left"><b>24</b>万</td>
    <td align="left">
        <a href='shop.asp?id=138' title='点击进入该中介首页' target='_blank'>互帮房产中介</a>
    </td>
    <td align="left">07-08 09:57</td>
</tr>'''
```

1. 提取标签中的文本

要提取这段源代码中的文本，也就是住房信息，首先想到的是使用 findall()函数，提取包含在开始标签与结束标签之间的文本信息，代码如下：

```
>>>re.findall(r'<.*>(.*)<.*>',html)
['', '花山区', '住宅', '2室1厅1卫', '简装', '', '4/4', '', '万', '互帮房产中介', '07-08 09:57']
```

和源代码对比，显然这里遗漏了一些信息：1160002（编号）、桃花村（小区名）、

60m²（面积）、24（价格）、万（单位）、互帮房产中介（中介），由于这些信息包含在下一级标签中，无法跟其他信息同步获取，需根据其特性单独提取，代码如下：

```
>>>re.findall(r'<b>(.*)<\/b>',html)
['1160002', '60m&sup2;', '24']
>>>re.findall(r'<a.*>(\s*.*)<\/a>',html)
['\n\t桃花村', '互帮房产中介']
```

使用 findall()函数分步提取显得比较繁琐，可以反其道而行之，将标签<>中的所有内容全部替换为空字符串，代码如下：

```
>>>pattern = re.compile('<.*?>')
>>>text = pattern.sub('',html)
'\n\n  1160002\n 花山区\n 住宅\n  \n\t\n\t桃花村\n\t\n  2室1厅1卫\n 简装\n  \n  4/4\n 60m&sup2;\n  24万\n\t\n\t互帮房产中介\n\t\n\t07-08 09:57\n'
```

再把无用的\n、\t 及多余的空格也替换为空字符串，剩下的就是要提取的文本了，代码如下：

```
>>> text = re.sub('\n','',text)
'  1160002 花山区 住宅   \t\t桃花村\t  2室1厅1卫 简装     4/4 60m&sup2;   24万\t\t互帮房产中介\t\t07-08 09:57'
>>>pattern = re.compile('\s{2,}|\t')
>>> text = pattern.sub(' ',text)
' 1160002 花山区 住宅 桃花村 2室1厅1卫 简装 4/4 60m&sup2; 24万 互帮房产中介 07-08 09:57'
>>> text = text.split(' ',11)[1:12]
['1160002',
 '花山区',
 '住宅',
 '桃花村',
 '2室1厅1卫',
 '简装',
 '4/4',
 '60m&sup2;',
 '24万',
 '互帮房产中介',
 '07-08 09:57']
```

2．提取数字

以该房产信息为例，如果要从中提取数字，应该如何完成？例如要计算一套房子每平米的价格，则需提取面积和价格的数据。

面积可通过提取包含在<b></b>标签中位于英文字母之前的数字信息得到代码如下：

```
>>>re.findall(r'<b>(\d+)\w+.*;<\/b>',html)[0]
'60'
```

价格可通过提取<b></b>标签中长度为 2 的数字得到，代码如下：

```
>>>re.findall(r'<b>(\d{2})<\/b>',html)[0]
'24'
```

注意：设定匹配长度时可以通过{a,b}的形式设定长度范围。

3．提取网址

网页中的链接地址一般会放在 href 属性中（图片地址是 src 属性），提取网址其实也就是提取 href 属性值，代码如下：

```
>>>re.findall(r"href=\'([^\']*)\'",html)
['/HouseInfor.asp?action=ZjCs&id=1160002', 'shop.asp?id=138']
```

这里提取的是相对地址，实际使用中在相对地址前添加网站主域名即可将其补全为绝对地址。

2.3 汉字编码问题

使用网络爬虫获取汉字信息的过程中，如果存储与打印的信息编码与其原本的编码不一致时，就会出现乱码。该问题在 Python 2 中尤为突出（因为 Python 2 默认使用 ASCII 编码），而在 Python 3（默认使用 Unicode 编码）出现乱码的概率较小，这也是本书中代码均选用 Python 3 的重要原因之一。

2.3.1 常见编码简介

世界上第 1 台通用电子计算机起源于美国，所以最初的计算机文字编码只对基本的运算符及 26 个英文字母（包括大小写）设定了对应的编码，后来计算机技术传播到其他非英语国家和地区，各国家和地区分别设计了适合本国家和地区语言的编码方式。随着时代的变化、计算机技术的发展，文字编码也在不断进步、融合，目前互联网中最常用的编码是 UTF-8，它能够很好地兼容各种语言，另外还有较多的中文网站使用的是我国编制的 GBK 编码。

下面介绍几种常用的编码方式。

1．ASCII

（American Standard Code for Information Interchange，美国信息交换标准代码）

ASCII 是由美国国家标准局制订的，主要用来显示英语、西欧语言和常用符号，每个字符对应一个二进制数字。标准 ASCII 是 7 位码，占用 1 个字节，能表示 128 个字符；扩展 ASCII 是 8 位码，能表示 256 个字符。这个数量级远远不能满足中文显示的需求，再加上汉字属象形文字，所以无法采用 ASCII 处理中文，也不能像其他字母型语言一样仅对字母构建简单的编码标准。

2．GBK 码

GB 代表国标，K 代表扩展。GBK 码是由全国信息技术标准化技术委员会于 1995 年 12 月 1 日制订，是在 GB 2312—1980（简体汉字字符集）标准基础上的内码扩展规范，属于中国国内的地区性编码。GBK 采用单双字节变长编码，英文为单字节，兼容 ASCII 编码，中文采用双字节编码，共收录了 21 003 个汉字，并且包含了全部的日韩字符。

3．Unicode 字符

Unicode 字符囊括了世界上大部分主流语言，所以不用担心会出现乱码问题。Unicode 通常用 2 个字节表示 1 个字符，所以会消耗较多的存储空间，因而诞生了 UTF-8 这样的可变长度字符编码。

4．UTF-8

UTF-8 是目前互联网中使用最广泛的编码，被称为万国码，是一种针对 Unicode 的可变长度字符编码。可以在同一网页中显示多种语言的文字，UTF-8 是目前网页中最常见的编码方式。

显示中文时，使用 GBK 编码 1 个汉字占 2 个字节，而使用 UTF-8 编码 1 个汉字占 3 个字节，所以有很多中文网页会选择使用 GBK 编码，以提高浏览速度并节约数据库空间。

显示英文时，GBK 编码 1 个字符占 2 个字节，UTF-8 编码 1 个字符占 1 个字节，所以英文网站多使用 UTF-8 编码。

2.3.2 常用编程环境的默认编码

不同的 Python 开发工具会使用不同的编码方式，其中以 UTF-8 居多，常见的成熟文本编辑器或者 IDE，如 Sublime Text/Pycharm/Notepad++等的默认编码方式均为 UTF-8，不过软件中的默认编码方式都可以修改的，如果遇到了不是 UTF-8 编码的文档，需要修改编码方式才能正常显示，以 PyCharm 为例，修改默认编码方式的方法在 File→Setting→Editor→File Encodings 选项中，如图 2.10 所示。

Windows 7 中文操作系统中的控制台默认编码方式为 GBK，可以通过 chcp 65001 命令转成 UTF-8 编码方式，通过 chcp 936 命令可以将编码方式还原为 GBK。

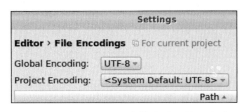

图 2.10　在 PyCharm 中修改默认编码方式

Python 3 默认字符编码为 Unicode，计算机内存中字符均为 Unicode 字符。

注意：

① 后面会用到的 json.dumps()函数默认使用 ASCII 编码，容易导致中文乱码，需

要改成 json.dumps(data,ensure_ascii =False)。

② 代码中含有 print()时，编译器会调用控制台以 GBK 编码显示（IDLE 和 IPython 除外），常常会造成乱码，最好提前修改控制台编码方式。

2.3.3 网页编码

网页编码指的是网页中的文本字符串的编码方式，网页源代码中会声明网页编码方式，如下所示：

```
<meta http-equiv="content-type" content="text/html;charset=utf-8">
```

360 浏览器有改变网页显示编码的功能，我们可以看到 360 导航页面编码是 UTF-8，如图 2.11 所示。

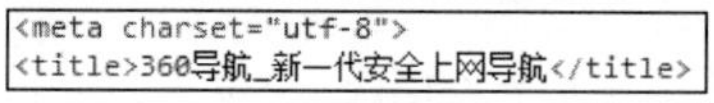

图 2.11　360 搜索源代码中的编码方式

在网页空白处右击，选择"编码"→"GBK"命令，网页就出现了如图 2.12 所示的乱码（"360 搜索"几个字是图片，所以没有变成乱码）。

图 2.12　编码错误的 360 导航页面

这样改变编码方式就相当于爬取数据时采用了错误的编码存储，会导致乱码的出现。

2.3.4 编码转换

内存中 str 类型的字符串都以 Unicode 形式存储，若需存储到硬盘或网络中，则要先进行 encode()重新编码，编码之后字符类型变成 bytes，以 b'bytes'的形式显示。

例如：

```
>>> 'abc'
'abc'
>>> 'abc'.encode('ascii')
b'abc'
```

值得注意的是，中文 Unicode 字符转码之后会以\x***的形式显示，如下所示：

```
>>> '你好'.encode('utf-8')
b'\xe4\xbd\xa0\xe5\xa5\xbd'
```

需要对其解码才能转换成最原始的形式：

```
>>> b'\xe4\xbd\xa0\xe5\xa5\xbd'.decode('utf-8')
'你好'
```

如果解码方式与编码方式不一致，如使用 GBK 编码对 UTF-8 编码的字符串进行解码，就会出现如下乱码：

```
>>> b'\xe4\xbd\xa0\xe5\xa5\xbd'.decode('gbk')
'浣犲ソ'
```

注意：因为 python 3 中的 str 类型本身就已经是 Unicode 编码，所以不支持 decode() 方法。

2.4 网络爬虫的行为准则

网站中的信息是提供给用户浏览的，而不是提供给开发者批量下载的，所以使用网络爬虫爬取网站数据属于非正常的浏览行为，网络爬虫的编写有两个需要特别注意的问题：

（1）部分爬虫对访问速度不加限制，对网站服务器带来巨大的资源开销，这样是不道德的。

（2）服务器上的数据是有产权归属的，私自爬取服务器数据牟利可能带来法律风险，而爬取个人隐私信息性质更为严重，请读者切记。

2.4.1 遵循 Robots 协议

要理解 Robots 协议是什么，首先要了解搜索引擎的工作原理，其工作原理可以总结为三个步骤，分别是：

（1）搜索引擎抓取目标网站的信息。

（2）分析并处理抓取到的网站信息并建立索引（类似于目录）。

（3）根据用户提交的关键词从索引数据库中寻找到相关网页，返回给用户。

各大搜索引擎的网络爬虫在抓取网站时，首先会检查网站的根目录下是否存在一个名为 robots.txt 的文件。robots.txt 相当于网站对于所有网络爬虫的声明，哪些内容是可以爬取的，哪些内容是不可以爬取的。

Robots 协议是在搜索引擎发展成熟之后的产物，当某些网站不愿意被搜索引擎爬取时，会在自身的 robots.txt 文件中发出声明，搜索引擎就会忽略这些网站。Robots 协议诞生之后被几乎所有的搜索引擎承认并遵守。成为搜索引擎行业的行业规则和道德规范。作为一个微型搜索引擎，当然也需要遵守 Robots 协议。

下面以知乎的 robots.txt 文件为例，分析如何阅读 robots.txt 文件。

```
User-agent: *
Crawl-delay: 10

Disallow: /login
Disallow: /logout
Disallow: /resetpassword
Disallow: /terms
Disallow: /search
Disallow: /notifications
Disallow: /settings
Disallow: /inbox
Disallow: /admin_inbox
Disallow: /*?guide*
Disallow: /people/*-*-*-*
```

我们对其中的重要内容简单分析如下：

（1）User-agent：*：理解为知乎网站对所有网络爬虫一视同仁。

（2）Crawl-delay：10：意思是允许的网络爬虫访问最短间隔时间是 10 s，设置该项是为了防止网络爬虫大量爬取数据，对网站的服务器造成负担。具体设置的时间因站而异，比如豆瓣的最短间隔时间就是 5 s。

（3）以下的 Disallow 是禁止网络爬虫抓取的界面，包括登录、登出、重置密码、搜索、设置等，不再一一讲解。

注意：知乎网站 robots.txt 文件最后还禁止了网络爬虫爬取用户的个人主页，主要是为了保护知乎用户的个人隐私。所以请大家不要爬取个人信息来练习网络爬虫技巧。

很多网站对 User-agent 不做要求，当然也有特别的，比如接下来要讲的百度，百度网站的 robots.txt 非常长，部分内容如下：

```
User-agent: Baiduspider
Disallow: /baidu
Disallow: /s?
Disallow: /ulink?
Disallow: /link?

User-agent: Googlebot
Disallow: /baidu
Disallow: /s?
Disallow: /shifen/
Disallow: /homepage/
Disallow: /cpro
Disallow: /ulink?
Disallow: /link?
```

```
...
...

User-agent: EasouSpider
Disallow: /baidu
Disallow: /s?
Disallow: /shifen/
Disallow: /homepage/
Disallow: /cpro
Disallow: /ulink?
Disallow: /link?

User-agent: *
Disallow: /
```

上文中对各个搜索引擎的网络爬虫都做出了要求，比如 Google、MSN、有道、搜狗、搜搜、中国搜索、宜搜等。然而却在最后面写下了：

```
User-agent: *
Disallow: /
```

这段代码单独看，是禁止一切网络爬虫的意思，但将其放在最后就变成了禁止除上述网络爬虫以外的其他网络爬虫爬取百度的内容。

国内关于 Robots 协议最有名的案件当属 2013 年百度就 360 搜索违反百度的 Robots 协议一事发起诉讼，获赔了 1 亿元。细心的读者可以发现，百度的 robots.txt 文件中并没有包含 360 搜索，也就是说，百度是不允许 360 搜索抓取百度相关网页的，而 360 却以网页快照的方式向用户提供来自于百度相关网页的信息，这是导致 360 败诉的重要原因。

请大家在编写网络爬虫时体谅一下网站工作人员压力，只爬取自己真正需要的数据，不要无节制地爬取数据，尤其是在爬取小型网站的时候。如图 2.13 所示，看一看这位程序员的苦恼。

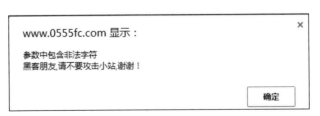

图 2.13　爬取一个小网站时弹出的提示框

2.4.2　网络爬虫的合法性

为了加强计算机信息系统的安全保护和国际互联网的安全管理，依法打击计算机违法犯罪活动，我国在近几年先后制定了一系列有关计算机安全管理方面的法律法规和部门规章制度等，经过多年的探索与实践，已经形成了比较完整的行政法规和法律体系，但是随着计算机技术和计算机网络的不断发展与进步，这些法律法规也必须在实践中不断地加以完善和改进。

目前，国家正在完善网络数据方面的法律法规，想从事网络爬虫相关的工作，需关注相关的立法进程。

2017年6月1日起施行的《中华人民共和国网络安全法》中第四十四条规定：

任何个人和组织不得窃取或者以其他非法方式获取个人信息，不得非法出售或者非法向他人提供个人信息。

关于侵犯个人信息的解释可以参考同一天施行的《最高人民法院、最高人民检察院关于办理侵犯公民个人信息刑事案件适用法律若干问题的解释》第一条：

公民个人信息是指以电子或者其他方式记录的能够单独或者与其他信息结合识别特定自然人身份或者反映特定自然人活动情况的各种信息，包括姓名、身份证件号码、通信通讯联系方式、住址、账号密码、财产状况、行踪轨迹等。

爬取个人信息超过五十条即可判定为犯罪，最高可判刑三年。

在上述法案施行前夕，多家大数据公司被警方调查，造成部分业务停滞，说明国家正在加强信息安全方面的监管。

本书中讲到的网络爬虫主要爬取网页前端数据，都是公开内容，并不涉及个人隐私，但是在爬取数据过程中不应侵犯他人的知识产权。

知识产权是指人类通过创造性的智力劳动而获得的一项智力性的财产权，知识产权不同于动产和不动产等有形物，它是在生产力发展到一定阶段后，才在法律中作为一种财产权利出现的，知识产权是经济和科技发展到一定阶段后出现的一种新型的财产权。

Chapter 3 第 3 章

静态网页爬取

上一章中介绍了 HTML 网页源代码的基本构成和如何使用正则表达式提取字符串中的信息；在本章中会将这两部分知识用于爬虫实践中去，我们将着手搭建第一个爬虫项目，并重点介绍如何获取网页源代码以及如何使用网页解析工具从网页源代码中提取信息。

目前，网页从技术特点主要可以分为两类：静态网页和动态网页。

- 静态网页是指全部使用HTML语言制作的网页，用户浏览静态网页不需要与服务器发生交互。
- 动态网页中会采取 JavaScript 技术配合HTML 和 CSS 技术使用，网页会针对不同客户、不同时间、不同操作，返回不同的页面内容。

本章内容主要针对静态网页，这里所谓的静态网页并不是纯粹不使用 JavaScript 的网页，而是普通网页（无论使用 JavaScript 与否）的 HTML 部分，本章还将结合实例为大家介绍 Python 的网络库与几种网页解析工具，学习静态网页爬取的基本技能。

本章主要知识点有：

- Python 网络库：熟悉基本网络请求方式、掌握 urllib 和 requests 的使用。
- 网页解析工具：学会使用 lxml 和 BeautifulSoup 提取网页信息。

注意：关于 JavaScript 动态网页内容将在下一章介绍。

3.1 Python 常用网络库

首先介绍一下用 Python 编写网络爬虫时的最常用也是最基础的网络库，可通过这些网络库来完成对网页的 Get、Post 等访问操作，在网络爬虫与网页之间建立联系。

3.1.1 urllib 库

urllib 是 Python 标准库，不需安装，直接使用即可。Python 2 中的 urllib、urllib 2 都集中到了 Python 3 中的 urllib.request 模块中，下面具体介绍 Python 3 中的 urllib 网络库的使用。

在 Python 3 环境下输入：

```
import urllib
help(urllib)
```

可以得到如下结果：

```
Help on package urllib:
NAME
    urllib
PACKAGE CONTENTS
    error
    parse
    request
    response
    robotparser
FILE
    c:\python34\lib\urllib\__init__.py
```

其中共有 request、error、parse、response、robotparser 等 5 个模块。

1．request 模块

request 模块是编写网络爬虫时最常用的模块，用于访问网站，向网站服务器提交请求以获取网页数据，起到了类似浏览器的作用。

下面介绍一下 request 模块里面的常用函数。

（1）urlopen()函数

其完整表达式如下：

urllib.request.urlopen(url,data=None,[timeout,]*,cafile=None,capath=None,cadefault=False, context=None)

各参数及其含义如下表 3-1 所示。

表 3-1 urlopen()函数参数及其说明

参数名称	说明
url	需要打开的网页地址
data	需要发送给服务器的数据，没有此类数据时可以不填，详情见后文中对 post 和 request 的介绍
timeout	在本次阻断作业（如连接尝试）中的超时时间，此参数只对 HTTP、HTTPS 和 FTP 连接有用

续表

参 数 名 称	说　　明
cafile	用来设定 HTTPS 网站需要的 CA 证书名称，capath 是证书的地址，这两个参数是在 Python 3.2 加入的
cadefault	可以忽略（这是官方文档的解释，此参数并不需要使用者来操作），此参数是在 Python 3.3 加入的
context	是 HTTPS 连接中的上下文选项，此参数是在 Python 3.4.3 加入的

这里大家不要被复杂的参数列表吓到，这些参数中只有 url 是必须的参数，其他参数都有预先设定的默认值，所以对于较简单的网站只需要用到 url 参数就可以获取到网页信息，例如：

```
01 import urllib.request
02 html = urllib.request.urlopen('https://www.baidu.com')
03 print(html.read())
```

结果：

<html>\r\n<head>\r\n\t<script>\r\n\t\tlocation.replace(location.href.replace("https://","http://"));\r\n\t</script>\r\n</head>\r\n<body>\r\n\t<noscript><meta http-equiv="refresh" content="0;url=http://www.baidu.com/"></noscript>\r\n</body>\r\n</html>'

上面代码中通过urlopen()打开了百度首页，然后调用返回结果中包含的read()方法，打印出了百度首页的源代码内容。

（2）buildopener()函数

其完整表达式如下：

urllib.request.buildopener([handler…])，urllib.request.install_opener(opener)和 urllib.request.ProxyHandler

这三个函数是用来构建自定义 opener（可以理解为 urlopen()函数中用于打开网页的功能）的，前面提到的urlopen()相当于一个 Python 默认的 opener 而通过自定义opener可以实现伪装成浏览器、变换 IP、加入 cookies 等操作，我们来看一下下面这个小示例。

【示例 3-1】从众多代理 IP 中选取可用的 IP。

代码如下：

```
01 from urllib import request
02 for item in ipList:      #IPList是预先从用网络爬虫从网上搜集到的代理IP列表
03     proxy = item[0] + ':' +item[1]
04     proxy_host = "http://" + proxy
                            #要改成"http://xxx.xxx.xxx.xxx:xxxx"的格式
05     try:
```

```
06          proxy_handler = urllib.request.ProxyHandler({'http': proxy})
                                     #构建handler
07          opener = urllib.request.build_opener(proxy_handler)   #建立opener
08          urllib.request.install_opener(opener)                 #使用opener
09          html = urllib.request.urlopen('https://www.baidu.com.hk',timeout = 2)
                           #使用前面构建的opener来打开百度,超时时间为2 s。
10          IPpool.append(proxy)
11     except Exception as e: #防止验证过程中出现错误而异常停止
12          print(e)
```

本例中通过 buildopener()函数为 urlopen 设定了代理 IP，然后根据访问速度筛选合适的 IP。本例将在第 6 章反爬虫技术中详解。

（3）Request()函数

其完整表达式如下：

urllib.request.Request(url,data=None,headers={},origin_req_host=None,unverifiable=False, method=None)

此函数作用与 urlopen()类似，同样可以用来打开网址，其中的 headers 参数为我们提供了便利，通过设置 headers 可以轻松地将网络爬虫伪装成浏览器，这部分内容在下一节中会有所涉及。

（4）urlretrieve()函数

其完整表达式如下：

urllib.request.urlretrieve(url[, filename[, reporthook[, data]]])

这是初学者较为感兴趣的函数，可以通过 urllib.urlretrieve()函数将网络资源（包括图片、视频、文档等）下载到本地，其中包含的参数及其说明如下表 3-2 所示。

表 3-2 urlretrieve()函数参数及说明

参 数 名 称	说 明
url	资源的网络地址
filename	保存到本地时指定的路径（注意此路径包含文件名）
reporthook	一个回调函数，当连接上服务器以及相应的数据块传输完毕的时候就会触发该回调。这个回调函数通常被用来显示下载进度
data	发送到服务器的数据

只需要简单的代码就可以将图片下载到本地如下所示：

```
import urllib.request
url = "https://www.baidu.com/img/bd_logo1.png"
urllib.request.urlretrieve(url,'D:/Practice/0.png')
```

结果如图 3.1 所示。

图 3.1 下载后的 logo

注意：urlretrieve()的路径必须包含文件名。

2. error 模块

error 模块用来处理 urllib.request 抛出的错误，防止爬取数据过程中因为某些未知原因错误导致程序终止，主要分为两类错误：URLError（网址错误）和 HTTPError（HTTP 请求错误）。下面分别介绍处理以上两类错误时相对应的两个类。

（1）URLError

其完整表达式为：

urllib.error.URLError

这个类用来处理网址错误，其中有一个 Reason 方法，返回错误的原因。URLError 产生的原因主要有：

- 没有网络连接；
- 服务器连接失败；
- 找不到指定的服务器。

使用方法如下：

```
01 from urllib import request,error
02 url = "http://m.lishi.tianqi.com"
03 try:
04     request.urlopen(url,timeout = 2)
05 except error.URLError as e:
06     print(e.reason)
```

结果：

```
Forbidden
```

（2）HTTPError

其完整表达式为：

urllib.error.HTTPError

这个类专门用来处理 HTTP 请求错误，其源代码继承自 URLError。这个类除具有与 URLError 相同的 Reason 方法外，还有两个方法：

① code 用来返回 HTTP 状态码，比如 404 表示网页不存在等。

② headers 用来返回 HTTP 响应头。

因为 HTTPError 的源代码继承自 URLError，所以在使用 try...except 语句捕捉错误时，一般先捕捉 HTTPError 错误，再捕捉 URLError 错误，才能将错误区分开，例如：

```
try:
        print(request.urlopen(url))
except urllib.error.HTTPError as e:
        print(e.code,e.reason,headers)
except urllib.error.URLError as e:
        print(e.reason)
```

注意：仅使用 URLError 也可以处理 HTTPError 错误。

3．parse 模块

parse 模块用于处理 url 字符串，内有 urlparse()、urlencode()等函数。

（1）urlparse()函数

其完整表达式为：

urllib.parse.urlparse()

该函数主要用于解析 url，我们看下面的例子。

【示例 3-2】 百度搜索"Python"url 演示 Parse 模块应用。

```
from urllib.parse import urlparse
result = urlparse('https://www.baidu.com/s?f=8&rsv_bp=1&rsv_idx=1&word=python&tn=96668748_hao_pg')
print(result)
```

得到如下结果：

```
ParseResult(scheme='https', netloc='www.baidu.com', path='/s', params='', query='f=8&rsv_bp=1&rsv_idx=1&word=python&tn=96668748_hao_pg', fragment='')
```

结果中几个参数的意义如下表 3-3 所示。

表 3-3　urlparse()函数返回后果参数及说明

参 数 名 称	说　　明
scheme	url 方案说明符
netloc	网络位置部分
path	分层路径
params	最后路径元素的参数
query	查询组件
fragment	片段标识符

（2）urlencode()函数

该函数用于将字符串以 url 方式编码，因为当字符串数据以 url 的形式传递给 Web 服务器时，字符串中是不允许出现空格和特殊字符的。

使用 urlencode()函数编码后会出现如下表 3-4 所示的符号。

表 3-4　url 中的常用符号含义

符　　号	含　　义
#	用来标志特定的文档位置
%	对特殊字符进行编码
&	分隔不同的变量值对
+	在变量值中表示空格
\	表示目录路径
=	用来连接键和值
?	表示查询字符串的开始

使用 urlencode 可以自动将字典形式的请求参数转化为符合 url 规则的形式，例如：

urllib.parse.urlencode("name":1,"word":2,"id":3)

结果：

'word=2&name=1&id=3'

注意：这个函数只能接受字典形式的参数。

（3）quote()函数

其完整表达式为：

urllib.parse.quote()

该函数同样用于将字符串以 url 方式编码，常用于处理 url 中的中文字符。

下面以豆瓣读书的中文网址为例进行介绍

其网址为：https://book.douban.com/tag/小说

实际复制进 Word 文档里面就会变成：https://book.douban.com/tag/%E5%B0%8F%E8%AF%B4

其中的%E5%B0%8F%E8%AF%B4 就是由 urllib.parse.quote("小说")得到的。

4. response 模块

response 模块定义了网络访问得到的结果数据类型及方法。这个模块的功能非常有限，平时很少使用，在官方文档的介绍中也是一带而过。

该模块中主要有如下方法：

- read()：读取 response 内容；
- readline()：逐行读取 response 内容；
- geturl()：获取访问地址；
- info()：返回 headers 信息。

5. robotparser 模块

robotparser 模块主要用于解析上一章讲到的 robots.txt 文件,其中只提供了一个类：RobotFileParser，用于判断特定的 User-Agent 是否被网站的 robots.txt 文件所接收。

该类中有如下几个方法：

- set_url(url)：设置 robots.txt 文件的访问地址；
- read()：读取 robots.txt 文件，并将结果反馈到 robotspase；
- parse(lines)：解析行参数；
- can_fetch(useragent,url)：判断 useragent 能否爬取该网站；
- mtime()：返回最新提取 robots.txt 文件的时间；
- modified()：将最新提取 robots.txt 文件的时间置为当前时间。

3.1.2 综合实例：批量获取高清壁纸

这里的壁纸网站选择的是 ZOL 桌面壁纸，下面将演示如何通过本书之前学习的内容来实现批量下载高清壁纸。

1．分析人工浏览时获取图片的步骤

查看高清壁纸需要三步：单击壁纸名→选择分辨率→右击保存图片，如图 3.2～图 3.4 所示。

2．以编程的思维来分析如何实现人工浏览操作

（1）单击壁纸名，从首页源代码中提取每个图片页面的地址。

此步骤可以通过正则表达式完成，从网页源代码中可以看出页面地址在如下的标签中：

<a class="pic" href="/bizhi/7049_87509_2.html" target="_blank" hidefocus="true"><img width="208px" height="130px" alt="横店之旅—万物新媒" src="http://desk.fd.zol-img.com.cn/t_s208x130c5/g5/M00/0D/00/ChMkJ1kv3VGIePNAAEdBY8S3odQAAcvrgN1H90AR0F7861.jpg" title = "横店之旅—万物新媒"/><span title="横店之旅—万物新媒"><em>横店之旅—万物新媒</em> (8张)</span></a>

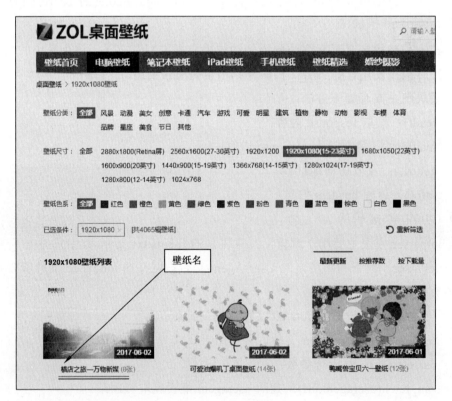

图 3.2　单击壁纸名

图 3.3　选择分辨率

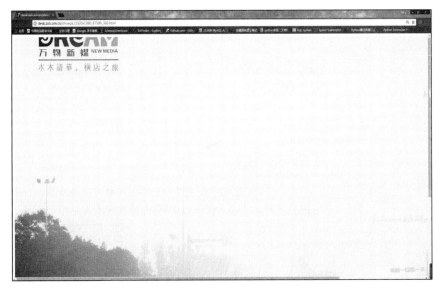

图 3.4　壁纸页面

只需用正则表达式提取其中的 href 属性即可。

（2）选择分辨率

分辨率链接放在以下的标签中，同样用正则表达式提取，如下所示：

```
<a target="_blank" id="1920x1080" href="/showpic/1920x1080_87509_360.html">1920x1080</a>
```

（3）右击保存图片。

在最终的大图页面的空白处单击查看源代码，此页只有如下代码：

```
<img src="http://desk.fd.zol-img.com.cn/t_s1920x1080c5/g5/M00/0D/00/
    ChMkJ1kv3VGIePNAAEdBY8S3odQAAcvrgN1H90AR0F7861.jpg">
<script language="JavaScript" type="text/javascript" src="http://icon.zol-
    img.com.cn/public/js/web_foot.js"></script>
```

提取其中<img>标签中的 src 属性，然后用 urlretrieve()函数下载。

3．开始编程

代码如下：

```
01 from urllib import request,error
02 import re
03 url = "http://desk.zol.com.cn/1920x1080/"
04 urls = []
05 urls.append(url)
06 for i in range(2,21):
07     urls.append(url+"%r.html" % i)         #将前20页壁纸加入到列表中
08 ########################获取每张壁纸的页面###################
09 for url in urls:
10     try:
11         response = request.urlopen(url)     #打开页面
12         html = response.read()              #此时的html是'byte'类型
13         html = str(html)                    #转换成字符串
14         pattern = re.compile(r'<a.*? href="(.*?)".*?>.*?</a>')
15         imglist = re.findall(pattern,html)  #匹配<a>标签中的href地址
16         truelist = []
17         for item in imglist:
18             if re.match(r'^\/bizhi\/',item):
                #注意观察会发现有大幅壁纸的页面地址均以/bizhi/开头
19             truelist.append(item)#筛选掉其他无关页面
20     except error.HTTPError as e:            #处理HTTPError
21         print(e.reason)
22     except error.URLError as e:             #处理URLError
23         print(e.reason)
24     except:                                 #预防出现其他未知错误
25         pass
26##############对每张壁纸，获取其地址并下载到本地##################
27 x = 0
28 for wallpaperpage in truelist:
29     try:
30         url1 = "http://desk.zol.com.cn"+wallpaperpage
31         response1 = request.urlopen(url1)
                #打开壁纸的页面，相当于在浏览器中单击壁纸名
32         html1 = response1.read()
33         html1 = str(html1)
```

```
34              pattern1=re.compile(r'<a.*?id="1920x1080" href="(.*?)".*
                ?>.*?</a>')
35              urllist = re.findall(pattern1,html1)#匹配<a>标签中的id为
                1920×1080的地址,相当于在浏览器中选择1920×1080分辨率
36              html2 = str(request.urlopen("http://desk.zol.com.cn"+urllist
                [0]).read())
37              pattern2 = re.compile(r'<img.*? src="(.*?)"')
38              wallpaperurl = re.findall(pattern2,html2)#获取高清图片的地址
39              request.urlretrieve(wallpaperurl[0],"D://Practice/%r.
                jpg" % x)#下载图片存储到D://Practice/文件夹,命名为x.jpg
40              x += 1
41         except error.HTTPError as e:           #处理HTTPError
42              print(e.reason)
43         except error.URLError as e:            #处理URLError
44              print(e.reason)
45         except:                                #预防出现其他位置错误
46              pass
```

在这个实例中展示了网络爬虫爬取数据的基本思路：先观察网页结构，分析如何快速到达需要爬取的页面；再分析网页源代码，找到需要的数据是以何种形式存在于源代码中；然后构造爬虫，进行爬取；最后保存爬取到的数据。

3.1.3 requests 库

requests 库是一个用于向网页发送请求的第三方 HTTP 库，相比 urllib 而言，requests 的学习门槛更低，熟练掌握后能够获得更高地开发效率。

1. requests 和 urllib 发送网络请求时的对比

requests 库与 urllib 库不同，requests 库是 Python 的第三方库，需要单独安装，这里可以使用 pip 安装，代码如下：

```
pip install requests  #如果出现网络错误请更换为国内pip源
```

二者在具体的使用上有何不同呢？

下面我们通过 HTTP 最常用的 4 种请求方式（查、改、增、删）来说一下二者的区别。

（1）Get：向特定的资源发出请求，即"查"。

- 使用 urllib 库时的代码如下：

```
urllib.request.urlopen(url)
```

- 使用 requests 库时的代码如下：

```
requests.get(url,params)
```

（2）Post：向指定资源提交数据进行处理请求，即"改"。

- 使用 urllib 库时的代码如下：

```
req = urllib.request.Request(url,header,data)
response = urllib.request.urlopen(req)
```

- 使用 requests 库时的代码如下：

```
requests.post(url,data,headers)
```

（3）Put：向指定资源位置上传其最新内容，即"增"。
- 使用 urllib 库时的代码如下：

```
request = urllib.request.Request(url,data)
request.add_header()
request.get_method = lambda:'PUT'
response = urllib.request.urlopen(request)
```

- 使用 requests 库时的代码如下：

```
requests.put(url,data,headers)
```

（4）Delete：请求服务器删除 Request-URI 所标识的资源，即"删"。
- 使用 urllib 库时的代码如下：

```
request = urllib.request.Request(url,data)
request.add_header()
request.get_method = lambda:'DELETE'
response = urllib.request.urlopen(request)
```

- 使用 requests 库时的代码如下：

```
requests.delete(url,data,headers)
```

从上述对比中可以清楚地看到 requests 库是一个比 urllib 库更加快捷方便的库，更符合 Python 语法简练的风格。

2. 模拟登录

在上述的请求中，我们可以看到，每次请求相当于发送了一个新的请求，也就相当于每次都用不同的浏览器来打开网页，那么实际应用中如果希望以后的访问能够用到之前的数据的话，就需要建立一个持久的"会话"，需要用到 Session() 函数，这个函数用于保存当前网络访问的信息，可以让爬虫保持登录状态。

【示例 3-3】用 requests 实现豆瓣网站模拟登录。

豆瓣登录界面如图 3.5 所示。

图 3.5 豆瓣登录界面

首先需要从网页源代码中获得以下 4 项信息。

（1）账号的变量名

```
<input id="email" name="form_email" type="text" class="basic-input" maxlength=
"60" value="邮箱/手机号/用户名" tabindex="1"/>
```

从代码中可知用户名变量名为 form_email。

（2）密码的变量名

```
<input id="password" name="form_password" type="password" class="basic-
input" maxlength="20" tabindex="2"/>
```

从代码中可知密码变量名为 form_password。

（3）"登录"按钮变量名和值

```
<input type="submit" value="登录" name="login" class="btn-submit" tabindex
="5"/>
```

从代码中可知变量名为 login，值为"登录"。

（4）登录后需要前往的页面（此项视需求而定）

```
<input name="redir" type="hidden" value="https://www.douban.com/explore/"/>
```

从代码中可知，变量名为 redir。

接下来是具体的实现过程，代码如下：

```
01 import requests
02 s = requests.session()                                    #建立会话
03 data={
04     'redir': ' https://www.douban.com/explore/',          #登录后需要前往的页面，可
                                                              以自己设置
05     'form_email':'**********@126.com',
06     'form_password':'**********',
07     'login':u'登录'
08 }         #登录时要发送的信息
09 headers = {
10     'User-Agent':'Mozilla/5.0 (Windows NT 10.0; \Win64; x64) \
11     AppleWebKit/537.36 (KHTML, like Gecko) \
12     Chrome/55.0.2883.87 Safari/537.36'
13     }     #设置headers，经测试登录豆瓣去掉此步骤也可成功
14 r = s.post('https://accounts.douban.com/login',data)
15 print(r)
```

如果 r 返回<Response [200]>就说明模拟登录已经成功。如果模拟登录失败会返回错误码，如<Response[403]>表示访问被拒绝，<Response[404]>表示访问的网页不存在。

3.1.4 综合实例：爬取历史天气数据预测天气变化

本实例借助网络爬虫技术从网络上获取某地近一年的天气信息，将历史天气信息整理后使用马尔科夫链对未来天气进行预测。

马尔科夫链是一种用于推算演变序列的算法，即通过事物某一时刻的状态预测其未来某个时刻的状态，马尔科夫链是具有以下性质的一系列事件构成的过程：

（1）一个事件有有限多个结果，称为状态，该过程总是这些状态中的一个。

（2）在过程的每个阶段或者时段，一个特定的结果可以从它现在的状态转移到任何状态，或者保持原状。

（3）每个阶段从一个状态转移到其他状态的概率用一个转移矩阵表示，矩阵每行的各元素在 0~1 之间，每行的和为 1。

将这些性质推广到天气预报中，便形成了如下假设：

（1）每天的天气分为晴天、阴天/多云、雨/雪天。

（2）明天的天气可能从今天的状态变成任意一种其他状态或者保持原状。

（3）明天的天气只与今天有关。

要完成大气预测具体步骤如下：

1. 爬取并存储历史天气

查询历史天气的网站选择的是天气后报网，首先要根据天气后报网的 url 特征构建待访问的 url 列表，代码如下：

```
for i in range(12):
    if i <9:
        urllist.append('http://www.tianqihoubao.com/lishi/nanjing/month
        /20160%s.html'% i)
    else:
        urllist.append('http://www.tianqihoubao.com/lishi/nanjing/month
        /2016%s.html' % i)
```

通过查看源代码可以看到天气信息均包含在<table></table>表格中，采用正则表达式一步步提取日期与天气信息，代码如下：

```
pattern = re.compile(r'<table.*?>(.*?)<\/table>')
weatherinfo = re.findall(pattern,html)         #提取整个表格
pattern1 = re.compile(r'<a.*?href=.*?>(.*?)<\/a>')
weatherdate = re.findall(pattern1,weatherinfo)#提取日期
pattern2 = re.compile(r'<tr>.*?<td>.*?<\/td>.*?<td>(.*?)<\/td>.*?<\/tr>')
weather = re.findall(pattern2,weatherinfo)
#提取天气将信息转成字典存入csv（此步骤可选，存入csv文件只是为了方便查看）：
rows = dict(zip(weatherdate,weather))
headers = ['Date','Weather']
```

```
with open('D://Practice/test.csv','w') as f:
    f_csv = csv.DictWriter(f,headers)
    f_csv.writeheader()
    f_csv.writerows(rows)
```

2．整理分析历史天气转移矩阵

假设的 1 步转移矩阵如表 3.5 所示，转移原理如图 3.6 所示。

表 3.5　假设的 1 步转移矩阵

	Sunny（晴天）	Cloudy（阴天）	Rainy（雨天）
Sunny（晴天）	a	b	c
Cloudy（阴天）	d	e	f
Rainy（雨天）	g	h	i

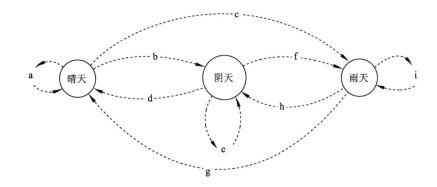

图 3.6　天气转移图解

先将天气标准化，即将各种不同的天气归类成晴天、雨天和阴天三大类，代码如下：

```
for item in weather:
    if '晴天' in item:
        item = 'sunny'
    elif '阴' in item or '多云' in item:
        item = 'cloudy'
    else:
        item = 'rainy'
```

计算转移概率，移动概率是不同天气之间变换的概率，例如今天下雨，那么明天天晴的概率就是由下雨到天晴的转移概率，代码如下：

```
a=b=c=d=e=f=g=h=i=0
for i in range(len(weather)):
    if weather[i] = 'sunny':
        switch(weather[i+1]):
            case 'sunny':
                a += 1
```

```
        case 'cloudy':
            b += 1
        case 'rainy':
            c += 1
```

注意：像 "a=b=c=d=e=f=g=h=i=0" 这样赋值在 Python 语言中是安全的，在其他语言中需慎用。

结果如下：

```
a = 34, b = 40 , c = 1
Pa = a/(a+b+c)=45.33%
Pb = b/(a+b+c)=53.33%
Pc = c/(a+b+c)=1.34%
```

得到矩阵如表 3.6 所示。

表 3.6 1 步转移矩阵的值

	Sunny（晴天）	Cloudy（阴天）	Rainy（雨天）
Sunny（晴天）	45.33	53.33%	1.34%
Cloudy（阴天）	15.21%	66.82%	17.97%
Rainy（雨天）	4.11%	50.68%	45.21%

3. 预测未来几天天气变化及长期天气情况

按照前面的步骤计算 n 步转移矩阵，在计算的过程中用到了 numpy 这个 Python 科学计算库，该库支持各种高级数组与矩阵运算，效率很高，关于 numpy 的应用将在第 12 章介绍，具体代码如下：

```
import numpy as np
a = np.array([[0.4533,0.5333,0.0134],[0.1521,0.6682,0.1797],[0.0411,
0.5068,0.4521]])
p = np.mat(a)              #转换为矩阵
s = p
for i in range(2):         #经观察，到10步以后转移概率矩阵基本稳定
    s = s*p
print(s)
```

结果：

2 步转移矩阵

```
[[ 0.20244252,  0.61158797,  0.18596951],
 [ 0.18444866,  0.6103282,   0.20522313],
 [ 0.17159747,  0.6085199,   0.21988263]]
```

10 步转移矩阵

```
[[ 0.18515012,  0.61019136,  0.20465851],
```

```
[ 0.18515012,  0.61019136,  0.20465851],
[ 0.18515012,  0.61019136,  0.20465851]]
```

结果解释：

（1）1 步转移矩阵为一天后的天气概率，2 步转移矩阵为 2 天后的天气概率，以此类推，如：若今天是晴天，2 天后晴天的概率为 20.24%，多云的概率为 61.16%，雨天的概率为 18.60%。

（2）当步数达到一定值时，转移矩阵将会趋于一个固定值，此值在天气预报中为当地的长期天气分布值。因此，可以推断南京 2017 年晴天天数为 0.18 515 017×365=67 天，阴天/多云 223 天，雨雪天 75 天。

3.2 网页解析工具

关于网页解析工具，在第 2 章中已经讲到过一种，就是正则表达式，但是正则表达式语法较为复杂，学习曲线比较陡峭，实际编写网络爬虫的时候往往需要借助一些第三方库来帮助完成网页解析的工作。最常用的网页解析库有 BeautifulSoup 和 lxml，其中 BeautifulSoup 语法简单，开发成本低；lxml 语法略复杂，但是运行速度快。

3.2.1 更易上手：BeautifulSoup

BeautifulSoup（详细功能请参考中文文档地址 https://www.crummy.com/software/BeautifulSoup/bs4/doc/index.zh.html，本节只介绍其常用功能）是一个使用 Python 语言编写的 HTML 和 XML 解析库，以其语法简练著称，简单易学；对于网络爬虫初学者来说是一个不错的能替代正则表达式的网页解析工具。

1. BeautifulSoup 安装

直接使用 pip 安装（注意这里库的名称为 bs4 而不是 BeautifulSoup），代码如下：

```
pip install bs4
```

若出现安装失败则可以直接下载安装包，不再赘述。

2. BeautifulSoup 调用

BeautifulSoup 本身并不能访问网页，需要先使用 urllib 库或者 requests 库获取网页代码，再交予 BeautifulSoup 处理，代码如下：

```
1: import urllib.request
2: from bs4 import BeautifulSoup
3: req = urllib.request.urlopen("https://www.baidu.com")
4: Bsoup = BeautifulSoup(req)  #转化成BeautifulSoup对象
5: print(Bsoup)
```

3. 使用 BeautifulSoup 解析 HTML 文档

【示例 3-4】解析 HTML 文档（以豆瓣读书《解忧杂货店》为例）。

以豆瓣读书的《解忧杂货店》图书为例，使用 BeautifulSoup 解析其 HTML 文档，图书信息和对应的信息源代码如图 3.7 和图 3.8 所示。

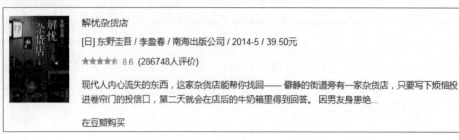

图 3.7　豆瓣《解忧杂货店》图书信息

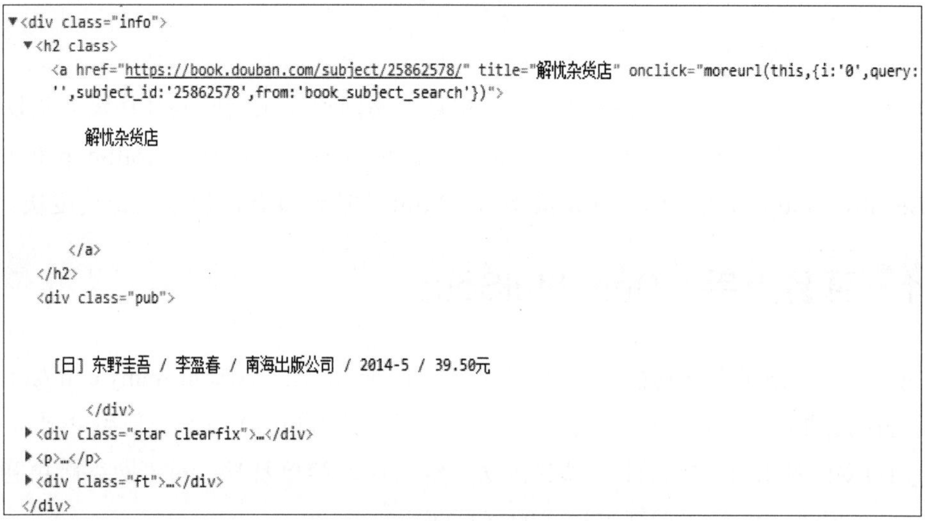

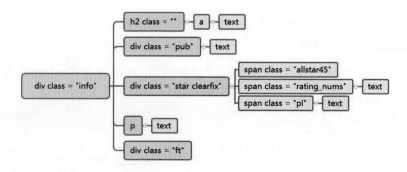

图 3.8　《解忧杂货店》信息源代码

为便于理解代码中节点之间的层次关系，下面以思维导图的方式将信息源代码的结构整理如图 3.9 所示，通过图中结构提取数据。

图 3.9　《解忧杂货店》代码结构

(1) 提取 h2 标签

代码如下:

```
>>> bsoup.h2
<h2 class="">
<a href="https://book.douban.com/subject/25862578/" onclick="moreurl(this,
{i:'2',query:'',subject_id:'25862578',from:'book_subject_search'})"
title="解忧杂货店">解忧杂货店</a>
</h2>
```

(2) 提取 h2 下的<a>标签

代码如下:

```
>>> bsoup.h2.a
<a href="https://book.douban.com/subject/25862578/" onclick="moreurl(this,
{i:'2',query:'',subject_id:'25862578',from:'book_subject_search'})" title=
"解忧杂货店">
解忧杂货店</a>
```

注意:在本段源代码中可以直接提取<a>标签;若是对整个网页的源代码进行处理则不推荐直接提取,因为网页中可能含有其他<a>标签。

(3) 提取第一个 span 标签

代码如下:

```
>>> bsoup.find('span')
<span class="allstar45"></span>
>>> bsoup.span
<span class="allstar45"></span>
```

(4) 提取所有 span 标签并生成一个列表

代码如下:

```
>>> bsoup.find_all('span')
[<span class="allstar45"></span>, <span class="rating_nums">8.6</span>,
<span cl
ass="pl">(209769人评价)</span>]
```

(5) 按属性提取标签

代码如下:

```
>>> bsoup.find('div',attrs={'class':'star clearfix'})
<div class="star clearfix">
<span class="allstar45"></span>
<span class="rating_nums">8.6</span>
<span class="pl">(209769人评价)</span>
</div>
```

```
>>> bsoup.find('div',attrs={'class':'star clearfix'}).find('span',attrs=
{'class':'pl'})
<span class="pl">(209769人评价)</span>
```

（6）提取文本

代码如下：

```
>>> bsoup.find('span',attrs={'class':'pl'}).get_text()
'(209769人评价)'
>>> bsoup.h2.a.get_text()
'解忧杂货店'
```

注意：不能对 find_all()生成的列表使用 find()或 find_all()，只能对列表中的元素使用。

至此，HTML 文档解析完成。

4．BeautifulSoup 的 CSS 选择器

BeautifulSoup 除了使用 findall()/find()函数以外，还可以使用另一类型的提取元素的方法：CSS 选择器。

从图 3.10 中可以看到图书信息都包含在 div 块中，而此 div 块的类属性 class="pub"。

```
<div class="pub">

    [日] 东野圭吾 / 李盈春 / 南海出版公司 / 2014-5 / 39.50元
    </div>
```

图 3.10　图书信息部分源代码

（1）按 class 属性（tagname.classname）或 id 属性（tagname#idname）查找，代码如下：

```
>>> bsoup.select('div .pub')
[<div class="pub">[日] 东野圭吾 / 李盈春 / 南海出版公司 / 2014-5 / 39.50元</div>]
```

class 属性常见于 div 和 span 标签中，如图 3.11 所示的评论人数信息就包含在带有 class 属性的 span 标签中。

```
▼<div class="star clearfix">
    <span class="allstar45"></span>
    <span class="rating_nums">8.6</span>
    <span class="pl">
            (286748人评价)
        </span>
    ::after
</div>
```

图 3.11　评论信息的源代码

（2）采用通用的属性查找方式，语法比 find() 简单。

代码如下：

```
>>> bsoup.select('span[class="pl"]')
[<span class="pl">(209769人评价)</span>]
```

（3）提取文本内容

代码如下：

```
>>> for item in bsoup.select('span[class="pl"]'):
…    print(item.get_text())
(209769人评价)
```

5. BeautifulSoup 与正则表达式联用

BeautifulSoup 中的函数 find() 和 find_all() 中可以加入预编译过的正则表达式，可以通过下方代码提取 class 属性中包含数字的标签，代码如下：

```
>>> bsoup.find('span',attrs={"class":re.compile(r"[0-9]")})
<span class="allstar45"></span>
```

3.2.2　更快速度：lxml

学会使用网页解析工具 BeautifulSoup 之后，已经能应对几乎所有的网页解析任务，但是 BeautifulSoup 有一个很大的弊端，就是解析速度太慢，尤其是在大规模项目中，其可能会成为性能瓶颈，所以在这一节中将介绍另一种速度更快的网页解析库：lxml。

1. lxml 安装

因为 lxml 是基于 C 语言编写的 XML 解析库（文档参考 http://lxml.de/），在 Python 环境下安装没有 BeautifulSoup 那么简便，直接使用 pip install lxml 命令安装可能会报错：Microsoft C++ 10.0 is required；如果安装了 Microsoft C++ 10.0 仍然没有解决问题，建议自行下载源代码之后解压安装。

2. lxml 的调用

lxml 调用举例如下：

```
>>> from lxml import html
>>> import requests
>>> req = requests.get("https://www.baidu.com/")
>>> tree = html.fromstring(req.content)
```

3. xpath 语法

xpath 是一种通过元素的路径表达式来选取 XML 或 HTML 文档中的节点或节点集的语法，下面还是以《解忧杂货店》的网页源代码为例来抓取。

提取标题，代码如下：

```
>>> sourcecode = sourcecode.encode("utf-8")
>>> tree = html.fromstring(sourcecode)
>>> title = tree.xpath('//h2/a/text()')
>>> title
['解忧杂货店']
```

提取评分，代码如下：

```
>>> tree.xpath('//span[@class="rating_nums"]/text()')
['8.6']
```

提取评分人数，代码如下：

```
>>> tree.xpath('//span[@class="pl"]/text()')
['(209769人评价)']
```

提取简评，代码如下：

```
>>> tree.xpath('//p/text()')
```

['现代人内心流失的东西，这家杂货店能帮你找回-僻静的街道旁有一家杂货店，只要写下烦恼投进卷帘门的投信口，第二天就会在店后的牛奶箱里得到回答。因男友身患绝...']

注意：直接调用 xpath 生成的是 list 对象。

4. CSS 选择器

lxml 中除了可以使用 xpath 选取元素，还可以使用 CSS 选择器，后者与 xpath 相同会返回一个 list 对象，使用方法如下：

```
>>> tree.cssselect('h2 a')[0].text
'解忧杂货店'
>>> tree.cssselect('span.rating_nums')[0].text
'8.6'
>>> tree.cssselect('span.pl')[0].text
'(209769人评价)'
>>> tree.cssselect('p')[0].text
```

'现代人内心流失的东西，这家杂货店能帮你找回——僻静的街道旁有一家杂货店，只要写下烦恼投进卷帘门的投信口，第二天就会在店后的牛奶箱里得到回答。因男友身患绝...'

3.2.3 BeautifulSoup 与 lxml 对比

本节会通过两个实例来了解一下 BeautifulSoup 与 lxml 的语法区别和运行速度差异。

【示例 3-5】 爬取豆瓣读书中近 5 年出版的评分 7 分以上的漫画。

1. 思路分析

本示例中需要爬取的信息有出版时间和评分，若评分及出版时间均符合要求，则继续爬取该书的标题和作者信息。代码及结果如图 3.12 和图 3.13 所示。

首先需要确定各项信息的位置，从图 3.12 中可以看到书名在 h2 标签下的 a 标签中，价格、作者、出版时间等在 div 标签中，评分在另一个 div 标签下的 span 标签中。

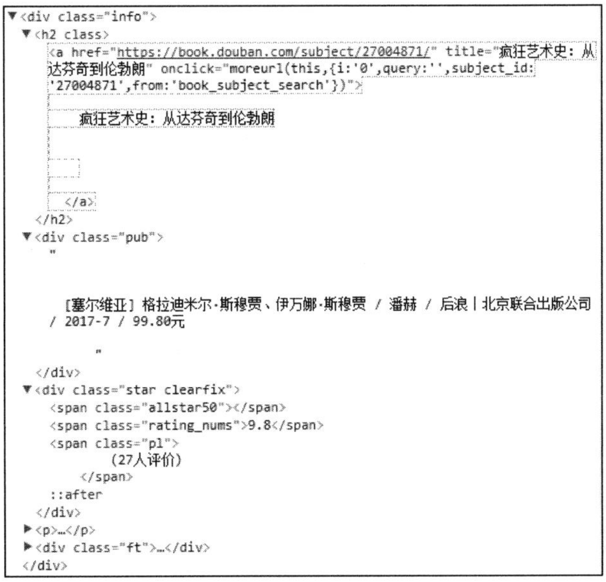

图 3.12　漫画信息源代码

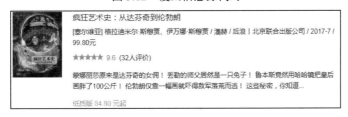

图 3.13　《疯狂艺术史：从达芬奇到伦勃朗》漫画信息

2. 代码对比

接下来对比 BeautifulSoup 和 lxml 两个网页解析工具在具体应用时的语法差异。

注意：

① 若是对 Windows 控制台默认编码进行修改的话，此段代码会出现编码报错，建议在 IDLE 下运行。

② 因为豆瓣的 robots.txt 文件中限制了爬取速度间隔最低为 5 s，所以网络爬虫中需要自行限速，避免被禁。

（1）BeautifulSoup 部分代码如下：

```
01: import urllib.request
02: from bs4 import BeautifulSoup
03: import re
04: import time
05: urllist = ['https://book.douban.com/tag/%%E6%%BC%%AB%%E7%%94%%BB?start
```

```
=%s0&type=T'% i for i in range(1,50)]
06: #除%s外所有%需要改成%%
07: def choose_comics(url):
08:     page = urllib.request.urlopen(url)
09:     bsoup = BeautifulSoup(page)
10:     title = [t['title'] for t in bsoup.find_all('a',title=True)]
11:     grade = [t.text for t in bsoup.find_all('span',class_ =
                                                'rating_nums')]
12:     publication_date = [t.text for t in bsoup.find_all('div',class_ = 'pub')]
13:     booklist=[]
14:     if len(grade) == len(publication_date):
15:         for i in range(len(publication_date)):
16:             grade[i] = grade[i].get_text()
17:             pattern = re.compile(r'.*?20(\d+).*?')
18:             publication_date[i] = publication_date[i].get_text()
19:             publication_date[i] = '20' + re.findall(pattern,publication
                _date[i])[0]
20:             if float(grade[i])>=7.0 and int(publication_date[i])>2012:
21:                 booklist.append(title[i].find('a').get_text())
22:     return booklist
23: all_books=[]
24: for url in urllist:
25:     time.sleep(5)
26:     all_books.extend(choose_comics(url))
27: print(all_books)
```

（2）lxml 部分代码如下：

```
01: from lxml import html
02: def choose_again(url):
03:     page = urllib.request.urlopen(url)
04:     tree = html.fromstring(page.content)
05:     title = tree.xpath('//h2/a/text()')
06:     grade = tree.xpath('//span[@class="rating_nums"]/text()')
07:     publication_date = tree.xpath('//div[@class="pub"]/text()')
08:     booklist = []
09:     if len(grade)==len(publication_date):
10:         for i in range(len(publication_date)):
11:             grade[i] = grade[i]
12:             pattern = re.compile(r'.*?20(\d+).*?')
13:             publication_date[i] = publication_date[i]#.encode('utf-8')
14:             publication_date[i] = '20' +
                re.findall(pattern,publication_date[i])[0]
15:             if float(grade[i])>=7.0 and
int(publication_date[i])>2012:
16:                 booklist.append(title[i].encode('utf-8'))
17:     return booklist
```

对比上面两段代码可以发现，BeautifulSoup 通过 BeautifulSoup()对象的属性和方法来实现复杂查询,而 lxml 通过 xpath 路径表达式来达到同样的目的。BeautifulSoup 更擅长属性提取,而 lxml 更擅长多层嵌套精准定位。

注意:在本书编写过程中,发现豆瓣网页源代码经常变动,读者对上段代码进行测试时务必先查看豆瓣网页源代码。

BeautifulSoup 是用 Python 编写的,lxml 是用 C 语言编写的,据资料显示,解析同样的网页 lxml 速度要快于 BeautifulSoup,那么具体快多少呢?下面采用网易新闻首页测试一下。

【示例3-6】BeautifulSoup 和 lxml 解析同样网页速度测试(基于网易新闻首页)。

代码如下:

```
01: import urllib.request
02: from bs4 import BeautifulSoup
03: from lxml import html
04: import time
05: page = urllib.request.urlopen('http://www.163.com/')
06: ######BeautifulSoup##############
07: a = time.time()
08: for i in range(100):
09:     bsoup = BeautifulSoup(page)
10:     img = bsoup.find_all('img')
11: b = time.time()
12: ######lxml####################
13: for j in range(100):
14:     tree = html.fromstring(str(page))
15:     img = tree.xpath('//img')
16: c = time.time()
17: print(b-a)#BeautifulSoup解析耗时
18: print(c-b)#lxml解析耗时
```

结果:

0.592034101486206

0.016000986099243164

在此例中 BeautifulSoup 的解析速度比 lxml 慢几十倍;可见,在对速度要求较高的项目中,宜选用 lxml 而非 BeautifulSoup。

3.2.4 综合实例:在前程无忧中搜索并抓取不同编程语言岗位的平均收入

目标网站:前程无忧。

实现功能:按关键词搜索并抓取各种编程语言岗位的工资范围。

实现步骤:

(1) 搜索各关键词(C、C++、Java、Python、R 等),即实现表单交互,如图 3.14 所示。

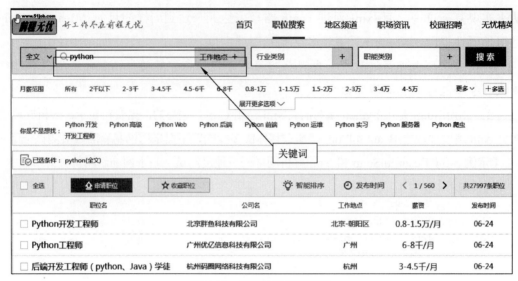

图 3.14 前程无忧搜索界面

根据手动搜索得到的网址，本实例中的网络爬虫初始网址设定为"职位搜索"，界面网址：url = http://search.51job.com/jobsearch/search_result.php，通过审查元素可以看到关键词输入框的 name 属性为"keyword"。搜索页面源代码如图 3.15 所示。

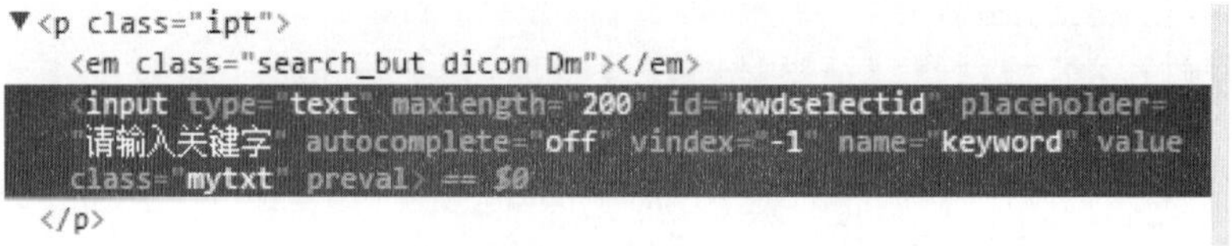

图 3.15 前程无忧搜索页面源代码

可以通过在 requests.get()中添加请求参数的方式来模拟关键词搜索，先构建请求参数字典，代码如下：

```
data = {'keyword':'python'}
```

然后通过 requests.get(url,data,headers)将关键词发送给服务器，完成关键词搜索操作。这里添加 headers 和不添加 headers 获取的是不同的网页，所以必须要添加 headers。

（2）抓取前 100 个职位的工资信息

这一步主要实现信息抓取和翻页功能，一般来说处理带页码的翻页（对于滚动翻页将在第 4 章介绍）有以下几种方法：

- 使用 request.get()发送页码信息。
- 直接修改 url 中 page 的值。
- 打开网页中"下一页"链接。

本例中选择最后一种方法，通过定义 find_next_page()函数来获取下一页地址。

（3）统计绘图

在完成数据采集之后，可以使用 Excel 对工资上下限的平均值以及方差进行分析及绘图。

抓取 Python 语言岗位收入的完整代码如下：

```
01: import lxml.html
02: import requests
03: import re
04: headers = {
05: 'User-Agent':'Mozilla/5.0 (Windows NT 10.0; WOW64; rv:44.0) Gecko/20100101
      Firefox/44.0'
06: }#此处必须添加headers，否则无法获取正确的网页
07: search_url = 'http://search.51job.com/jobsearch/search_result.php'
08: data = {'keyword':'python'}#通过使用firebug查看得到关键词输入框的name为
                              keyword（如果没有name属性可以尝试用id属性）
09: s = requests.get(search_url,data,headers = headers)
10: tree = lxml.html.fromstring(s.content)
11: url = s.url
12: def average_per_page(url):
13:     r = requests.get(url,headers = headers)
14:     tree1 = lxml.html.fromstring(r.content)
15:     salary = tree1.xpath('//span[@class="t4"]/text()')
16:     low_list = []
17:     high_list = []
18:     for item in salary:
19:         low = 0.0
20:         high = 0.0
21:         if '万' in item:
            #因为不同单位的薪资写法不一，需要将单位为"千"和"万"的分开处理。
22:             k = re.findall(r'(.*?)-.*?',item)
23:             m = re.findall(r'.*?-(.*?)万\/月',item)
24:             try:
25:                 low = float(k[0])
26:                 high = float(m[0])
27:                 low_list.append(low)
28:                 high_list.append(high)
29:             except:
30:                 pass
31:         else:
32:             k = re.findall(r'(.*?)-.*?',item)
33:             m = re.findall(r'.*?-(.*?)千\/月',item)
34:             try:
35:                 low = float(k[0])/10
36:                 high = float(m[0])/10
37:                 low_list.append(low)
38:                 high_list.append(high)
39:             except:
40:                 pass
41:     low_average = sum(low_list)/len(low_list)
42:     high_average = sum(high_list)/len(high_list)
43:     return (low_average,high_average)
44: def find_next_page(url,a):#查找下一页的url
45:     s = requests.get(url,headers = headers)
```

```
46:     tree2 = lxml.html.fromstring(s.content)
47:     next_page = tree2.xpath('//li[@class="bk"]/a/@href')[a]
48:     return next_page
49: url2 = find_next_page(s.url,0)
50: urllist = []
51: urllist.append(url2)
52: current_url = url2
53: for i in range(1,100):
54:     try:
55:         new_url = find_next_page(current_url,1)
56:         print("%r page got" % i)
57:         urllist.append(new_url)
58:         current_url = new_url
59:     except:
60:         pass
61: average_salary_floor = []
62: average_salary_toplimit = []
63: for item in urllist:
64:     average_salary_floor.append(average_per_page(item)[0])
65:     average_salary_toplimit.append(average_per_page(item)[1])
66: floor = sum(average_salary_floor)/len(average_salary_floor)
67: toplimit = sum(average_salary_toplimit)/len(average_salary_toplimit)
68: print(floor,toplimit)
```

（4）将 data 字典中的 keyword 属性改为"C 语言"、"C++"等，重新运行代码。最终得到结果如表 3.7 所示。

表 3.7　各编程岗位薪资情况

语言		C 语言	Python	C++	Java	C#	JavaScript	PHP	R 语言	Swift
上限	均值	1.134	1.550	1.395	1.360	1.166	1.211	1.231	1.308	1.438
	方差	0.015	0.031	0.014	0.011	0.010	0.017	0.018	0.123	0.046
下限	均值	0.721	0.975	0.872	0.871	0.731	0.775	0.786	0.847	0.927
	方差	0.004	0.010	0.006	0.024	0.004	0.007	0.007	0.049	0.026

从表 3.3 中可以看出，Python 相关职位的平均工资最高，R 语言相关职位的方差最大，即不同公司给出的工资差异最大。几种语言的相关关系可以从图 3.16 中看出。

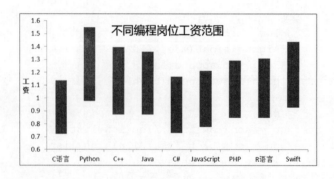

图 3.16　各编程岗位的工资范围

Chapter 4 第 4 章

动态网页爬取

在第 3 章中我们已经讲过，目前的网页主要分为静态网页和动态网页两类；动态网页中会采用 JavaScript 技术，实现与客户的交互。JavaScript 语言是由网景（NetScape）公司为制作动态网页而开发的一种脚本语言，目前互联网中由 JavaScript 动态加载的网页内容越来越多，几乎所有交互内容和需要实时更新的网站都使用了 JavaScript 技术。

对于这些动态内容，利用 Python 语言中的网络库难以获得真实的网页元素（往往只能获取到一段 JavaScript 代码），需要通过模拟人的浏览操作获取 JavaScript 加载的数据。这一章我们将介绍动态网页的爬取。

本章主要知识点有：

- AJAX 技术：学会获取并模拟真实的网页请求。
- Selenium 模拟浏览器：学会模拟浏览器操作，处理复杂网页数据。
- Fiddler 抓取移动端请求：学会截取移动端请求，获取数据。

4.1 AJAX 技术

在常规的网页浏览过程中，如果通过在浏览器输入地址、单击链接、单击图片等方式向服务器发出请求（Request），整个网页会重新加载，显示出服务器返回的内容（Response）。

但是这样会造成一个问题：如果只是想放大网页中的一张图或者查看一小段文字，都需要刷新整个网页，这样必定会增大数据传输量及服务器的负荷量。如果网页中的数据量较大，或者网络状态较差时，浏览器将处于长时间空白的状态，用户体验会变得非常糟糕。

AJAX（Asynchronous JavaScript and XML，异步 JavaScript 和 XML）也是使用 JavaScript 向服务器发出请求，并获取返回信息，但是 AJAX 技术与传统方式不同的是，使用 AJAX 不会刷新整个页面。

这种技术扩展了 Web 应用的功能，丰富了 Web 客户端的表现能力，体现出了非常好的交互性，掌握 AJAX 技术已经成为了前端工程师的必备技能，大型网站一般会使用这种技术，既优化了用户体验，又能减小服务器压力。微博中的图片点击放大功能就使用了 AJAX 技术，如图 4.1 所示。

不会刷新整个页面对网页开发者来说是个好事，然而使用爬虫访问网页时，无法获取 AJAX 的动态内容，所以 AJAX 技术会导致爬虫难以获取到真实的网页源代码，从而为网络爬虫的抓取带来了困难；因此在网页地址不变的情况下如何获取 AJAX 的真实请求和返回内容成了这其中的难点。

图 4.1　微博图片

4.1.1　获取 AJAX 请求

对于使用了 AJAX 技术的网页，在 Chrome 浏览器（或其他浏览器）中选择"更多工具"→"开发者工具"→Network→XHR 命令，对网页进行操作（获取信息但不刷新整体页面的操作，如滚动翻页），可以看到网页中产生了 XHR（XML Http Request）请求。单击新生成的 XHR 请求，查看该请求的 Headers、Response 等参数。如图 4.2 所示，Requests Headers 所有内容都显示在其中。

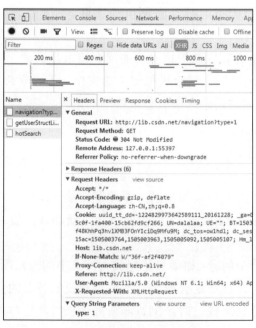

图 4.2　获取 AJAX 请求

为了模拟这个请求,可以先将 Requests Headers 的内容复制下来,其中较重要的参数为 User-Agent 和 Cookie,如果 Headers 下方有 Query String Parameters 项,还需要将 Query String Parameters 中的内容作为请求参数添加到 requests.get()函数中,通常以构造 params 字典的方式实现,代码如下所示:

```
headers = {
    'Accept':'text/plain,*/*,q=0.01',
    'Accept-Encoding':'gzip,deflate,br',
    ……
}
params = {
    'type':'1',
}
```

下面构造请求,构造时注意请求方式(Request Method),这里是 get 请求,构造时需要提供请求地址、Headers 和请求参数,其中请求地址是必须参数,Headers 用于将爬虫请求伪装成浏览器请求,而请求参数用于触发特定的 AJAX 内容,代码如下:

```
r = requests.get(Request_RUL,headers=headers,params=params)
```

对于网络爬虫初学者,现阶段并不需要了解 AJAX 的具体工作原理,只要学会如何获取 AJAX 请求的内容即可完成数据爬取工作,以下通过一个实例来介绍 AJAX 的实际应用。

4.1.2 综合实例:抓取简书百万用户个人主页

简书是一个创作社区及阅读平台,网站中大量使用了滚动刷新翻页(这也是 AJAX 最常见的应用场景),而不是传统的单击翻页,在翻页过程中浏览器显示的网址不变,这为查找每一页的 url 带来了一定的困难,因此需要借助浏览器中的开发者工具来获取真实请求。

为了达到获取简书百万用户个人主页的目的,可尝试以下两种思路。

1. 依靠人际关系爬取

这是爬取新浪微博等社交网站常用的方式,美国心理学家米尔格兰姆提出了六度空间理论:认为世界上任意 2 人之间建立联系,最多只需要经手 6 人[1]。这为抓取简书用户提供了一个思路,首先抓取几个"大 V"的关注列表和粉丝列表,再通过粉丝与关注列表中的每个用户的粉丝与关注列表抓取下一波用户,最终达到抓取简书百万用户的目的,抓取思路如图 4.3 所示。

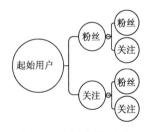

图 4.3 用户抓取思路

---

[1]六度空间理论[J]. 时事报告,2012,(03):77.

（1）查看翻页过程中产生的真实请求，如图 4.4 所示。

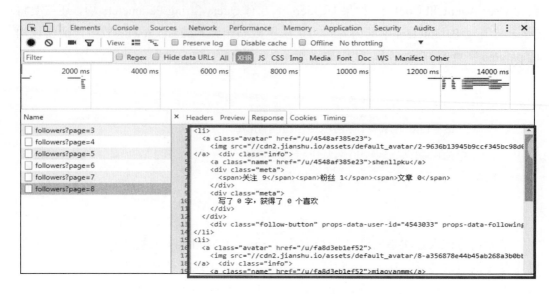

图 4.4　查看真实请求

由图 4.4 可知，在滚动翻页的过程中，产生了若干个 XHR 请求，请求的返回内容中包含了我们需要的粉丝信息，使用 requests 库模拟该请求，就可以获取想要的数据。

首先单击 Headers 选项，分析请求参数，信息如图 4.5 所示。

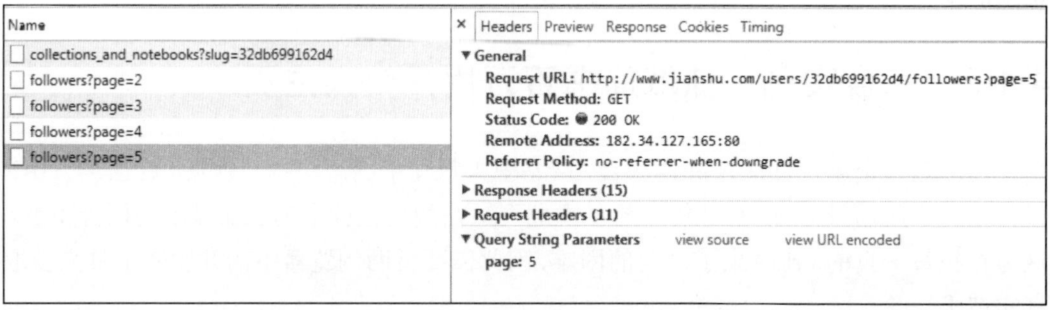

图 4.5　分析请求参数

接下来构造请求，请求方法（Request Method）为 Get 请求，地址为 http://www.jianshu.com/users/32db699162d4/followers，参数为{'page':5}，同时需要构造 Params 字典。

本例中 XHR 请求的构造如下：

```
r = requests.get('http://www.jianshu.com/users/32db699162d4/followers',
headers=headers,params = {'page':5})
```

（2）解析代码获取数据，这一步需要使用 lxml 作为解析工具。
具体代码如下：

```
01: import lxml.html
```

```python
02: import requests
03: import re
04: #引入了pandas，因为pandas的文件输出语法非常简洁，关于pandas的知识将在第12章介绍
05: import pandas as pd
06: import time              #用于爬取计时，可以省略
07:
08: headers = {
09: 'User-Agent':'Mozilla/5.0 (Windows NT 10.0; WOW64; rv:44.0) Gecko/20100101
                                                          Firefox/44.0'
10: }
11: user_personal_page = []
12: searched_url = []
13: start_time = time.time()
14: def get_follow(url):#获取粉丝或关注页面网址
15:     ulist = []
16:     for i in range(1,10000):
17:         try:
18:             r = requests.get(url,params={'page':i},headers=headers,
                                                          timeout = 0.5)
19:             etree = lxml.html.fromstring(r.text)
20:             k = etree.xpath('//a/@href')
21:             if len(k) <= 35:
22:                 break
23:             for item in k:
24:                 if re.search(r'^\/u\/',item) and item not in ulist:
25:                     ulist.append(item)
26:         except:
27:             pass
28:     return ulist
29: def get_user_url_list(url,i):   #迭代爬取
30:     if url not in searched_url:
31:         searched_url.append(url)
32:     else:
33:         return None
34:     if i == 20:
35:         return None
36:     urllist = get_follow(url)    #获取所有粉丝或关注网址
37:     #user_list = []
38:     for item in urllist:
39:         if re.search(r'^\/u\/',item):
40:             user_page = 'http://www.jianshu.com'+re.sub('/u/','/users/',item)
41:             if user_page not in user_personal_page:
42:                 user_personal_page.append(user_page)
43:                 print(len(user_personal_page))
44:                 try:
45:                     get_user_url_list(user_page+'/followers',i+1)
46:                     get_user_url_list(user_page+'/following',i+1)
47:                 except:
48:                     pass
49:     if i == 1:#添加这一行可以在最后一刻写入
```

```
50:        df = pd.DataFrame()
51:        df['url'] = user_personal_page
52:        df.to_csv('new.csv', sep=",", index=False)#续写添加mode='a'
```

注意：因为爬取的数据量较大，在真实应用时需要用到多线程或多进程，将在第7章介绍。

这种思路抓到的深度与数据量的结果如图 4.6 所示，随着爬取的深度增大，数据量逐渐上升，但当深度达到 15 以后，新爬取到的数据大多已出现过了，所以总体数据量增幅变小，继续深入爬取也难以获得更多有用数据，说明该思路不适合在简书中爬取大量的用户数据。

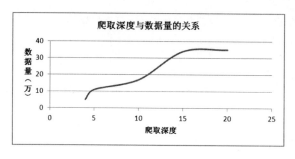

图 4.6　深度与数据量之间的关系

2．依靠专题关注列表爬取

我们知道简书中远不止这么多用户，仅仅在简书热门专题页面中，一个专题的关注人数都超过了 100 万，如图 4.7 所示，可尝试从专题关注列表来抓取信息。

简书的专题关注列表是通过一个滚动翻页的浮动窗口（见图 4.8）显示的，在地址栏都看不到相关网址，需要用到开发者工具进行查看，向下滚动之后发现 Network 中 XHR 里面出现图 4.9 所示请求。

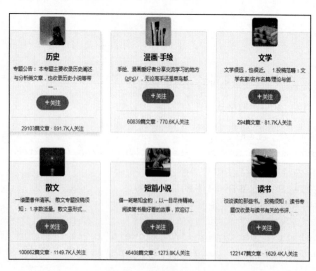

图 4.7　专题关注人数

图 4.8　专题关注列表

第 4 章 动态网页爬取 ❖ 95

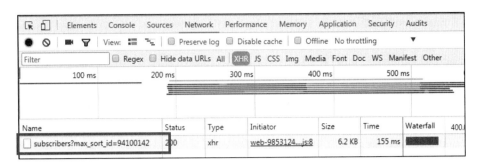

图 4.9 真实翻页请求信息

单击 Headers 选项，可以看到如图 4.10 所示的请求信息。

图 4.10 翻页请求 Headers

请求参数如图 4.11 所示，可以通过 requests.get(url,params)来获取 Response。

图 4.11 请求参数 params

注意：这里的 max_sort_id 参数是由网站后台生成，无法直观地观察到其内在规律，所以尝试使用了间隔遍历（从 00 000 000 到 99 999 999，每隔 1 500 访问 1 次）的方式进行抓取；但是为了提升速度，会丢失约 10%的用户信息。

返回信息 Response 为 JSON 格式，如图 4.12 所示。

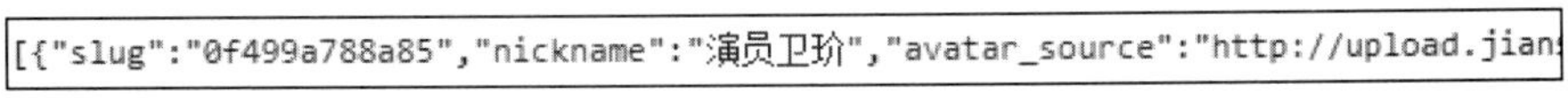

[{"slug":"0f499a788a85","nickname":"演员卫玠","avatar_source":"http://upload.jian

图 4.12 返回参数格式

其中"slug"是用户 id，Response 是一个 JSON 字符串，有两种提取 slug 的方式：
（1）用正则表达式提取。
（2）使用 eval()将之转化成包含字典的列表，即可轻松地通过 dict['slug']提取出
    "slug"的值，示例代码如下：

```
>>> item = '[{"slug":"0f499a788a85"}]'
>>> response = eval(item)
>>> type(response)
<class 'list'>
```

```
>>> response
[{'slug': '0f499a788a85'}]
>>> response[0]['slug']
'0f499a788a85'
```

依靠专题关注列表爬取用户个人主页的具体代码如下（使用正则表达式提取）：

```
01: import requests
02: import re
03: import pandas as pd
04: import multiprocessing
05: url = 'http://www.jianshu.com/collection/1/subscribers'
06: headers = {
07: 'User-Agent':'Mozilla/5.0 (Windows NT 6.1; Win64; x64) AppleWebKit/537.
    36 (KHTML, like Gecko) Chrome/59.0.3071.115 Safari/537.36'
08: }
09: def get_user_id(url,start,end):
10:     id_list = []
11:     for i in range(int(start/1500),int(end/1500)):
                #为了速度而抛弃了一小部分数据
12:         try:
13:             r = requests.get(url,params={'max_sort_id':i*1500},headers
                = headers,timeout=0.5)#模拟了关注列表的请求
14:             print(i)
15:             k = r.text
16:             m = k.split(sep='},{')
17:             for item in m:
18:                 try:
19:                     slug = re.findall(r'"slug":"(.*)","nickname"', item)
20:                     if slug[0] not in id_list:
21:                         id_list.append(slug[0])
22:                 except:
23:                     pass
24:         except:
25:             pass
26:     print(len(id_list))
27:     df = pd.DataFrame()
28:     try:
29:         df['url'] = id_list
30:         df.to_csv('followers.csv',sep=',',index=False,mode='a')
31:     except:
32:         pass
33: if __name__ == '__main__':
34:     p1 = multiprocessing.Process(target=get_user_id,args=(url,10000,
                                                            25000000,))
35:     p2 = multiprocessing.Process(target=get_user_id,args=(url,25000001,
                                                            50000000,))
36:     p3 = multiprocessing.Process(target=get_user_id,args=(url,50000001,
                                                            75000000,))
37:     p4 = multiprocessing.Process(target=get_user_id,args=(url,75000001,
```

```
                                                      99999999,))
38:    p1.start()
39:    p2.start()
40:    p3.start()
41:    p4.start()
```

注意：

① 第 19 行使用了正则表达式，也可以用 eval(item)将对象转为字典直接获取'slug'值。

② 上述代码中的多进程内容将在第 7 章介绍。

具体实践中发现，依靠关注列表能够获取到更多的用户数据，主要有两个原因：

（1）平台中有很多用户的关注人数和粉丝人数极少，难以从这种用户的人际关系中获取其他用户信息，而平台用户注册初期会有专题推荐，所以用户对专题的关注量比对其他用户的关注量更高。

（2）在人际关系网中，很容易出现封闭的小圈子，即一群人内部互相关注，却与外界兴趣不相投的用户毫无联系，所以从专题关注列表爬取能够访问到更多的兴趣圈子。

4.2 Selenium 操作浏览器

上一节中讲到的模拟请求加载 AJAX 的方法只适用于一部分网站的动态内容，为了让爬虫更具普适性和稳定性，可以采用 Selenium 控制浏览器来访问网页，这种方式虽然速度较慢，却有两大明显优势：

（1）能够自动解析网页中的 JavaScript 代码。

（2）其访问行为与人类无异，难以被反爬虫程序识别。

Selenium 是 Thoughtworks 公司专门为 Web 应用而开发的一个浏览器自动测试工具，Selenium 中主要包括用于录制回放浏览器操作的 Selenium IDE、用于运行 Selenium Remote Control 脚本的 Selenium Server 和编程接口 WebDriver。

本小节主要介绍编程接口 WebDriver，利用 WebDriver 可以使用 Python 操纵浏览器，模拟人类用户的浏览行为。凭借着与真实用户浏览操作的高度相似性，利用 WebDriver 配合浏览器搭建的网络爬虫难以被反爬虫系统识别，并且能自动加载 JavaScript 代码，被广泛地应用于网络爬虫中。

目前只有极少数网站会对 Selenium 中的 WebDriver 进行识别反爬。因此建议爬取由 JavaScript 动态生成的网页时，可以尝试使用 WebDriver+浏览器将 JavaScript 代码先加载出来，再进行爬取，便可获取到加载完成之后的 HTML 元素。

4.2.1 驱动常规浏览器

在 Selenium 中自带了 IE 和 Firefox 的驱动程序，可以直接使用，但是如果你使用的是 Chrome 浏览器，由于 Selenium 中没有自带 Chrome 驱动，所以要使用 Selenium 驱动 Chrome 浏览器，还需要单独下载 Chromedriver.exe。Chromedriver 可以从国内镜像地址 http://npm.taobao.org/mirrors/chromedriver/下载，如图 4.13 所示。

```
chromedriver_linux32.zip      2014-02-03T09:11:50.536Z      2405487(2.29MB)
chromedriver_linux64.zip      2014-02-03T09:12:13.790Z      2264246(2.16MB)
chromedriver_mac32.zip        2014-02-01T03:43:26.983Z      4454627(4.25MB)
chromedriver_win32.zip        2014-02-07T11:23:07.160Z      3147400(3MB)
notes.txt                     2014-02-01T02:40:53.787Z      3697(3.61kB)
```

图 4.13　适用于各个操作系统的 Chromedriver

1. 启动浏览器并获取源代码

将 Chromedriver 的路径输入 webdriver.Chrome()（如果不输入路径系统也会自动搜索 Chromedriver 的位置，所以驱动 IE 和 Firefox 不需要填写路径），Chromedriver 尽量放在 Python 安装文件夹内部。

代码如下：

```
driver = webdriver.Chrome('C:\Python34\Scripts\chromedriver.exe')
                                                    #启动浏览器
driver.get('https://www.baidu.com/')    #打开网页
html = driver.page_source               #获取网页源代码
```

2. 各种浏览器操作

（1）定位

浏览器操作中，最核心的步骤是对 Web 元素进行定位，Selenium 有 8 种定位方法，其具体使用到的函数及其作用如下表 4.1 所示。

表 4.1　Selenium 中的 8 种定位函数及其作用

函数名称	作用
find_element_by_id()	通过 id 属性定位
find_element_by_name()	通过 name 属性定位
find_element_by_tagName()	通过标签名称定位
find_element_by_className()	通过 class 属性定位
find_element_by_linkText()	通过超链接的文本来定位
find_element_by_partialLinkText()	通过部分超链接文本来定位
find_element_by_xpath()	通过 xpath 语法来定位
find_element_by_cssSelector()	通过 CSS 选择器来定位

selenium 几乎能够实现人类的所有操作，下面简单介绍其中的常用操作。

（2）单击

- 单击按钮，代码如下：

```
driver.find_element_by_id(u'登录').click()
```

- 在没有确定按钮时,提交表单(常用于搜索过程中,相当于回车操作),代码如下:

```
driver.find_element_by_id(u'search').submit()
```

(3)输入

- 在文本框输入,代码如下:

```
driver.find_element_by_name('username').send_keys('dalalaa')
```

- 清空文本框的内容,代码如下:

```
driver.find_element_by_name('username').clear()
```

(4)滚动

代码如下:

```
driver.execute_script("window.scrollBy(a,b)")
                       # a为向右滚动像素值 b为向下滚动像素值
```

(5)拖动元素

代码如下:

```
a = driver.find_element_by_xpath('name')
b = driver.find_element_by_xpath('input') ActionChains(driver).drag_and_drop(a, b).perform()
```

注意:拖动元素功能可以用于破解滑动解锁式的验证码。

(6)窗口之间的切换

代码如下:

```
all_windows = driver.window_handles for window in all_windows:
if window != driver.current_window_handle:
driver.switch_to_window(wd1)
```

(7)后退

代码如下:

```
driver.back()
```

(8)前进

代码如下:

```
driver.forward()
```

（9）刷新浏览器

代码如下：

```
driver.refresh()
```

4.2.2 驱动无界面浏览器

为什么还要使用无界面浏览器呢？因为在进行大规模、长时间爬取时，使用有界面的浏览器太过浪费资源，也会影响计算机的正常使用，一天 24 小时不间断爬取，并不需要浏览器界面供用户查看。

使用无界面浏览器主要有两种选择：

（1）选择无界面浏览器 PhantomJS

PhantomJS 具备正常的浏览器功能，但是没有可视化界面。PhantomJS 与 Selenium 一样，最初都是作为自动化测试的工具，后来逐渐被人们拿来作为网络爬虫工具，由于其浏览器的本质，反爬虫手段难以识别它，稳定性非常好，而且相比常规界面浏览器来说，PhantomJS 的运行速度更快，更适合大规模爬取。PhantomJS 结果不能直观地显示给我们，所以初学者可以在代码测试的时候使用 Chrome，在正式运行的时候建议选用 PhantomJS。

PhantomJS 可从官网下载：http://phantomjs.org/download.html，其官方文档的地址是：http://phantomjs.org/documentation/，另外也需要下载配置 WebDriver。

使用 Selenium 启动 PhantomJS 并获取源代码：

```
from selenium import webdriver
driver =webdriver.PhantomJS(executable_path=path)
driver.get("http://www.baidu.com") driver.page_source
```

获取源代码之后便可以使用前几章介绍过的解析工具进行解析，获取需要的元素。Selenium 驱动 PhantomJS 和驱动 Chrome 的语法基本一致，这里不再赘述。

（2）使用无头模式的 Chrome

因为 Chrome 浏览器拥有大量普通用户，所以使用 Chrome 的性能比 PhantomJS 更加稳定，使用 Chrome 的爬虫也不容易被网站反爬虫手段识别。如果能让 Chrome 不显示界面，在后台默默运行便能很方便地爬取数据。

在使用 Selenium 驱动 Chrome 爬取数据时，需要先查看 Chrome 版本。

Chrome 59 以上版本对应的 Chromedriver 可以支持 headless 模式，使用方法如下：

```
from selenium import webdriver
from selenium.webdriver.chrome.options import Options
chrome_options = Options()
chrome_options.add_argument('--headless')
driver = webdriver.Chrome('E:/chromedriver.exe',chrome_options =
```

```
chrome_options)
    driver.get('https://www.baidu.com')
```

如果你使用的是 59 以下的版本，可以使用 pyvirtualdisplay 创建虚拟界面，再运行 chromedriver，如下：

```
from selenium import webdriver
from pyvirtualdisplay import Display
display = Display(visible=False,size=(1024,768))
display.start()
driver = webdriver.Chrome('E:/chromedriver.exe',chrome_options = chrome_options)
driver.get('https://www.baidu.com')
```

4.2.3　综合实例：模拟登录新浪微博并下载短视频

本小节将介绍如何使用 Selenium+PhantomJS 模拟登录新浪微博，并从微博中下载短视频。

1．模拟登录并翻页

模拟登录并翻页的实现代码如下：

```
01: def scroll(driver):#借助JavaScript将页面滚动到最底部
02:     driver.execute_script("""
03:         (function () {
04:             var y = document.body.scrollTop;
05:             var step = 100;
06:             window.scroll(0, y);
07:             function f() {
08:                 if (y < document.body.scrollHeight) {
09:                     y += step;
10:                     window.scroll(0, y);
11:                     setTimeout(f, 50);
12:                 }
13:                 else {
14:                     window.scroll(0, y);
15:                     document.title += "scroll-done";
16:                 }
17:             }
18:             setTimeout(f, 1000);
19:         })();
20:     """)
21: from selenium import webdriver
22: import time
23: driver = webdriver.PhantomJS(executable_path=r'D:\phantomjs\bin\phantomjs.exe')
24: driver.set_window_size(1124, 850)#如果不设置窗口大小，send_keys()会报错
25: driver.get('https://weibo.com/login.php')#打开登录界面
```

```
26: driver.find_element_by_id('loginname').send_keys('*********@qq.
                                                    com')#输入用户名
27: driver.find_element_by_name('password').send_keys('********')#输入密码
28: driver.find_element_by_css_selector('.W_btn_a.btn_32px').click()
                                                                    #单击登录
29: driver.get('http://www.weibo.com/u/2479183364/home?wvr=5&c=spr_sinamkt
    _buy_hyww_weibo_t112')#模拟登录成功之后需要手动转到用户主页,否则用户主页中的js
    不会加载
30: for i in range(100):
31:     scroll(driver)
32:     time.sleep(2)                      #等待浏览器加载JavaScript
33:     print(i)
34:     try:                               #如果出现了"加载更多微博"则单击该链接
35:         check = driver.find_element_by_css_selector('.more_txt.W_f14')
36:         check.click()
37:     except:
38:         pass
39: html = driver.page_source
40: with open('sourcepage.html','wb') as f:
41:     f.write(html.encode('utf-8'))      #将网页源代码保存至本地
```

2. 分析网页代码并下载视频

具体代码如下:

```
01: f = open('sourcepage.html','r',encoding='utf-8')
02: def Schedule(a,b,c):
03:     '''
04:     a:已经下载的数据块
05:     b:数据块的大小
06:     c:远程文件的大小
07:     '''
08:     per = 100.0 * a * b / c
09:     if per > 100 :
10:         per = 100
11:     print('%.2f%%' % per,'已完成:',a*b,'文件大小:',c)
12: import re
13: import urllib.request
14: #视频地址保存在如下字符串中: video_src=%2F%2Ff.us.sinaimg.cn%2F003VadS9lx07
                                              dFILBptK010f010027cR0k01.mp4
15: src_list = re.findall(r'video_src=(.+?\.mp4)',f.read())#提取地址
16: for i in range(len(src_list)):
17:     src_list[i] = re.sub(r'%2F','/',src_list[i])
18:     try:#部分视频无法访问,会抛出403错误
19:         urllib.request.urlretrieve('http:'+src_list[i],"D:/Book/大型
                   实例/Weibo"+re.sub(r'/','',src_list[i]),Schedule)
20:     except Exception as e:
21:         print(e)
```

下载的短视频如图 4.14 所示。

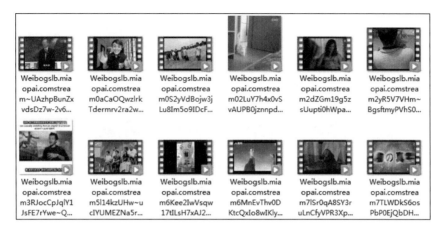

图 4.14 下载到本地的短视频

使用 Selenium 驱动浏览器进行数据爬取时，虽然受浏览器启动及访问网页的速度的限制，速度较慢，却能够省去伪装爬虫和解析动态网页的过程，节约开发时间，适用于小型项目。

4.3 爬取移动端数据

在移动互联网时代，移动端已不再是 PC 端的附属品。随着移动端产生的数据量越来越大，针对移动端的网络爬虫需求变得越来越多。本节将介绍如何使用 Fiddler+安卓模拟器来爬取移动端数据。

Fiddler 是一款强大的 Web 调试工具，它能记录所有客户端和服务器的 HTTP 和 HTTPS 请求，它是以代理服务器方式工作的，原理如图 4.15 所示。

启动 Fiddler 程序后，计算机和互联网的所有信息交流都会被 Fiddler 记录下来，为了爬取手机应用的请求数据，只需将手机与计算机连接到同一局域网中（可以通过下文中修改 Wifi 代理设置的方式实现）。

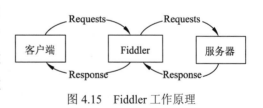

图 4.15 Fiddler 工作原理

4.3.1 Fiddler 工具配置

Fiddler 的配置可参照如下步骤：
1. 下载 Fiddler 和安卓模拟器

Fiddler 下载地址：https://www.telerik.com/download/fiddler-wizard。

安卓模拟器选择的是逍遥模拟器，下载地址：https://www.xyaz.cn/。常用的安卓模拟器还有夜神模拟器，海马模拟器等。

2．设置 Fiddler

在 Options 对话框的 Connections 选项卡中勾选 Allow_remote computers to connect，端口（Fiddler listens on port）设置为 8888，单击 OK 按钮，至此 Fiddler 的设置便完成了，如图 4.16 所示。

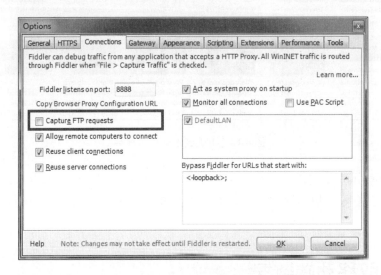

图 4.16　Fiddler 设置

3．设置模拟器

（1）在模拟器中进入 WiFi 界面→单击已连接 WiFi→长按鼠标右键→修改网络，如图 4.17 所示。

图 4.17　逍遥模拟器设置 1

（2）单击显示高级选项→将"代理"选项设为"手动"→"代理服务器主机名"设置为主机的局域网 IP 地址→"代理服务器端口"设置为 8888。如图 4.18 所示。

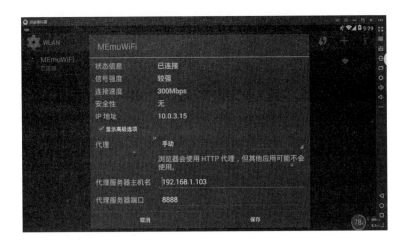

图 4.18　逍遥模拟器设置 2

模拟器设置完成之后重启 Fiddler，就可以获取到模拟器的请求信息。

注意：每次关闭 Fiddler 之后需要将代理设置还原，否则再次打开时可能出现部分应用无法连网的情况。

4.3.2　综合实例：Fiddle 实际应用——爬取大角虫漫画信息

下面通过爬取大角虫漫画信息的过程，讲解 Fiddler 的实际使用方法。

1．获取真实请求

打开大角虫漫画 APP，Fiddler 界面左侧出现了关于大角虫漫画的网络请求，如图 4.19 所示。

单击首页中的《民工勇者》漫画，出现图 4.20 所示请求。

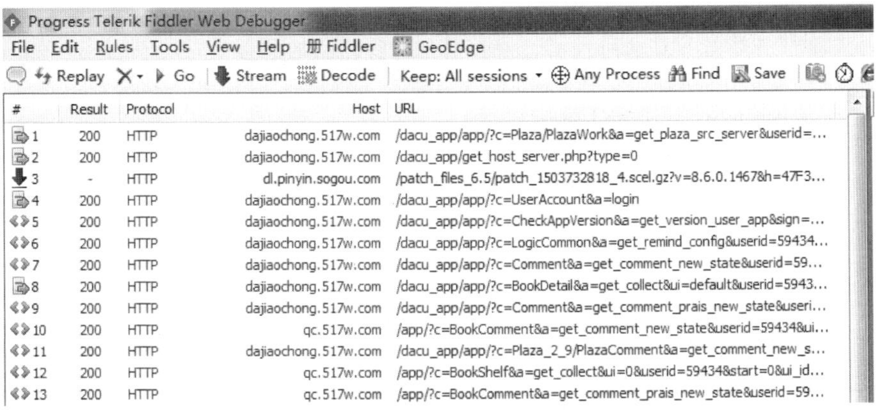

图 4.19　打开 APP 时出现的 HTTP 请求

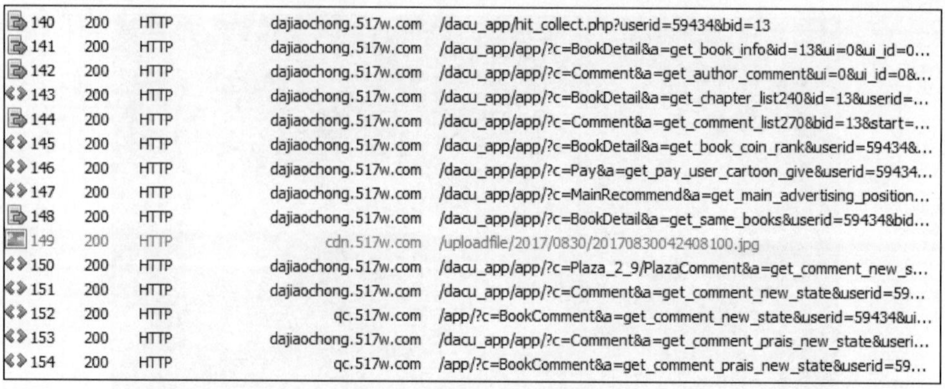

图 4.20 打开漫画时出现的请求

2．Fiddler 请求类型

Fiddler 中各图标含义如表 4.2 所示。

表 4.2 Fiddler 中各种图标及其含义

图 表	含 义
	请求使用 HTTP Get 方法
	请求已经发送到服务器
	从服务器读取响应
	请求在断点处被暂停
	请求使用 HTTP Post 方法
	请求使用 HTTP Head 方法，响应应当没有 Body
	响应在断点处被暂停
	请求使用 HTTP Connect 方法，使用 HTTPS 协议建立连接通道
	响应是 HTML
	响应是图片
	响应是脚本文件
	响应是 CSS 文件
	响应是 JSON
	响应是音频文件
	响应是视频文件
	响应是 Silverlight Applet
	响应是 Flash Applet
	响应是字体
	普通响应成功
	响应是 HTTP/300,301,302,303,307 转向
	响应是 HTTP 304（无变更），使用被缓存的版本
	响应需要一个客户端凭证
	响应是一个 Server 错误
	会话被客户端、Fiddler 或者 Server 终止

在图 4.20 中，从请求的'c'参数和'a'参数看出相应请求的作用，单击第 141 个请求（c=BookDetail,a=get_book_info），Fiddler 右侧界面出现了请求的基本信息，如图 4.21 所示。

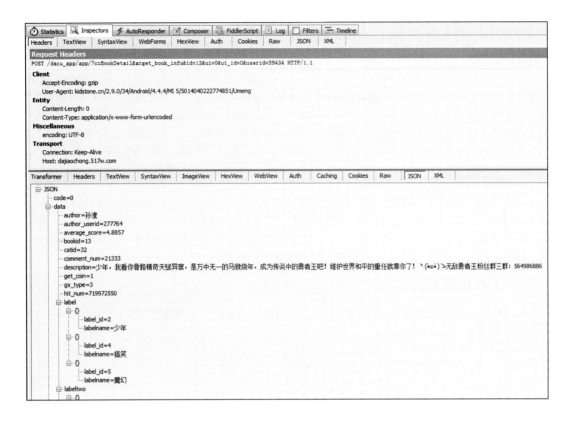

图 4.21　使用 Inspectors 查看请求的基本信息

3．模拟该请求

既然已知了该请求的各项参数，就可以使用 Requests 模拟该请求了，将 Headers 信息传入到 requests.post(url,headers)即可。

具体实现代码如下：

```
import requests
headers = {
'encoding': 'UTF-8',
'User-Agent': 'kidstone.cn/2.9.0/34/Android/4.4.4/MI 5/5014040222774851/
                                                            Umeng',
'Host': 'dajiaochong.517w.com',
'Connection': 'Keep-Alive',
'Accept-Encoding': 'gzip',
'Content-Type': 'pplication/x-www-form-urlencoded',
'Content-Length': '0',
}
r = requests.post('http://dajiaochong.517w.com/dacu_app/app/?c=BookDetail&a
```

```
=get_book_info&id=13&ui=0&ui_id=0&userid=59434',headers = headers)
info = eval(r.content)#转成字典、方便读取
```

漫画信息是以 JSON 形式返回的，具体内容如下：

{'msg': '成功', 'code': 0, 'data': {'catid': '32', 'thumb_2': 'http:\\/\\/cdn.517w.com\\/uploadfile\\/2016\\/0822\\/20160822105619864.jpg', 'hit_num': '720366669', 'author': '孙渣', 'get_coin': '1', 'updatetime': '1504146538', 'update_chapter_name': '第282话', 'view_type': '0', 'description': '少年，我看你骨骼精奇天赋异禀，是万中无一的马猴烧年，成为传说中的勇者王吧！维护世界和平的重任就靠你了！ヽ(•`ω•´)ﾉ无敌勇者王粉丝群三群: 564986886', 'thumb': 'http:\\/\\/cdn.517w.com\\/uploadfile\\/2017\\/0503\\/20170503050730128.jpg', 'views': '655350346', 'theme_id': '1', 'status_bz': '1', 'bookid': '13', 'average_score': '4.8857', 'comment_num': '21344', 'labeltwo': [{'labelname': '脑洞够大', 'label_id': '8'}, {'labelname': '无下限', 'label_id': '47'}, {'labelname': '魔性画风', 'label_id': '48'}], 'gx_type': '3', 'title': '无敌勇者王', 'label': [{'labelname': '少年', 'label_id': '2'}, {'labelname': '搞笑', 'label_id': '4'}, {'labelname': '魔幻', 'label_id': '5'}], 'author_userid': '277764', 'typeid': '0', 'thumb_large': 'http:\\/\\/cdn.517w.com\\/uploadfile\\/2017\\/0503\\/20170503050854396.jpg'}}

4．爬取及处理数据

后续工作较为简单，只需将有用信息从中提取出来，完整代码如下：

```
01: import requests
02: import time
03: import pandas as pd
04:
05: headers = {
06: 'encoding': 'UTF-8',
07: 'User-Agent': 'kidstone.cn/2.9.0/34/Android/4.4.4/MI 5/5014040222774851
    /Umeng',
08: 'Host': 'dajiaochong.517w.com',
09: 'Connection': 'Keep-Alive',
10: 'Accept-Encoding': 'gzip',
11: 'Content-Type': 'pplication/x-www-form-urlencoded',
12: 'Content-Length': '0',
13: }
14: def get_info(a,b,c):
15:     urllist = []
16:     for i in range(a,b):
17:         urllist.append(
18:             'http://dajiaochong.517w.com/dacu_app/app/?c=BookDetail&a
                =get_book_info&id=%r&ui=0&ui_id=0&userid=59434' % i)
19:     bookid = []
20:     title = []
21:     author = []
22:     views = []
23:     hit_num = []
```

```
24:        updatetime = []   #源信息是时间戳，可以通过time.localtime()，再利用
                              time.strftime('%Y-%m-%d %H:%M:%S'timevalue)转成正规时间
25:        label = []         #一部漫画有多个标签
26:        average_score = []
27:        labeltwo = []      #非官方标签，主要来自于用户评论
28:        i = 0
29:        for url in urllist:
30:            try:
31:                r = requests.post(url, headers=headers)
32:                k = eval(r.content)['data']
33:                bookid.append(k['bookid'])
34:                title.append(k['title'])
35:                author.append(k['author'])
36:                views.append(k['views'])
37:                hit_num.append(k['hit_num'])
38:                updatetime.append(time.strftime('%Y-%m-%d %H:%M:%S', time.
                   localtime(float(k['updatetime'])))) 
39:                label.append(k['label'])
40:                average_score.append(k['average_score'])
41:                labeltwo.append(k['labeltwo'])
42:                print(i)
43:                i += 1
44:            except Exception as e:
45:                pass
46:        df = pd.DataFrame()
47:        df['bookid'] = bookid
48:        df['title'] = title
49:        df['author'] = author
50:        df['views'] = views
51:        df['hit_num'] = hit_num
52:        df['updatetime'] = updatetime
53:        df['label'] = label
54:        df['average_score'] = average_score
55:        df['labeltwo'] = labeltwo
56:        df.to_csv('%r.csv' % c, index=False,sep=',')
```

结果如下：

bookid,title,author,views,hit_num,updatetime,label,average_score,labeltwo
7,逆天而行那些年,小宇轩,206165464,601992736,2017-08-31 13:38:25,"[{'labelname': '少年', 'label_id': '2'}, {'labelname': '动作', 'label_id': '7'}, {'labelname': '悬疑', 'label_id': '9'}]",4.9374,"[{'labelname': '胆小慎入', 'label_id': '7'}, {'labelname': '吐槽', 'label_id': '16'}, {'labelname': '组团', 'label_id': '31'}]"
8,迷域行者,七月初七&廿一,270003398,319646804,2017-08-21 10:14:40,"[{'labelname': '少年', 'label_id': '2'}, {'labelname': '动作', 'label_id': '7'}, {'labelname': '悬疑', 'label_id': '9'}]",4.9346,"[{'labelname': '暗黑', 'label_id': '5'}, {'labelname': '机智', 'label_id': '15'}, {'labelname': '神转折', 'label_id':

'25'}]"

通过这段代码,可以把大角虫漫画中所有的漫画信息爬取下来,自行建一个筛选系统,筛选出喜欢的漫画。

从 Fiddler 的工作原理(见图 4.15)可以看到,借助 Fiddler 可以截取到安卓模拟器中任何应用与其服务器的交互信息,打开一个应用过程中会产生非常多的访问请求(见图 4.19~4.20),所以使用 Fiddler 爬取数据的难点在于从众多请求中找到与项目任务相对应的请求并模拟该请求获取信息。

Chapter 5 第 5 章

统一架构与规范：网络爬虫框架

构建一个网络爬虫项目需要多个库协同合作，若每次编写网络爬虫都需要将所有细节重复一遍，太耗费精力，尤其是在大型项目中，如果每个开发者都按照自己的习惯进行爬虫编写会造成极大的混乱。而在爬虫框架中有现成的项目架构和代码规范，所以在实际应用中，为了节约开发时间并方便多人协作，通常会选择一个简单易用又功能全面的爬虫框架来构建网络爬虫，本章我们将介绍如何快速地利用框架来构建网络爬虫。

本章主要知识点有：

- Scrapy 原理及各组件功能；
- Scrapy 网络爬虫实例；
- Pyspider 的使用方法。

5.1 最流行的网络爬虫框架：Scrapy

Scrapy 是 Python 语言下最流行的网络爬虫框架，具有学习成本低、开发高效的特点。开发者只需要对几个特定的模块进行开发就能写出一个稳定高效的网络爬虫。除此之外，了解 Scrapy 的结构也能够帮助初学者更好地开发自己的爬虫项目。

5.1.1 安装须知与错误解决方案

按照前几章介绍的方法，使用 pip 安装，在此不再赘述。

安装完成之后，在控制台输入 Scrapy 或者 Scrapy version，可以看到所安装的 Scrapy 版本号，本书中使用的 Scrapy 均为 1.4.0 版（官方文档地址：https://doc.scrapy.org/en/latest/）。Scrapy 是基于 Python 语言开发的，其测试过程则是针对 Twisted 14.0、lxml 3.4 和 pyOpenSSL 0.14 等三个库进行的；为了程序的稳定性，运行 Scrapy 前请保证这三个库高于测试版本。

安装过程中可能会出现如下错误：

```
Microsoft Visual C++ 10.0 is required
```

如果确认计算机中已经安装 Microsoft Visual C++ 2010，但还是反复出现错误，可以尝试先使用 pip 安装 wheel，然后下载 lxml、Twisted、Scrapy 的安装包依次安装（上述安装包均可在 http://www.lfd.uci.edu/~gohlke/pythonlibs/找到）。步骤如下：

（1）在控制台输入：

```
pip install wheel
```

（2）通过以下指令切换到上述安装包所在的文件夹并安装 scrapy 依赖的第三方库。

```
cd/d [directory]
pip install lxml.whl（whl文件通常名字很长，可以先重命名再安装）
pip install Twisted.whl
cd/d [directory]\pyopenssl-master（pyOpenSSL是使用的源代码安装，需要切换到
                                 setup.py所在目录）
python setup.py install
cd/d [directory]（切换回原目录）
pip install scrapy.whl
```

看到如下提示：

```
Successfully installed Scrapy-1.4.0
```

说明安装成功。

5.1.2　Scrapy 的组成与功能

Scrapy 框架下的网络爬虫与本书中之前章节构建的网络爬虫有何不同呢？先来介绍一段用于爬取豆瓣小说书目的 Scrapy 网络爬虫，如图 5.1 所示，网页源代码如图 5.2 所示。

```
01: import scrapy
02: headers = {
03:             'User-Agent': 'Mozilla/5.0 (Windows NT 10.0; WOW64; rv:44.0)
                Gecko/20100101 Firefox/44.0'
04:           }
```

```
05: class DoubanSpider(scrapy.Spider):
06:     name = "douban"
07:     def start_requests(self):
08:         url = 'https://book.douban.com/tag/%E5%B0%8F%E8%AF%B4?type=S'
09:         yield
            scrapy.Request(url,headers=headers,callback=self.parse)
10:     def parse(self, response):
11:         item = {}
12:         for it in response.css('div.info'):
13:             item['title']=it.xpath('h2/a/text()').extract()
14:             item['rate']=it.xpath('div/span[@class="rating_nums"]/
                text()').extract()
15:             yield item
```

图 5.1　豆瓣小说书目

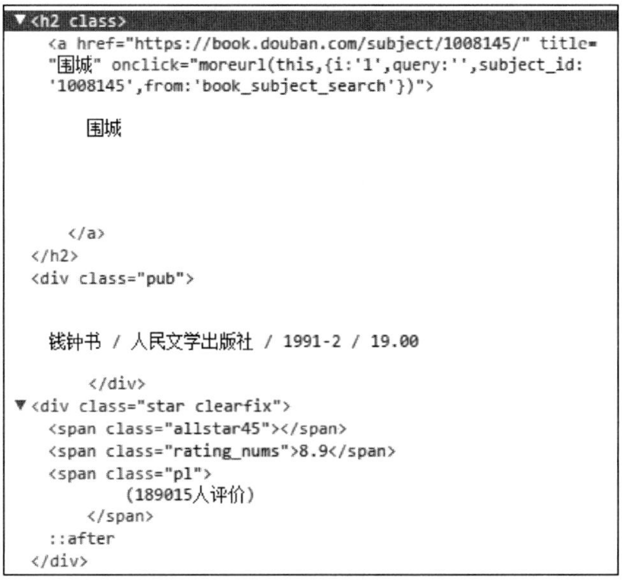

图 5.2　小说信息源代码

注意：

① 由于豆瓣的反爬虫机制，这里并没有使用 Scrapy 官方文档中的 start_urls 作为抓取目标，而是选择了重写 start_requests()。对于一些没有反爬虫手段的网站，可以将 start_requests()替换为 start_urls。

② 函数中的 callback 参数为回调函数名，即本函数返回对象交予指定回调函数处理。

需要运行时在控制台输入以下代码：

```
scrapy runspider doubanspider.py
```

结果如下：

```
{'title': ['\n\n    追风筝的人\n\n\n    \n\n '], 'rate': ['8.8']}
2017-08-06 10:56:15 [scrapy.core.scraper] DEBUG: Scraped from <200 https:
//book.
douban.com/tag/%E5%B0%8F%E8%AF%B4?type=S>
{'title': ['\n\n    围城\n\n\n    \n\n '], 'rate': ['8.9']}
2017-08-06 10:56:15 [scrapy.core.scraper] DEBUG: Scraped from <200 https:
//book.
douban.com/tag/%E5%B0%8F%E8%AF%B4?type=S>
{'title': ['\n\n    活着\n\n\n    \n\n '], 'rate': ['9.1']}
2017-08-06 10:56:15 [scrapy.core.scraper] DEBUG: Scraped from <200 https:
//book.
douban.com/tag/%E5%B0%8F%E8%AF%B4?type=S>
{'title': ['\n\n    平凡的世界（全三部）\n\n\n    \n\n '], 'rate': ['9.0']}
2017-08-06 10:56:15 [scrapy.core.scraper] DEBUG: Scraped from <200 https:
//book.
douban.com/tag/%E5%B0%8F%E8%AF%B4?type=S>
{'title': ['\n\n    解忧杂货店\n\n\n    \n\n '], 'rate': ['8.6']}
2017-08-06 10:56:15 [scrapy.core.scraper] DEBUG: Scraped from <200 https:
//book.
douban.com/tag/%E5%B0%8F%E8%AF%B4?type=S>
{'title': ['\n\n    月亮和六便士\n\n\n    \n\n '], 'rate': ['8.9']}
2017-08-06 10:56:15 [scrapy.core.scraper] DEBUG: Scraped from <200 https:
//book.
douban.com/tag/%E5%B0%8F%E8%AF%B4?type=S>
{'title': ['\n\n    百年孤独\n\n\n    \n\n '], 'rate': ['9.2']}
…
```

初次使用 Scrapy 可能会有点丈二和尚摸不着头脑，Scrapy 作为一个网络爬虫框架，在后台完成了很多繁琐的工作，图 5.3 所示为 Scrapy 运行流程的解析，希望能帮助大家理解 Scrapy 的原理。

注意： 如果重写了 start_requests()函数，那么 Scrapy 就会从此函数中获取初始的 requests，而不是 start_urls，也就是说此时再定义 start_urls 将会失效。

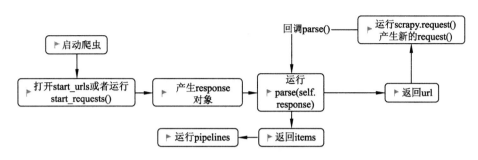

图 5.3　Scrapy 网络爬虫工作流程图

上述代码只是实现了一个小功能，如果想创建功能更全面的 Scrapy 网络爬虫，还需要其他工具。接下来将为大家讲解如何有效地利用 Scrapy 中的主要组件。

1. 创建 Scrapy 项目

在控制台中先切换到希望创建 Scrapy 项目的目录下，然后输入：

```
scrapy startproject douban
```

会生成如下文件列表：

```
douban/
    scrapy.cfg              #配置文件
douban/                     #项目的Python模块，代码文件都存储在这个文件夹
    __init__.py
    items.py                #在此文件中定义item
    pipelines.py            #project pipelines file
    settings.py             #设置文件
    spiders/                #网络爬虫主文件夹
        __init__.py
```

2. Spiders

Spider 是 Scrapy 的最核心部件，所有关于网页访问、网页解析的功能都包含在 Spiders 中。

首先我们将前文中的 doubanspider.py 复制到 Spiders/ 目录下，然后在控制台进入网络爬虫的根目录 douban/，输入以下命令：

```
scrapy crawl douban
```

即可运行网络爬虫。

3. Items

Items 提供了一个类字典的 API，是用来存储数据的容器。在 Scrapy 中可以像前面的例子中一样使用字典来存储数据，也可以使用 Items，不过因为 Items 提供了额外的

保护机制来避免未声明字段错误，所以在 Scrapy 中推荐使用 Items 来存储数据。

下面介绍主要语法。

（1）创建 Item

代码如下：

```
>>> import scrapy
>>> class Info(scrapy.Item):
name = scrapy.Field()
price = scrapy.Field()
author = scrapy.Field()
last_updated = scrapy.Field(serializer=str)
>>> info = Info(name='python data analysis',price = 50)
>>> print(info)
{'name': 'python data analysis', 'price': 50}
```

（2）获取值

首先尝试采用字典的方式获取值，代码如下：

```
>>> info['name']
'python data analysis'
>>> info['rating']
Traceback (most recent call last):
    File "<stdin>", line 1, in <module>
    File "C:\Python34\lib\site-packages\scrapy\item.py", line 59, in __getitem__
    return self._values[key]
KeyError: 'rating'
```

为了避免因未声明字段引发的这种错误导致程序异常终止，Item 提供了如下方法：

```
>>> info.get('name')
'python data analysis'
>>> info.get('name','unknown')
'python data analysis'
>>> info.get('rating','tan90')
'tan90'
```

可以认为在 Scrapy 中使用 Items 的网络爬虫稳定性高于使用字典的网络爬虫。

（3）设定值

Items 中设定值的方式与字典中的键值设定方法相同，代码如下：

```
>>> info['name'] = 'python'
>>> info
{'last_updated': 'five stars', 'name': 'python', 'price': 50}
>>> info['last_updated']='five stars'
>>> info
{'last_updated': 'five stars', 'name': 'python data analysis', 'price': 50}
```

4. Pipelines

当 Parse 生成 Item 对象之后，Item 会被传入到 Pipeline，通过 Pipeline 对数据进行处理，一般情况下有如下几种功能：

- 数据清洗；
- 检查验证爬取的数据；
- 去重；
- 存储爬取的数据。

pipelines.py 内部基本代码如下：

```
# -*- coding: utf-8 -*-
class DoubanPipeline(object):#在这个类中添加你所需要的功能代码
    def process_item(self, item, spider):
        return item
```

5. Settings

settings.py 是 Scrapy 中的配置文件，在这个文件中，你可以通过修改变量值的方式来自定义爬虫本身以及相关组件（如 pipeline）的行为。

注意：建立项目之后要将 setting.py 中的 Robotstxt_obey 设置为 False，否则将遵循机器人规则，导致一系列错误。

以下是一些最常用的设定：

- Download_delay

下载间隔时间，防止网络爬虫被禁。

- Random_download_delay

两次下载之间随机间隔时间，默认是 True，即等待 0.5～1.5 倍的 Download_Delay 时间。

- Download_timeout

超时时间，默认是 180 s。

- Download_maxsize

最大下载数据大小，默认是 1 024 MB。

- Robotstxt_obey

默认是 True，即遵守 Robots 协议，爬取时建议改为 False，否则爬取特定网站可能会导致 403 错误。建议爬取前阅读 Robots 协议，然后手动设置满足 Robots 协议的参数，如豆瓣中 Download-delay 为 5 s。

- Item_pipelines

当要使用到 Item_pipelines 时，需要启用这一项设置，否则 Item_pipelines 将不起作用。

6. Shell 命令

除了上述几个组件之外，Scrapy 还提供了一个方便快捷的功能——Shell 命令。因为 Scrapy 的爬取过程中返回错误并不直观，所以对新手来说调试程序较为困难，在编写网络爬虫之前可以先使用 Shell 命令验证网络爬虫中代码的正确性。例如，在控制台输入如下命令：

```
scrapy shell https://www.baidu.com/
```

返回信息如下：

```
[s] Available Scrapy objects:
[s]   scrapy     scrapy module (contains scrapy.Request, scrapy.Selector, etc)
[s]   crawler    <scrapy.crawler.Crawler object at 0x000000000491B518>
[s]   item       {}
[s]   request    <GET https://www.baidu.com>
[s]   response   <200 https://www.baidu.com>
[s]   settings   <scrapy.settings.Settings object at 0x000000000492EB00>
[s]   spider     <DefaultSpider 'default' at 0x4b35668>
[s] Useful shortcuts:
[s]   fetch(url[, redirect=True]) Fetch URL and update local objects (by
         default, redirects are followed)
[s]   fetch(req)        Fetch a scrapy.Request and update local objects
[s]   shelp()           Shell help (print this help)
[s]   view(response)    View response in a browser
```

注意：response<200url>说明已经访问成功。

命令运行之后得到一个 HtmlResponse 对象，对象名为"response"。同时控制台会进入 Ipython 界面，可以尝试使用 css()或者 xpath()来抓取其中的元素，能够直观地看到抓取结果，如下所示：

```
In [1]: response.css('img::attr(src)').extract()
Out[1]:['//www.baidu.com/img/bd_logo1.png', '//www.baidu.com/img/gs.gif']

In [2]: response.xpath('//img/@src').extract()
Out[2]:['//www.baidu.com/img/bd_logo1.png', '//www.baidu.com/img/gs.gif']
```

5.2 综合实例：使用 Scrapy 构建观影指南

介绍完 Scrapy 的基本功能之后，下面通过一个实例来了解一下如何驾驶 Scrapy 这辆"跑车"。

很多读者应该都在豆瓣上搜索过电影，但是豆瓣上长期活跃的一些影评人，喜欢从专业角度来分析电影，往往与我们普通观众的观影视角有较大偏差，更不要说豆瓣上还活跃着大量"水军"，给我们选择电影造成了较大的误导。如何快速地从茫茫人海中找到那个与自己兴趣相投的影评人呢？

在本节将结合初级的数据分析知识为大家讲解如何利用豆瓣电影来寻找专属的观影向导。

5.2.1　网络爬虫准备工作

1．查看豆瓣 robots.txt

robots.txt 文件中有一项为 Crawl-delay：5，说明豆瓣建议的爬取间隔为 5 s。所以我们要修改一下 Setting 文件中的 Download_delay，改为 5 s。

注意：如果爬取过快的话，你的 IP 会被豆瓣列入黑名单，一天之后才能重新抓取，躲避 IP 封禁的方法将在第 6 章介绍。

2．分析豆瓣电影网页

本网络爬虫起始网页选择的是"选电影"栏目下的"热门"页面，如图 5.4 所示。

图 5.4　豆瓣热门电影页面

通过开发者工具可以看到，在打开这个页面时，产生了三个请求，其中最后一个请求是在电影列表加载完成之后才出现的，其 Response 是 JSON 形式的数据，能直接从中获取信息，如图 5.5 所示。

图 5.5　开发者工具中获取到的 response 信息

需要的电影地址就在其中，直接获取地址即可，无需额外解析网页了。

进入电影页面之后，即可找到热门影评，如图 5.6 所示。

这里为了简化抓取过程，只选择网页中已经展示出来的前 4 个热评人，获取他们评论过的电影，如图 5.7 所示。

图 5.6　热门电影下方的热门影评

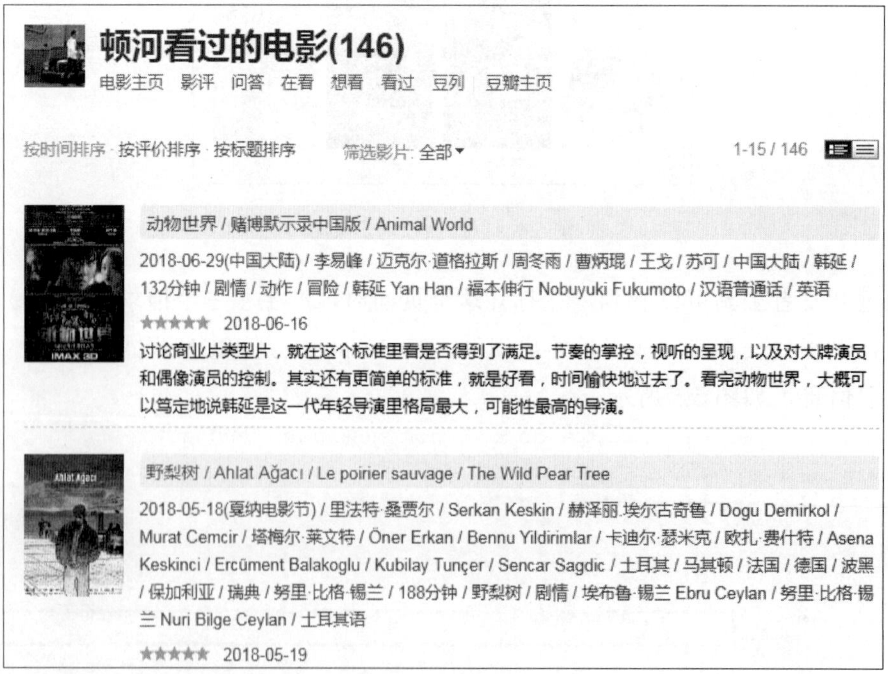

图 5.7　影评人评论过的电影列表

5.2.2 编写 Spider

如果对 Scrapy 代码还是不太熟悉，可以用前几章学过的内容先将代码写出来，然后再转入 Scrapy 中。

下面是不用 Scrapy 的常规代码：

```
01: import requests
02: import json
03: import re
04: import lxml.html
#headers内容来自于浏览器开发者工具
05: headers = {'Accept':'*/*',
06: 'Accept-Encoding':'gzip, deflate, br',
07: 'Accept-Language':'zh-CN,zh;q=0.8',
08: 'Connection':'keep-alive',
09: 'Cookie':'ll="118187"; bid=RtyxrvZd3kE; gr_user_id=51a0c1d8-ac33-4de8-
    b7a4-89a62a8c94c8; ps=y; ue="luobowamei@126.com"; push_noty_num=0; push_
    doumail_num=0; _pk_ref.100001.4cf6=%5B%22%22%2C%22%22%2C1501986172%2C
    %22https%3A%2F%2Fwww.douban.com%2F%22%5D; ap=1; viewed="25862578_
    27003014_4071859_27054857_26893260_15995126"; gr_session_id_22c937b
    bd8ebd703f2d8e9445f7dfd03=9e74169a-1f3d-4db7-91e3-137bde1221db; gr_
    cs1_9e74169a-1f3d-4db7-91e3-137bde1221db=user_id%3A0; __utmt_douban
    =1; _vwo_uuid_v2=638E9C884B9511251C7DE46B11F8B72B|e9151057719e19d
    4a4d810f7f66e76c8; _pk_id.100001.4cf6=29d0aae77616342e.1482926712.31
    .1501988633.1501944756.; _pk_ses.100001.4cf6=*; __utma=30149280
    .13380198.1482926712.1501979641.1501986171.66; __utmb=30149280.13.10
    .1501986171; __utmc=30149280; __utmz=30149280.1501986171.66.48.utmcsr
    =douban.com|utmccn=(referral)|utmcmd=referral|utmcct=/; __utmv=
    30149280.2631; __utma=223695111.1242811346.1482926712.1501986171
    .1501988309.32; __utmb=223695111.0.10.1501988309; __utmc=223695111;
    __utmz=223695111.1501986171.31.25.utmcsr=douban.com|utmccn=(referral)|
    utmcmd=referral|utmcct=/',
10: 'Host':'movie.douban.com',
11: 'Referer':'https://movie.douban.com/explore',
12: 'User-Agent':'Mozilla/5.0 (Windows NT 6.1; Win64; x64) AppleWebKit/537
    .36 (KHTML, like Gecko) Chrome/59.0.3071.115 Safari/537.36',
13: 'X-Requested-With':'XMLHttpRequest'}
14: url = 'https://movie.douban.com/j/search_subjects?type=movie&tag
    =%E7%83%AD%E9%97%A8&sort=recommend&page_limit=20&page_start=0'
15: r = requests.get(url=url,headers=headers)
16: jsobj = json.loads(r.text)#这个网页的response是一个json字符串
17: for item in jsobj['subjects']:
18:     print(item['title'],item['url'])              #获取电影页面网址
19:     r1 = requests.get(item['url'],headers=headers) #打开电影页面
20:     h = lxml.html.fromstring(r1.text)
21:     user_list = h.xpath('//span[@class="comment-info"]/a/@href')
```

```
                                                        #获取影评人地址
22:     print(user_list)
23:     for user in user_list:
24:         user_collect = re.sub(r'www','movie',user)+'collect'
                                        #将个人网址替换成评论过的电影网址
25:         print(user_collect)
26:         r2 = requests.get(user_collect,headers=headers)
27:         h1 = lxml.html.fromstring(r2.text)
28:         title = h1.xpath('//em/text()')#电影名
29:         rates = h1.xpath('//div[@class="info"]/ul/li/span/@class')#评分
30:         rate = []
31:         for item in rates:
32:             if 'rating' in item:
33:                 rate.append(re.sub('rating','',re.sub('-t','',item)))#处理评分
34:         print(dict(zip(title,rate)))    #转换成字典
```

转换成 Scrapy 后，代码如下：

```
01: import scrapy
02: import requests
03: import lxml.html
04: import re
05: import json
#headers内容来自于浏览器开发者工具
06: headers = {'Accept':'*/*',
07: 'Accept-Encoding':'gzip, deflate, br',
08: 'Accept-Language':'zh-CN,zh;q=0.8',
09: 'Connection':'keep-alive',
10: 'Cookie':'ll="118187"; bid=RtyxrvZd3kE; gr_user_id=51a0c1d8-ac33-
    4de8-b7a4-89a62a8c94c8; ps=y; ue="luobowamei@126.com"; push_noty_num
    =0; push_doumail_num=0; _pk_ref.100001.4cf6=%5B%22%22%2C%22%22%2C
    1501986172%2C%22https%3A%2F%2Fwww.douban.com%2F%22%5D; ap=1; viewed=
    "25862578_27003014_4071859_27054857_26893260_15995126"; gr_session_id
    _22c937bbd8ebd703f2d8e9445f7dfd03=9e74169a-1f3d-4db7-91e3-137bde12
    21db; gr_cs1_9e74169a-1f3d-4db7-91e3-137bde1221db=user_id%3A0; __utmt
    _douban=1; _vwo_uuid_v2=638E9C884B9511251C7DE46B11F8B72B|e9151057719e1
    9d4a4d810f7f66e76c8; _pk_id.100001.4cf6=29d0aae77616342e.1482926712
    .31.1501988633.1501944756.; _pk_ses.100001.4cf6=*; __utma=30149280.
    13380198.1482926712.1501979641.1501986171.66; __utmb=30149280.13.10.15
    01986171; __utmc=30149280; __utmz=30149280.1501986171.66.48.utmcsr
    =douban.com|utmccn=(referral)|utmcmd=referral|utmcct=/; __utmv=30149
    280.2631; __utma=223695111.1242811346.1482926712.1501986171.1501988309
    .32; __utmb=223695111.0.10.1501988309; __utmc=223695111; __utmz=223695
    111.1501986171.31.25.utmcsr=douban.com|utmccn=(referral)|utmcmd=ref
    erral|utmcct=/',
11: 'Host':'movie.douban.com',
12: 'Referer':'https://movie.douban.com/explore',
13: 'User-Agent':'Mozilla/5.0 (Windows NT 6.1; Win64; x64) AppleWebKit/537.
    36 (KHTML, like Gecko) Chrome/59.0.3071.115 Safari/537.36',
```

```
14:    'X-Requested-With':'XMLHttpRequest'}
15: class DoubanSpider(scrapy.Spider):
16:     name = "douban"
17:     def start_requests(self):
18:         url = 'https://movie.douban.com/j/search_subjects?type=movie&tag
            =%E7%83%AD%E9%97%A8&sort=recommend&page_limit=20&page_start=0'
19:         r = requests.get(url,headers=headers)
20:         jsobj = json.loads(r.text)
21:         for item in jsobj['subjects']:
22:             print(item['title'], item['url'])   #获取电影页面网址
23:             r1 = requests.get(item['url'], headers=headers)   #打开电影页面
24:             h = lxml.html.fromstring(r1.text)
25:             user_list = h.xpath('//span[@class="comment-info"]/a/@href')
                                                    # 获取影评人地址
26:             for user in user_list:
27:                 user_collect = re.sub(r'www', 'movie', user) + 'collect'
                    # 将个人网址替换成评论过的电影网址
28:                 yield scrapy.Request(user_collect,headers=headers,callback
                    =self.parse)
29:
30:     def parse(self, response):
31:         user_name = response.xpath('//h3/text()').extract()[0]
32:         title = response.xpath('//em/text()').extract()
33:         rates = response.xpath('//div[@class="info"]/ul/li/span/@class')
            .extract()   #评分
34:         rate = []
35:         for it in rates:
36:             if re.search(r'rating',str(it)):
37:                 rate.append(re.sub('rating', '', re.sub('-t', '', str(it))))
                # 处理评分
38:         info = dict(zip(title,rate))
39:         item = {
40:             user_name:info
41:         }
42:         yield item
```

注意：上段代码中，对于热门电影以及影评人评论过的电影列表，都只抓取了第一页，如果需要更多数据，需要添加每一页的 url，请读者自行完成。

5.2.3 处理 Item

获取到 Item 之后，就需要将 Item 存储起来，由于还没讲到数据库的内容，在这里暂且将 Item 存入 JSON 文件中。在 pipelines.py 中输入如下代码：

```
01: import json
02: class DoubanPipeline(object):
03:     def __init__(self):
```

```
04:        self.file = open('items.json', 'a',encoding='utf-8')
05:    def process_item(self, item, spider):
06:        line = json.dumps(dict(item) ,ensure_ascii=False) + "\n"
07:        self.file.write(line)
08:        return item
09:    def spider_close(self,spider):
10:        self.file.close()
```

注意：

① 要先将 setting.py 中关于 Pipeline 的注释取消掉，否则 Pipeline 将不起作用，如图 5.8 所示。

② 第 6 行中需要添加 ensure_ascii=False，否则 json.dumps()将按照默认的 ASCII 进行编码。

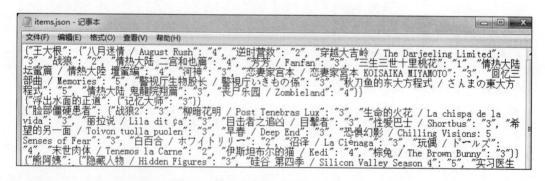

图 5.8　setting.py 中的 Pipelines 设置

5.2.4　运行网络爬虫

在控制台中切换到项目根目录，输入如下代码：

```
scrapy crawl douban
```

爬取到的结果会自动存入 item.json 文件中，如图 5.9 所示。

图 5.9　爬取到的 JSON 文件

5.2.5　数据分析

数据获取到本地之后，后续分析工作将不再用到 Scrapy。在数据分析过程中，主要使用相关系数来衡量用户之间的喜好相似度，相关系数又称皮尔逊相关系数，在本例中使用 numpy 库中的 corrcoef()函数直接计算相关系数。

相关系数与变量之间相关性之间的关系如下：

- 0.8-1.0：极强相关
- 0.6-0.8：强相关
- 0.4-0.6：中等程度相关
- 0.2-0.4：弱相关
- 0.0-0.2：极弱相关或无相关

这里要做一项准备工作，也就是用自己的豆瓣账号给电影打分（不愿申请豆瓣账号的可以自己列一个电影评分列表），然后爬取自己的电影页面，制作电影评分表。

代码如下：

```
01: import json
02: import re
03: import numpy
04: f = open('items.json','r',encoding='utf-8')
05: g = f.read()
06: lists = g.split('\n')
07: rating_list = []
08: for user in lists:
09:     try:                            #最后一个会出错，因为最后一个是空的
10:         rating = json.loads(user)#转换成dict
11:         rating_list.append(rating)
12:     except:
13:         pass
14: #筛选跟my_movie重合项3个以上的user
15: selected_user = []
16: for item in rating_list:#筛选出与my_movie评论电影重合项在4项以上的用户
17:     l = list(item.values())
18:     k = list(l[0].keys())
19:     m = list(my_movie.keys())
20:     m.extend(k)
21:     if len(m)-len(set(m))>=4:
22:         selected_user.append(item)
23: #下面只要计算selected_user和my_movie公共项之间的相关系数即可
24: part_my_movie = {}
25: part_select_user = {}
26: for us in selected_user:
27:     for key in list(my_movie.keys()):
28:         if key in list(us.values())[0]:
29:             part_select_user[key] = list(us.values())[0][key]
30:             part_my_movie[key] = my_movie[key]
31:     a = list(part_my_movie.values())
32:     b = list(part_select_user.values())
33:     Sum = 0
```

```
34:    for i in range(len(a)):
35:        a[i] = int(a[i])
36:        b[i] = int(b[i])
37:    print(numpy.corrcoef([a,b])[0][1])#相关系数
38:    print(list(us.keys())[0])
39:    part_my_movie = {}
40:    part_select_user = {}
```

图 5.10　分析结果

可以得到如图 5.10 所示结果。

根据相关系数的性质，选择最接近于 1 的用户，即为与我们的观影爱好最接近的用户，此用户便可以作为网络爬虫筛选出来的豆瓣观影向导。

5.3　更易上手的网络爬虫框架：Pyspider

Pyspider 是一个国人编写的网络爬虫框架，目前虽然没有 Scrapy 应用那么广泛，但操作方法比 Scrapy 更加简单。目前，Pyspider 仍然还在更新，其源代码在 GitHub 上已经获得较多收藏，如图 5.11 所示。

图 5.11　GitHub 中的 Pyspider

关于 Pyspider 的问题可以在 Segmentfault（思否，较有名气的开发者技术社区）中进行讨论，如图 5.12 所示。

图 5.12　Segmentfault 中 Pyspider 讨论专区

本节我们将简单地介绍一下 Pyspider 的用法。

注意：

① Pyspider 在 Windows 上运行时尽量使用 Python 3.4.1 以外的版本，并且最好运行在 32 位的 Python 环境下，用 64 位的 Python 可能会导致闪退。

② 本书中关于 Pyspider 的测试在 Ubuntu16.04 64 位版本中进行。

5.3.1　创建 Pyspider 项目

Pyspider 安装非常简单，直接使用 pip 即可安装，不再赘述。

安装完成之后在控制台输入如下代码：

```
pyspider all
```

注意：

① pyspider all 意思是启动 Pyspider 所有组件。

② 启动 Pyspider 时，可以看到系统会自动检测 PhantomJS 是否安装，Pyspider 中解析动态 JS 就是依靠 PhantomJS 完成的。

在浏览器中输入如下代码：

```
localhost:5000
```

即可看到如图 5.13 所示界面。

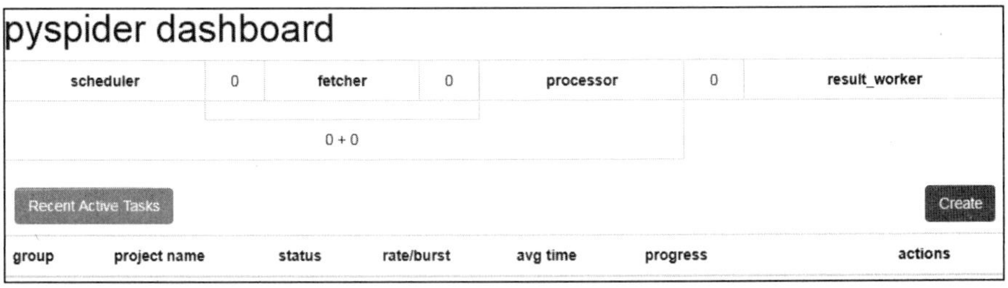

图 5.13　Pyspider 的 dashboard 界面

下面我们通过一个例子来讲解一下创建 Pyspider 项目的具体过程。

【示例 5-1】利用 Pyspider 创建抓取煎蛋网项目并测试代码。

1. 创建项目

在图 5.13 中单击 Create 按钮，输入项目名称和初始地址，试着爬取一下煎蛋网，如图 5.14 所示。

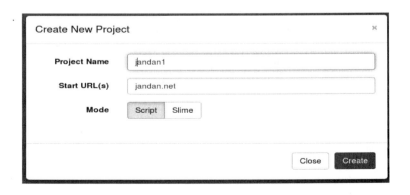

图 5.14　创建项目

创建完成之后看到如图 5.15 所示的代码编辑界面。

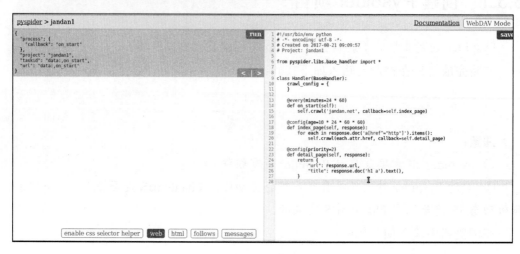

图 5.15　代码编辑界面

2．输入代码

界面左边是预览区域，右边是代码编辑区。

我们来爬取一下煎蛋网首页的标题，示例代码如下：

```
01: #!/usr/bin/env python
02: # -*- encoding: utf-8 -*-
03: # Created on 2017-08-21 09:09:57
04: # Project: jandan1
05: from pyspider.libs.base_handler import *
06: class Handler(BaseHandler):
07:     crawl_config = {
08:     }
09:     @every(minutes=24 * 60)              #每天执行1次
10:     def on_start(self):
11:         self.crawl('jandan.net', callback=self.index_page)
12:     @config(age=10 * 24 * 60 * 60)#每个页面10天内只抓取1次
13:     def index_page(self, response):
14:         for each in response.doc('a[href^="http"]').items():
15:             self.crawl(each.attr.href, callback=self.detail_page)
16:     @config(priority=2)
17:     def detail_page(self, response):       #提取网页中的信息
18:         return {
19:             "url": response.url,
20:             "title": response.doc('h1 a').text(),
21:         }
```

注意：Pyspider 使用的解析工具是 PyQuery。

3．测试代码

上述代码中的 on_start() 函数相当于 Scrapy 中的 start_requests()，可以将起始地址添加到 on_start() 函数中，系统已经自动将 http://jandan.net/添加为开始地址了。

on_start()函数的功能是找到该网站链接到的所有的网页中包含的标题及地址。单击 save→run 按钮，测试代码运行是否正常，可以在窗口左侧看到爬取的链接信息，如图 5.16 所示。

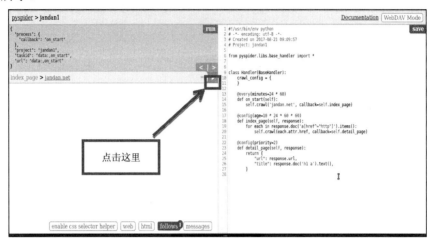

图 5.16　代码测试 1

单击窗口下方的 follows 按钮，会弹出一条爬取结果，单击这条结果最右边的按钮，就可以看到爬取到的详细内容，如图 5.17 所示。

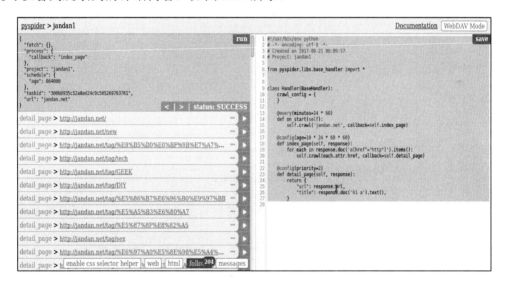

图 5.17　代码测试 2

5.3.2　运行 Pyspider 项目

代码编写完毕之后，返回 dashboard 中，将 status 设置为 running，然后单击 run 按钮，程序便开始运行了，如图 5.18 所示。

图 5.18　将项目的 status 设置为 running

可以在终端（控制台）看见爬取过程，如图 5.19 所示。

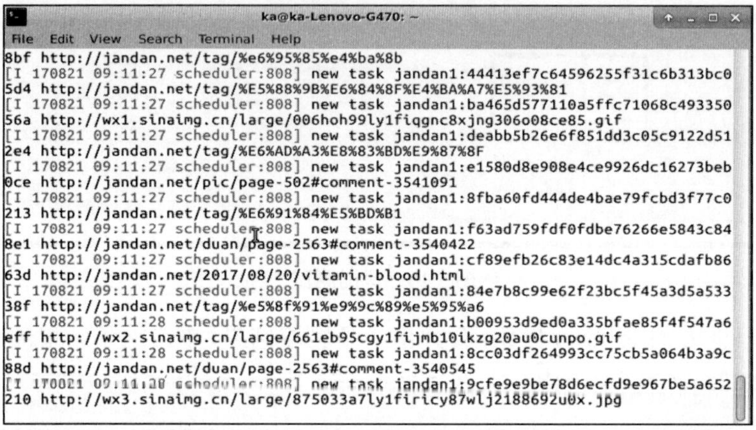

图 5.19　控制台中显示的爬取过程

当网络爬虫运行完毕之后，单击 Results，可以看到爬取结果，如图 5.20 所示。

图 5.20　爬取结果

图 5.20 所示界面右上角可以看到 JSON、CSV 等按钮，可以直接将数据结果下载到本地，以 CSV 为例。

单击 CSV 按钮下载 CSV 数据文件，如图 5.21 所示。下载之后结果如图 5.22 所示。

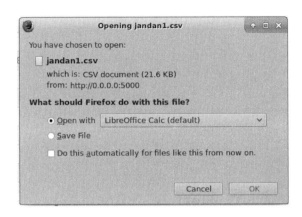

图 5.21　单击下载 CSV 数据文件

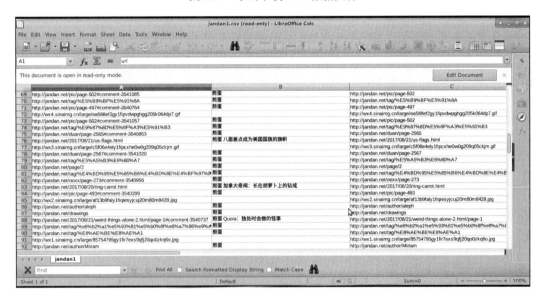

图 5.22　最终得到的 CSV 数据文件

从上面的例子中可以看到，Pyspider 操作起来非常便捷，是一个非常优秀的 Python 网络爬虫框架。

Chapter 6 第 6 章

反爬虫应对策略

随着大数据时代的到来，数据已经成为了一种重要的资源，网络爬虫作为获取数据的工具而被广泛使用，互联网中约有 40%～60% 的流量来自于网络爬虫[1]。但是日渐增多的网络爬虫访问给网站服务器造成了越来越大的负担，反爬虫成为了网页设计者必须进行的重要工作。反爬虫技术的出现促使网络爬虫工作者为网络爬虫添加更为复杂的伪装。最常见的反爬虫手段有三种：

（1）通过访问 Headers（主要是 User-Agent）来识别爬虫。

（2）对访问异常（访问过于频繁）的 IP 进行封禁。

（3）通过验证码来增加访问难度。

针对这三种反爬虫手段，本章将介绍如何应对的方法。

本章主要知识点有：

- 设置 Headers：学会将网络爬虫伪装成浏览器；
- 代理 IP 池：学会切换 IP 访问网站，防止 IP 被禁；
- 验证码识别：学会识别简单的验证码。

6.1 设置 Headers 信息

本章中的 Headers 指的是 HTTP 请求头浏览器请求（Requests）的 Headers，其中包含很多内容，从开发者工具中可以看到一个请求的 Headers 的详细内容，如图 6.1 所示。

---

[1]鲁萍. 带你进入网络爬虫与反爬虫的世界[J]. 软件和集成电路,2016,(12):12-13. [2017-09-10].

```
▼ Request Headers     view source
  Accept: text/html, */*; q=0.01
  Accept-Encoding: gzip, deflate
  Accept-Language: zh-CN,zh;q=0.8
  Cookie: CNZZDATA1258679142=1790887522-1483003469-https%253A%252F%252Fwww.baidu.com
  szMDk5MTgxXSwiJDJhJDEwJHpEMm9vekkubk5aLnRxS05WeHdMbHUiLCIxNTAzOTIyODk5LjkzNTk5NzU
  4d4db143f; _ga=GA1.2.278243565.1483007781; _gid=GA1.2.622248563.1504613711; _gat=
  =1504692178,1504704532,1504710348,1504756946; Hm_lpvt_0c0e9d9b1e7d617b3e6842e85b9
  1N1bXJqWWpyNnBkZ3gvc25JUV1ZSkV2ZHR1cFBjVitOTzg1cklaaW93K0JFTmp5cENNBbktjd2s2SXJ2b3
  VU9EUWZvNk4vd1IvR2dNZF1zV3ZsNXBLWENIay9sV3ROL21JZmhINTJGbnRQMEN3Sm5Fd1dpWllzZW5kc
  rMG1kOE51UzZwTV1xMWFlMUcxWGZwaVFCSm5VcEpEZEVjNHRLa1JUNGJkcHBFa2NWRytDZkJFbElSaDIv
  dQV0pBNXBwTE9nM2pKRnd2ZGh2aDFNcUpabmNGQQ0VnFVREM4dFdTQXBwWn1Ccnk2Y1lIxaE5OSkxBMG1
  Utsb09iY1YlVDZjhOTmp5OW5saDFuTit0e1hXZTJDVytLODNaU1I4RzNKcVhLUjd1SFFFOUtJWT0tLTBja1
  fd0561a1564294fe33f1625199248f9e62
  Host: www.jianshu.com
  Proxy-Connection: keep-alive
  Referer: http://www.jianshu.com/
  User-Agent: Mozilla/5.0 (Windows NT 6.1; Win64; x64) AppleWebKit/537.36 (KHTML, li
  7.36
  X-CSRF-Token: hCP+/vPj4GSled4oatQBfxO5Fv8/Y3prbJHH2H1sKbExaOipVnKABynK8hkFgcuiq3q
  X-INFINITESCROLL: true
  X-Requested-With: XMLHttpRequest
```

图 6.1　Requests Headers 结构

Headers 中与编写网络爬虫相关的参数主要有如下 4 个：

- Host：请求的域名；
- User-Agent：某些服务器或 Proxy 会通过该值来判断是否是浏览器发出的请求；
- Referer：某些服务器会识别 Headers 中的 Referer 是不是它自己，如果不是则不响应；
- Cookie：指某些网站为了辨别用户身份、进行 Session 跟踪而储存在用户本地终端上的数据。

下面将详细介绍 User-Agent 和 Cookie。

6.1.1　User-Agent

User-Agent 会在每次浏览器 HTTP 请求时发送到服务器，其中包含了浏览器类型、操作系统及版本、CPU 类型、浏览器渲染引擎、浏览器语言、浏览器插件等信息的标识。

检验 Headers 中的 User-Agent 是最常用的检测网络爬虫的方法，在第 2 章中讲到的 robots.txt 文件就是针对 User-Agent 进行网络爬虫许可声明的。

以图 6.1 中的 Headers 为例，其 User-Agent 的内容如下：

```
User-Agent:Mozilla/5.0 (Windows NT 6.1; Win64; x64) AppleWebKit/537.36
(KHTML, like Gecko) Chrome/59.0.3071.115 Safari/537.36
```

其中包含的参数意义如下：

- Mozilla：来自于由 Netscape：发行的曾经最流行的网景浏览器，因为当时大多数网站都会检测访问是否来自于网景浏览器,所以微软的 IE 3 率先在 User-Agent 中加入了 Mozilla 字样,将 IE 3 浏览器伪装成网景浏览器,后来的浏览器商家纷纷效仿。因此直到今天还有很大一部分浏览器的 User-Agent 都有 Mozilla。

- Windows NT 6.1; Win64; x64:对应 Windows 7 的 64 位操作系统。
- AppleWebKit/537.36:表示 Chrome 浏览器以 WebKit 作为呈现引擎。
- KHTML, like Gecko:最初苹果公司在 Safari 浏览器的 User-Agent 添加的,代表 Safari 兼容 Firefox 的呈现引擎(Gecko)。
- Chrome/59.0.3071.115 Safari/537.36:这一长串浏览器名称与版本号均是浏览器发行之初为了获取网站的信任使其与主流浏览器兼容而添加进去的。

综上所述,由于任一款浏览器都要考虑与其他浏览器的兼容问题,会在浏览器 Headers 中添加其他浏览器信息,这就造成了单从 User-Agent 不能完全准确地断定是哪款浏览器。下面介绍一下常见的浏览器使用的 Headers

1. 模拟 PC 浏览器

表 6.1 是常用的 PC 端浏览器(Windows 系统下)的 User-Agent。

表 6.1 常用 PC 端浏览器的 User-Agent

浏览器名称	User-Agent
Safari 5.1–Windows	User-Agent:Mozilla/5.0(Windows;U;WindowsNT6.1;en-us)AppleWebKit/534.50(KHTML,likeGecko)Version/5.1Safari/534.50
IE 9.0	User-Agent:Mozilla/5.0(compatible;MSIE9.0;WindowsNT6.1;Trident/5.0;
IE 8.0	User-Agent:Mozilla/4.0(compatible;MSIE8.0;WindowsNT6.0;Trident/4.0
IE 7.0	User-Agent:Mozilla/4.0(compatible;MSIE7.0;WindowsNT6.0)
Firefox 4.0.1–Windows	User-Agent:Mozilla/5.0(WindowsNT6.1;rv:2.0.1)Gecko/20100101Firefox/4.0.1
Opera 11.11	User-Agent:Opera/9.80(WindowsNT6.1;U;en)Presto/2.8.131Version/11.11
Chrome 17.0	User-Agent:Mozilla/5.0 (Windows NT 6.1; Win64; x64) AppleWebKit/537.36(KHTML, like Gecko) Chrome/59.0.3071.115 Safari/537.36
傲游(Maxthon)	User-Agent:Mozilla/4.0(compatible;MSIE7.0;WindowsNT5.1;Maxthon2.0)
世界之窗(TheWorld)3.x 版	User-Agent:Mozilla/4.0(compatible;MSIE7.0;WindowsNT5.1;TheWorld)
搜狗浏览器 1.x 版	User-Agent:Mozilla/4.0(compatible;MSIE7.0;WindowsNT5.1;Trident/4.0;SE2.XMetaSr1.0;SE2.XMetaSr1.0;.NETCLR2.0.50727;SE2.XMetaSr1.0)
360 浏览器	User-Agent:Mozilla/4.0(compatible;MSIE7.0;WindowsNT5.1;360SE)

2. 模拟移动设备端

国内的移动互联网发展时间并不长,移动 Web 页面做得并没有 PC 端的 Web 页面完善,特别是在反爬虫方面。从 PC 端难以获取的数据可以转而从移动端获取,例如爬取新浪微博选择爬取移动端网址(weibo.cn),比爬取 PC 端网址(weibo.com)要简单得多。因此我们可以通过伪装模拟移动端 Headers 的方式获取移动端网页。

例如，某大学的官网有这样一段代码：

```
<script type="text/javascript" src="js/csujsmnfir.min.js"></script><script
language="javascript">
function is_mobile() {
    var regex_match = /(nokia|iphone|android|motorola|^mot-|softbank|foma|
    docomo|kddi|up.browser|up.link|htc|dopod|blazer|netfront|helio|hosin|
    huawei|novarra|CoolPad|webos|techfaith|palmsource|blackberry|alcatel|
    amoi|ktouch|nexian|samsung|^sam-|s[cg]h|^lge|ericsson|philips|sagem|
    wellcom|bunjalloo|maui|symbian|smartphone|midp|wap|phone|windows ce|
    iemobile|^spice|^bird|^zte-|longcos|pantech|gionee|^sie-|portalmmm|
    jigs browser|hiptop|^benq|haier|^lct|operas*mobi|opera*mini|320x320|
    240x320|176x220)/i;          #移动端User-Agent带有的字样
    var u = navigator.userAgent;        #获取User-Agent
    if(null == u) {
        return true;
    }
    var result = regex_match.exec(u);#匹配User-Agent中是否含有regex_match中的字样
    if(null == result) {
        return false
    } else {
        return true
    }
}
if(is_mobile()) {
    document.location.href= 'http://www.csu.edu.cn/mobile/';
}
</script>
```

这段代码的作用是通过正则表达式匹配 User-Agent，查看请求是否来自于移动端，若来自移动端，则跳转到移动端页面（http://www.csu.edu.cn/mobile/）。

为网络爬虫添加移动端的 User-Agent 获取到移动端的网页信息，移动端常用浏览器的 User-Agent 如下：

```
safariiOS4.33-iPhone
User-Agent:Mozilla/5.0(iPhone;U;CPUiPhoneOS4_3_3likeMacOSX;en-us)Apple
WebKit/533.17.9(KHTML,likeGecko)Version/5.0.2Mobile/8J2Safari/6533.18.5
AndroidQQ浏览器Forandroid
User-Agent:MQQBrowser/26Mozilla/5.0(Linux;U;Android2.3.7;zh-cn;MB200Bu
ild/GRJ22;CyanogenMod-7)AppleWebKit/533.1(KHTML,likeGecko)Version/4.0
MobileSafari/533.1
AndroidOperaMobile
User-Agent:Opera/9.80(Android2.3.4;Linux;OperaMobi/build-1107180945;U;
en-GB)Presto/2.8.149Version/11.10
UC无
User-Agent:UCWEB7.0.2.37/28/999
```

通常移动端网页的网页结构相对简单，反爬虫手段也较为薄弱；因此对于有移动端版本的网页，可以优先考虑爬取移动端，爬取移动端数据时，请使用移动端的 User-Agent。

6.1.2 Cookie

Cookie 记录了登录用户的基本信息，因此可以用 Cookie 将用户的身份信息传递给 Web 服务器，以便于实现模拟登录，甚至在部分网站中可以使用 Cookie 绕过验证码。

1. 获取 Cookie 的手段

（1）手动复制。

浏览器手动请求之后，将 Cookie 复制下来，以 Chrome 浏览器为例，具体操作如下：

打开 Chrome 浏览器的开发者工具，选择 Network 选项，单击 XHR 按钮，按 F5 键刷新页面，图 6.2 所示窗口左侧 Name 列表中就会出现当前网页的请求，单击请求，在窗口右侧看到请求信息 Request Headers，Cookie 信息就包含在其中。

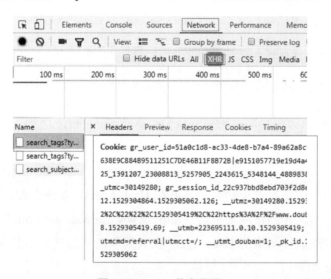

图 6.2　Cookie 信息位置

FireFox 浏览器中建议安装 Firebug 插件，安装完成之后便可以根据类似 Chrome 的操作查看 Cookie 了，而在 IE 中可以通过 HttpWatch 插件进行查看，具体操作不再赘述。

（2）使用 Selenium WebDriver 模拟浏览器请求，获取 Cookie。

代码如下：

```
from selenium import webdriver
driver = webdriver.Chrome()
driver.get(url)
#获得Cookie信息
cookie= driver.get_cookies()
```

(3) 使用 cookiejar 获取 Cookie

代码如下:

```
import http.cookiejar, urllib.request
cookie = http.cookiejar.CookieJar()
opener =
urllib.request.build_opener(urllib.request.HTTPCookieProcesser(cookie))
r = opener.open(url) #打开网址后Cookie就会保存到Cookie变量中, 此处使用open方法
                    是urllib自带的open
cookie.save('cookie.txt')
```

2. 使用 Cookie

Cookie 可以通过 urllib 库或者 Requests 构建请求, 发送到服务器。

(1) 使用 Urllib 库

Urllib 库中使用 Cookie 要先构建一个带有 Cookie 的 Opener, 然后使用这个 Opener 打开网页, 代码如下:

```
opennr = urllib.request.build_opener(cookie)
urllib.request.install_opener(opener)
urllib.request.urlopen(url)
```

(2) 使用 Requests

Urllib 库使用 Cookie 比较麻烦, 不推荐使用。

使用 Requests 的话, 代码简单得多, 如下所示。

```
res=requests.get(url,cookies=cookies)
```

当用户结束浏览器会话时, 系统将终止所有的 Cookie。所以当 Cookie 被创建之后, 用户在一定有效期内再次打开该网页, 浏览器会将本地保存的 Cookie 发送给 Web 服务器以验证身份。

在网络爬虫中, 若要求代码中的所有请求都使用 Cookie, 则需要创建 Session 对象, 然后将 Cookie 传入 Session 对象中, 代码如下:

```
s = requests.Session()
s.cookies =cookies
s.headers = headers
s.get(url)
```

6.2 建立 IP 代理池

封禁异常 IP 也是网站常用的反爬虫手段之一, 当网站侦查到某个 IP 的访问频

率或者一段时间内的访问总次数超过一个阈值时，就会封禁该 IP，禁止来自该 IP 的请求。针对这种情况，目前主流的方法是建立 IP 代理池。

6.2.1 建立 IP 代理池的思路

遇到 IP 被禁的情况，可以修改自己的 IP 地址来访问目标网站，然而网络上能找到的免费代理 IP 质量并不高，其中有很多无法正常访问网页，想要使用稳定高效的代理 IP 地址，最好的办法是购买高质量代理 IP。

还有一个免费的方法，就是利用网络爬虫爬取代理 IP 网站，获取一系列的免费代理 IP 地址，并对这些 IP 地址分别进行校验，从中选出响应时间较快的 IP 地址，存入到本地数据文件或者数据库中。

建立 IP 代理池的思路如图 6.3 所示。

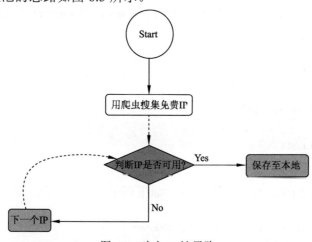

图 6.3　建立 IP 池思路

6.2.2 建立 IP 代理池的步骤

1．爬取代理 IP

选择代理 IP 网站，这里选择西刺免费代理。

经过前面几章的学习，抓取这种网站应该不费吹灰之力，其代码如下：

```
01: import requests
02: import lxml.html
03: headers = {
04:     'User-Agent':'Mozilla/5.0 (Windows NT 6.1; Win64; x64) AppleWebKit/
        537.36 (KHTML, like Gecko) Chrome/59.0.3071.115 Safari/537.36'
05: }
06: url_list = ['http://www.xicidaili.com/nn/%r' % i for i in range(1,10)]
07: ip_list = []
08: for url in url_list:
```

```
09:     r = requests.get(url,headers=headers)
10:     etree = lxml.html.fromstring(r.text)
11:     ips = etree.xpath('//tr[@class="odd"]')
12:     for ip in ips:
13:         IP = ip.xpath('//td/text()')
14:         ip = IP[0] +':'+ IP[1]
15:         ip_list.append(ip)
16: f = open('ip.txt','wb')
17: f.write(','.join(ip_list).encode('utf-8'))
18: f.close()
```

上述代码中，首先根据西刺代理的 url 翻页规则构建了一个 url 列表，然后通过 lxml 中的 xpath 语法抓取代理 IP 地址及端口号并进行格式整理，最后保存到本地文件 ip.txt 中。

2. 验证代理 IP

验证代理 IP 是通过网络访问来验证代理 IP 的可用性和访问速度。将之前爬取的代理 IP 地址从 ip.txt 文件中提取出来，然后分别尝试用这些代理 IP 去访问百度首页，只保留响应时间在 2 秒以内的 IP，保存到 quality_ip.txt 中。示例代码如下：

```
01: import requests
02: ip_list = open('ip.txt').read().split(',')
03: headers = {
04:     'User-Agent':'Mozilla/5.0 (Windows NT 6.1; Win64; x64) AppleWebKit
        /537.36 (KHTML, like Gecko) Chrome/59.0.3071.115 Safari/537.36'
05: }
06: quality_ip = []
07: url = 'https://www.baidu.com'   #用百度来测试IP是否能正常连网
08: for ip in ip_list:              #设置超时时间timeout为2 s，超时则为不可用IP
09:     r = requests.get(url, proxies={'http': 'http://' + ip[i]}, headers
        =headers,timeout=2)
10:     if r.text:
11:         quality_ip.append(ip)
12:     else:
13:         continue
14: f = open('quality_ip.txt','wb')
15: f.write(','.join(quality_ip).encode('utf-8'))
16: f.close()
```

3. 使用代理 IP

建立 IP 代理池之后，有以下两种使用代理 IP 的方式。

（1）使用随机 IP，代码如下：

```
1: import random
2: ip_list = open('quality_ip.txt').read().split(',')
3: headers = {
4:     'User-Agent':'Mozilla/5.0 (Windows NT 6.1; Win64; x64) AppleWebKit/
```

```
            537.36 (KHTML, like Gecko) Chrome/59.0.3071.115 Safari/537.36'
5: }
6: url = 'http://*********'
7: r = requests.get(url, proxies={'http': 'http://'+random.choice(ip_list)},
       headers=headers)
```

（2）因为免费的代理时效很短，在后续的爬取任务中很容易失效，所以当出现访问错误（响应码不等于 200）时，更换 IP，代码如下：

```
01: import random
02: ip_list = open('quality_ip.txt').read().split(',')
03: headers = {
04:     'User-Agent':'Mozilla/5.0 (Windows NT 6.1; Win64; x64) AppleWebKit
        /537.36 (KHTML, like Gecko) Chrome/59.0.3071.115 Safari/537.36'
05: }
06: for ip in ip_list:
07:     for i in range(len(url_list)):
08:         r = requests.get(url_list[i], proxies={'http': 'http://'+ip},
            headers=headers)
09:         if r.status_code != 200:
10:             break
```

除了构建 IP 代理池这种常规方法外，还可以借助洋葱路由（TOR，The Onion Router）来躲避 IP 封禁，有兴趣的读者可以自行了解，本书将不作介绍。

6.3 验证码识别

验证码（CAPTCHA，Completely Automated Public Turing test to tell Computers and Humans Apart）的全称是全自动区分计算机和人类的图灵测试，从这个名称中可以看出，验证码是用于区分计算机访问和人类访问的手段，而且是一种有效且误伤率低的反爬虫手段。

识别验证码通常有两种方法：

（1）通过图像识别算法来自动识别，对于简单的英文字符+数字的验证码可以使用预训练好的识别工具进行识别；对于较复杂的验证码需要针对性的建立破解模型，会涉及一些深度学习的内容，在本书中不作介绍。

（2）人工识别的方式：如果读者不具备机器学习的知识，可以选择这一种方法来处理复杂验证码。

6.3.1 识别简单的验证码

简单验证码，即由数字和字母构成的验证码。识别这种验证码并不需要机器学习的知识，因为已经有人做好了现成的 Python 库：pytesseract（也可以使用 pytesser，但是 pytesser 配置略复杂）。在安装 pytesseract 之前还需要安装 PIL 和 Tesseract-OCR。其中 PIL 用于对图片进行基本处理；Tesseract-OCR 是简单识别的主体程序，pytesseract 可以认为是 Tesseract-OCR 的调用接口。

Tesseract-OCR 是一款开源的光学字符识别引擎，优点是可以不断地对 Tesseract-OCR 进行训练，从而提高 Tesseract-OCR 对特定类型字符的识别能力。本节将介绍使用未经训练的 Tesseract-OCR 识别简单验证码。

Tesseract-OCR 下载地址为 http://digi.bib.uni-mannheim.de/tesseract/tesseract-ocr-setup-4.00.00dev.exe。

安装时可以选择额外的语言包（见图 6.4），这里选择简体中文。

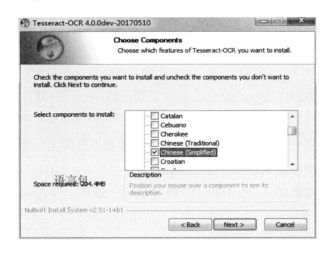

图 6.4　勾选 Chinese（Simplified）选项

PIL 和 pytesseract 可直接通过 pip 安装，这里不再赘述。

安装完成之后便可以进行图片识别了，需要注意的是，pytesseract 库比较笨拙，需要代码和图片都在 C:\Python34\Lib\site-packages\pytesseract 目录下。

接下来，我们通过识别 8 个简单的验证码来讲解如何使用 pytesseract 库。

【示例 6-1】通过 pytesseract 库识别 8 个简单的验证码，并逐步提升准确率。

基础代码如下：

```
from pytesseract import *
from PIL import Image
image = Image.open('test.png')
print(image_to_string(image))
```

看一下识别效果，如表 6.1 所示。

表 6.1　验证码识别结果

验证码	识别结果	验证码	识别结果
9#JW	# JW	okjzr	oki{rr
gGphJD	gqCphUJD	FVP6	FVP6
6220	6 220	x 367	x 3 6 7
5739	5 73.9	ny dHN	ny dHn

以上 8 个验证码只有第 6 个完美识别了，其他的不是多了空格、标点符号就是识别错误。

为提高识别正确率，需对图片做如下处理。

1．灰度化

我们的识别任务与颜色无关，太多的颜色会对识别结果造成干扰，因此灰度化处理很有必要，编程黑白图片，添加一行代码：

```
image = Image.open('test.png')
img = image.convert('L')
print(image_to_string(img))
```

可以看到，在本例中进行灰度化之后，识别正确率并没有提高。

2．二值化

二值化是将灰度化处理之后的图片中的每个像素点重新上色为黑白两色，是为了进一步地降低颜色深浅对识别造成的干扰。

随机选择一个像素阈值（选 150），RGB 值大于 150 的上黑色，小于 150 的上白色，代码如下：

```
image = Image.open('test.png')
img = image.convert('L')
pixel = img.load()#将图片转换成二维数组
for i in range(img.width):
    for j in range(img.height):
        if pixel[i,j] > 150:
            pixel[i,j] = 0
        else:
            pixel[i,j] = 255
print(image_to_string(img))
```

在代码中添加 img.show()来查看一下二值化处理之后的图片是什么样，如表 6.2 所示。

可以看到，比最原始的图片效果好一点，但是识别效果仍然不理想，需要对图片进行降噪处理以去除干扰。

表 6.2 验证码二值化识别结果

验 证 码	二值化处理结果（阈值 150）	识别结果
 9#JW	 9#JW	9#JW
 qGphJD	 qGphJD	'o(C)0lp)9 /D)
 6220	6220	6220
 5739	 5739	5 7 3.9
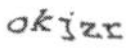 okjzr	okjzr	okirt
 FVP6	 FVP6	FVP6
 k367	 k367	k J 67
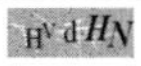 nv d Hn	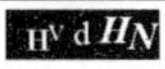 nv d Hn	nv d Hn

3．降噪处理

二值化之后的第 1、4、8 个验证码仍有噪点，可以尝试对这 3 个验证码进行去噪点处理。去噪方法这里介绍两种，一种是遍历像素来判断小噪点，另一种是通过连通域面积大小来判定大噪点。

（1）小噪点去除

以第 1 个验证码为例，第 1 个验证码二值化之后还有以下细小的噪点残留，可以通过遍历像素的方式去除。

添加如下代码：

```
for m in range(2,img.width-2):
    for n in range(2,img.height-2):
        count = 0
        if pixel[m,n] == 255:             #如果某个点是白色
            for k in range(m-2,m+2):      #遍历周围点
                for l in range(n-2,n+2):
                    if pixel[k,l] == 0:   #发现黑点则计数
                        count += 1
            if count >= 11:               #白点数量超过15则将之设为黑点
                pixel[m,n] = 0
```

同样的方法处理其他两个验证码，如图 6.5 所示，可以看到第 1 个验证码经处理之后噪点明显减少，但是第 4 个验证码几乎没有变化，第 8 个验证码有点用力过猛，已经看不清楚了。

图 6.5 去除小噪点之后的图片

（2）去除大噪点。大噪点识别主要通过连通域面积来识别，将图片中面积较小的连通域去除掉。

简单讲一下连通域标记的算法，通常有四连通和八连通两种：

- 四连通：首先遍历图片找到白色像素点，如果该像素点上、下、左、右共 4 个像素点中有带标记的白色像素点，则视为当前像素点与之连通，将当前像素点打上与周围同样的标记，然后继续遍历其他像素点。如果白色像素点周围没有带标记的白色像素点，则给予当前像素点一个新的标记。
- 八连通：首先遍历图片找到白色像素点，检查上、下、左、右、左上、右上、左下、右下共 8 个像素点，如果有带标记的白色像素点，则视为当前像素点与之连通，将当前像素点打上与之同样的标记，然后继续遍历其他像素点。如果白色像素点周围没有带标记的白色像素点，则给予当前像素点一个新的标记。

这里推荐使用 skimage 包来完成这项工作，在安装 skimage 前需要先安装 numpy 和 scipy，请在网站 http://www.lfd.uci.edu/~gohlke/pythonlibs/ 自行下载安装（直接 pip 安装的 numpy 会缺少 mkl）。连通域标记只需要用到下面这一个函数：

```
skimage.measure.label(input,neighbors=None,background= None,return_num= False, connectivity = None)
```

只需用到两个参数：

- input：二值图像，要求是 ndarray 对象；
- connectivity：1 表示 4 领域（只查看上、下、左、右 4 个方向是否连通），2 表示 8 领域（判断上、下、左、右、左上、左下、右上、右下 8 个方向的像素是否连通）。

添加如下代码：

```
data = img.getdata()
    data = np.array(data).reshape(img.height,img.width)
    im = measure.label(data,connectivity = 2)
                #函数会自动编号1,2,3…但是1,2,3这几个数字都太小了,显示出来是全黑的
    #dst = color.label2rgb(im)
    for o in range(img.height):      #扩大色差
        for p in range(img.width):
            im[o,p] = 80*im[o,p]
    img = Image.fromarray(im.astype('uint8'))
                                #转换成unsigned bytes,否则无法识别
img.show()
```

得到的图片，如图 6.6 所示。

图 6.6　将连通域标记之后的图片

接下来再去除面积过小的连通域，添加如下代码：

```
im_list = im.flatten()#二维数组转成一维,方便遍历
    e = list(set(im_list))
    pixel_dict = {}
    for item in e:
        pixel_dict[item] = list(im_list).count(item)
                    #统计每个值出现的次数,即每个连通域的面积
    noisy_list = []#用于存放噪点的RGB值
    for key,value in pixel_dict.items():
        if value<=(img.height*img.width/50):#设置好阈值为整个图幅的2%
            noisy_list.append(key)
    for q in range(0,img.width):                #将较小的连通域去除掉
        for w in range(0,img.height):
            if im[w,q] in noisy_list:
                im[w,q] = 0
```

终于可以把噪点去掉了,但是也要控制好阈值,结果如图 6.7 所示。

图 6.7 去除大噪点之后的图片

第 4 个验证码噪点已经完全去除,而第 8 个验证码的字符已经误伤大半了。

接下来再把验证码重新调整为黑白两色,并将降噪阈值设定为图幅的 1%就可以识别了,结果如表 6.3 所示。

表 6.3 经过二值化+降噪处理之后的验证码

验 证 码	二值化处理	降噪处理	识 别
9#JW	9#JW	9#JW	9#JW
qGphJD	qGphJD	qGphJD	{£3pr JD
6220	6220	6220	6220
5739	5739	5739	5 7 39
okjzr	okjzr	okjzr	okire
FVP6	FVP6	FVP6	FVP6
▶367	▶367	▶367	ci
ʜᵛd Hɴ	ʜᵛd Hɴ	ɪɪ d Hɴ	i d Hn

4.实例结果分析

从上面的例子可以得到如下结论:

(1)未经训练的 Tesseract-OCR 识别能力有限,难以识别歪斜或者弯曲的字符。

(2)进行降噪处理时,对于不同的验证码需要设定不同的阈值,否则易造成字符丢失。

6.3.2 识别汉字验证码

识别汉字验证码首先要做以下两个工作。

（1）识别汉字首先需要 chi_sim.traineddata 文件，如果安装 Tesseract-OCR 时没有勾选 Chinese（Simplified）选项，也可另外下载 chi_sim.traineddata 文件，存放到 Tesseract-OCR/tessdata 文件夹下。

（2）将 image_to_string(img) 改为 image_to_string(img,lang='chi_sim')。

完成两项修改之后即可识别汉字。

下面尝试用 Tesseract-OCR 分别识别汉字验证码（来自百度）和中文文档图片。

汉字验证码，识别结果如表 6.4 所示。

表 6.4 识别汉字验证码

验 证 码	处 理 后	识 别
赎码	赎码	无识别结果
绕趴	绕趴	赚
可祸	丁m	厂陲

三个验证码全部错误，主要是干扰线与汉字颜色相同并且汉字有倾斜，对识别造成了很大的干扰。

中文文档图片，识别结果如表 6.5 所示。

表 6.5 识别图片中的规范汉字

图片	进行降噪处理时，对于不同的验证码需要设定不同的阈值，否则易造成字符丢失
处理结果	进行怪幔处理昀对于不同的睑证码圃值否则易造成字符丢失

识别效果尚可，可见使用 Tesseract-OCR 处理简单的汉字图片还是可行的，能用于提取图片中的汉字信息。

训练之后的 Tesseract-OCR 对中文验证码识别率不高，但是对中文文档图片的识别率可以有较大提高，有兴趣的读者可以自行尝试。

6.3.3 人工识别复杂验证码

从上一节可以看出，若不具备机器学习知识，依靠现成的识别工具只能处理非常简单的数字字母验证码。遇到复杂的验证码可以求助于在线打码平台，请求人工识别，单个验证码的识别速度一般在 3 s 以内，本书选择的平台是云打码平台。

为了使用云打码功能，首先要注册一个开发者账号和一个普通账号。开发者账号用于获取软件 ID 和软件密钥，普通账号用于付费识别（平台会赠送 1 000 积分）。接下来介绍如何使用该平台进行验证码识别。

1．创建"我的软件"

在"我的软件"中添加软件，软件名称自拟，通信密钥会自动生成，如图 6.8 所示。

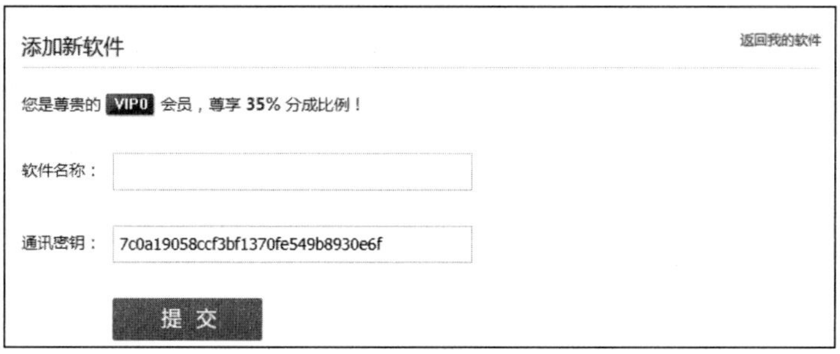

图 6.8　添加软件

2．下载云打码接口 DLL

在图 6.9 所示界面中选择"Python 调用示例下载"，其中包含如图 6.10 所示文件。

图 6.9　下载调用示例　　　　　图 6.10　调用示例文件目录

3．编辑代码

我们需要的是 YDMPython3.x.py 和 yundamaAPI-x64.dll（32 位系统请选择 yundamaAPI.dll）。其中 YDMPython3.x.py 是调用 API 的示例代码；yundamaAPI-x64.dll 是该 API 的配置文件，打开 YDMPython3.x.py，其中代码如下：

```
01: # -*- coding: utf-8 -*-
02: import sys
03: import os
04: from ctypes import *
05: # 下载接口放目录 http://www.yundama.com/apidoc/YDM_SDK.html
06: # 错误代码请查询 http://www.yundama.com/apidoc/YDM_ErrorCode.html
07: # 所有函数请查询 http://www.yundama.com/apidoc
08: print('>>>正在初始化...')
09: YDMApi = windll.LoadLibrary('yundamaAPI-x64.dll')
```

```python
10: # 1. http://www.yundama.com/index/reg/developer 注册开发者账号
11: # 2. http://www.yundama.com/developer/myapp 添加新软件
12: # 3. 使用添加的软件ID和密钥进行开发，享受丰厚分成
13: appId = ****        # 软件ID，开发者分成必要参数。登录开发者后台【我的软件】获得
14: appKey = b'*******************'
                        # 软件密钥，开发者分成必要参数。登录开发者后台【我的软件】获得!
15: print('软件ID: %d\r\n软件密钥: %s' % (appId, appKey))
16: # 注意这里是普通会员账号，不是开发者账号，注册地址 http://www.yundama.com/index/reg/user
17: # 开发者可以联系客服领取免费调试题分
18: username = b'*****'
19: password = b'********'
20: if username == b'test':
21:     exit('\r\n>>>请先设置用户名密码')
22: ###################### 一键识别函数 YDM_EasyDecodeByPath ############
23: print('\r\n>>>正在一键识别...')
24: # 例: 1004表示4位字母数字，不同类型收费不同。请准确填写，否则影响识别率。在此查
        询所有类型 http://www.yundama.com/price.html
25: codetype = 1004
26: # 分配30个字节存放识别结果
27: result = c_char_p(b"                              ")
28: # 识别超时时间 单位: s
29: timeout = 60
30: # 验证码文件路径
31: filename = b'getimage.jpg'
32: # 一键识别函数，无需调用 YDM_SetAppInfo 和 YDM_Login，适合脚本调用
33: captchaId = YDMapi.YDM_EasyDecodeByPath(username, password, appId,
    appKey, filename, codetype, timeout, result)
34: print("一键识别: 验证码ID: %d, 识别结果: %s" % (captchaId, result.value))
35: ####################################################################
36: ###################### 普通识别函数 YDM_DecodeByPath ############
37: print('\r\n>>>正在登录...')
38: # 第1步: 初始化云打码，只需调用1次即可
39: YDMapi.YDM_SetAppInfo(appId, appKey)
40: # 第1步: 登录云打码账号，只需调用1次即可
41: uid = YDMapi.YDM_Login(username, password)
42: if uid > 0:
43:     print('>>>正在获取余额...')
44:     # 查询账号余额，按需要调用
45:     balance = YDMapi.YDM_GetBalance(username, password)
46:     print('登录成功，用户名: %s, 剩余题分: %d' % (username, balance))
47:     print('\r\n>>>正在普通识别...')
48:     # 第3步: 开始识别
49:     # 例: 1004表示4位字母数字，不同类型收费不同。请准确填写，否则影响识别率。在
          此查询所有类型 http://www.yundama.com/price.html
50:     codetype = 1004
51:     # 分配30个字节存放识别结果
52:     result = c_char_p(b"                              ")
53:     # 验证码文件路径
```

```
54:        filename = b'getimage.jpg'
55:     # 普通识别函数，需先调用 YDM_SetAppInfo 和 YDM_Login 初始化
56:        captchaId = YDMApi.YDM_DecodeByPath(filename, codetype, result)
57:        print("普通识别: 验证码ID: %d, 识别结果: %s" % (captchaId, result.value))
58: else:
59:        print('登录失败，错误代码: %d' % uid)
60: #############################################################################
61: print('\r\n>>>错误代码请查询 http://www.yundama.com/apidoc/YDM_ErrorCode.html')
62: input('\r\n测试完成，按回车键结束...')
```

上述代码分 2 部分，第 1 部分是适用于脚本进行批量处理的一键识别函数，第 2 部分是附带有查询账号功能的测试函数。在网络爬虫中只需要使用第 1 部分即可。

可以看出，整个过程都非常简单，只需要选择适合计算机操作系统的 DLL 文件（第 9 行）、输入软件 ID 和密钥（13、14 行）、普通用户账号和密码（18、19 行）、验证码类型（第 25 行）和验证码图片路径（第 54 行），程序便可自动将图片传到云打码平台，然后将识别后的文字传回。接下来将之前识别过的验证码都采用人工打码的方式识别一次，如表 6.6 表示。

表 6.6　人工识别验证码结果

验 证 码	识别结果
qGphJD	'qgphjd'
okjzr	'okjzr'
4367	'4367'
HvdHN	'hvdhn'
（图）	b'\xc5\xb7\xc3\xcb' 转为 GBK 编码：'欧盟'
（图）	b'\xbf\xb4\xb2\xbb\xc7\xe5' '看不清' b'\xc8\xc6\xb5\xbd' '绕到'
（图）	'可'

由上表可知，人工识别平台对英文验证码识别率较高，但是对于中文验证码有时会出现错误或者打码人员看不清验证码而直接返回'看不清'的情况。

人工打码因为是收费服务，所以并不适合需要爬取海量数据的大型网络爬虫项目，在大型网络爬虫项目中一般需要借助机器学习针对目标网站的验证码进行分析。

6.3.4　利用 Cookie 绕过验证码

以百度为例，前文中的中文验证码就是来自于百度，先打开浏览器的开发者工具，

然后登录百度，获取到登录请求的详细信息，如图 6.24 所示。

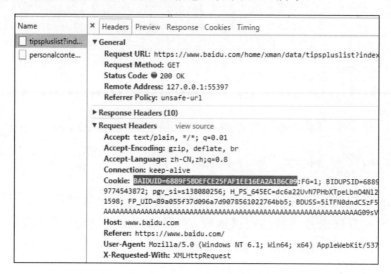

图 6.24　Cookie 信息

根据资料[2]得知实现模拟登录需要 BAIDUID 和 BDUSS 两个参数信息，这两个参数中保存了账号的登录信息。

代码如下：

```
1: from selenium import webdriver
2: driver = webdriver.Chrome()#这里使用PhantomJS会报错
3: driver.get('https://www.baidu.com')
4: driver.add_cookie({'name':'BAIDUID','value':'6889F5BDEFCE25FAF1EE16EA2A1B6C09:FG=1'})
5: driver.add_cookie({'name':'BDUSS','value':'5iTFN0dndCSzF5TDY4UEJTMUFlTmRHWHFJM0pXQXJEcHVka0pBM0VzWnR5dGhaTVFBQUFBJCQAAAAAAAAAEAAACxf6cNYXJjdGFueHl6AAAAAAAAAAAAAAAAAAAAAAAAAAAAAAAAAAAAAAAAAAAAAAAAAAAAAAAG09sVltPbFZTm'})
6: driver.refresh()
7: username = driver.find_element_by_class_name("user-name").text
                        #检测是否登录成功
8: print(username)
```

表示已经登录成功。

结果：

```
dai
```

像百度这样用户量非常大的网站很容易地查到模拟登录需要哪几个 Cookie 参数，如果是小众一点的网站（以简书为例），可以将 Cookie 中所有参数都添加到

---

[2] http://www.cnblogs.com/fnng/p/6431484.html 博客园-虫师

driver 中，代码如下：

```
01: from selenium import webdriver
02: driver = webdriver.Chrome()
03: driver.get('https://www.jianshu.com')
04: driver.add_cookie({'name':'CNZZDATA1258679142','value':'1790887522-
    1483003469-https%253A%252F%252Fwww.baidu.com%252F%7C1493124150'})
05: driver.add_cookie({'name':'_gat','value':'1'})
06: driver.add_cookie({'name':'_ga','value':'GA1.2.278243565.1483007781'})
07: driver.add_cookie({'name':'_gid','value':'GA1.2.622248563.1504613711'})
08: driver.add_cookie({'name':'Hm_lvt_0c0e9d9b1e7d617b3e6842e85b9fb068',
    'value':'1504704532,1504710348,1504756946,1504782804'})
09: driver.add_cookie({'name':'Hm_lpvt_0c0e9d9b1e7d617b3e6842e85b9fb068',
    'value':'1504788746'})
10: driver.add_cookie({'name':'remember_user_token','value':'W1szMDk5
    MTgxXSwiJDJhJDEwJHpEMm9vekkubk5aLnRxS05WeHdMbHUiLCIxNTA0Nzg4ODc0Ljc
    2MTE4ODUiXQ%3D%3D--e469207fe602dc4609c537e97df86544dfa81f3f'})
11: driver.add_cookie({'name':'_maleskine_session','value':'RmtRQ01zSEUySEp
    4RjZOV0ViNi9CMnBjbDFvcEVSdEJZY1daUlptWjVPc0FPQXRNdTN4NDhVYXpFWkxiV
    0RtNitpWDdlTGwwY01OVEx4TGczcFVYOWZqK0NjaCt2d3lhYURGUEh4R0ZwL2FISUx
    UYU9VeGdlMkVpbXE2d0I5VDFNaCsrYThxV09WeUtKTjdFT11sZ1V0amVEc1B4OUZFd
    1Z3Tm0xOUtKMEdEZ01LSjlFWHBIcjZyUWVHWTVjMWtZN25UcjlhL05iMGNVNTRhTTZ
    HMlZaL1lrNDUyL21NT1B6YnpXeXdQcm1NWFdiSnVrSEZlU1ZNRnRFdVUwdTQvRC9MQ
    kZYS1J1S2dwTVhRdWtvT1pKdjZ6cktFSCtlbnBuQyt2JNN0ZydmxRZmg1THhhU3EyK3d
    yRzg5ZWpnYTFqUlhDSy3F3R0M5N1dGUDQ2TkloOXl6ZVBJc1NLR0MveUsyVk9xdHMrR
    0I1V09tT2VkWTRlVVVMzWUZjSzFubWZTMWNNaitMNS9KS0pwNSmtpQ2gvMUVwYUlqSlk
    3QzJFNWQrbUhMaU5MVzN5WjJ3czBtLWs4cmlFMlVwdWVScUpvV3dsMnBxT0E5PQ%3D
    %3D--56bddd2817f750457ff9a547dae224f744457ff2'})
12: driver.refresh()
13: try:
14:     driver.find_element_by_class_name("user")
15:     print('Done')
16: except Exception as e:
17:     print(e)
```

结果：

dai

从上述返回结果可以看到，已经成功地使用 Cookie 绕过了验证码。

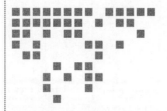

Chapter 7 | 第 7 章

提升网络爬虫效率

网络爬虫项目的难点并不是如何获取网页、解析网址,而是如何应对反爬虫策略以及如何最大限度地提升网络爬虫的爬取速度和效率。如何设计网络爬虫才能在最短的时间内,获取最多的有用数据是本章的主旨。

本章主要知识点有:

- 网络爬虫策略:了解广度优先和深度优先,学会衡量并根据网页的重要性安排网络爬虫的爬取顺序。
- 提升网络爬虫运行速度:熟悉多线程、多进程编程,了解分布式网络爬虫的基本原理。

7.1 网络爬虫策略

网络爬虫策略与图论紧密相关,图论是数学的一个分支,最初起源于著名的"柯尼斯堡七桥问题",即如何从任意一个起点出发,每座桥都经过一次,最后恰好回到起点?解决这个问题需要将问题进行数学抽象,转化为图 7.1 右边的几何图形,具体的分析方法与分析结果有兴趣的读者们可以自行了解。

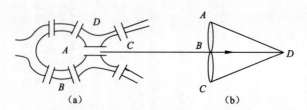

图 7.1 柯尼斯堡七桥问题的几何转化

图论是以图为研究对象，研究顶点和边组成的图形的数学理论和方法。图论用在网络爬虫中，主要是用来衡量广度优先和深度优先的优劣。

7.1.1 广度优先策略

假设网站结构图如图 7.2 所示，该网页为 4 层级，按照广度优先的方式遍历，顺序是：$A→B→C→D→E→F→G→H→I→J$。

广度优先的网络爬虫通常会将网站中的某一页（最好是首页）作为种子节点，然后把种子节点下的各个子节点（即网页中包含的超链接）提取出来，放入到待抓取列表中，依次打开，打开后继续抓取所有子节点，抓取过的节点放入已抓取列表中。在每次访问节点之前，先确认这个节点是否已经访问过了，如果已经访问过了，则跳过此节点，继续处理下一个节点，如果没有访问过，则打开此节点，继续抓取子节点。

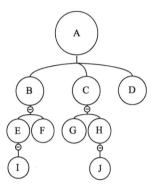

图 7.2 网站结构图

广度优先策略适合于网页结构较浅且重要信息目录级别不深的网页。广度优先策略能够快速获取表层信息，但是消耗内存比较大，因为爬虫需要存储大量无用的网页。

7.1.2 深度优先策略

根据图 7.2 的网站构成方式，按深度优先遍历，顺序是 $A→B→E→I→F→C→G→H→J→D$。

深度优先网络爬虫与广度优先不同，它是一个耿直的、不撞南墙不回头的网络爬虫。与广度优先网络爬虫一样，它首先会选取一个种子节点，然后获取该种子节点的所有子节点加入待抓取列表，然后访问第一个 2 级子节点，继续抓取子节点加入待抓取列表，然后访问第一个 3 级节点，将子节点加入待抓取列表，然后访问第一个 4 级节点……如此下去，直至第一个 n 级节点下不再有新的子节点（即未抓取过的超链接），然后再退回第二个 n 级节点，依次爬取，子节点抓取完全之后便回退，直至将所有子节点全部抓取完成。

深度优先策略的优点是爬取过程中只需要存储一条支线上的网页，对内存需求小。

深度优先策略有两个缺点：

（1）现在大型网站深度极深，很可能出现网络爬虫深陷入一条线的情况。

（2）通常较有价值的信息都存放较浅，爬取深度过深会将大量时间浪费在低价值网页上。

所以深度优先网络爬虫必须要设定一个深度，否则难以应用。

注意：Scrapy 采取的是深度优先的策略。

7.1.3 按网页权重决定爬取优先级

这种爬取方式在深度优先和广度优先网络爬虫中均有应用，操作方法是爬取网页的过程中记录下每个网址的重要性，当爬取到 1 层（如图 7.2 中的某 1 层网页）网址后，将所有未访问过的网址按照重要性排序，优先爬取较重要的网址，能够尽快地获取有用的信息。

重要性的算法有很多种，最简单的一种做法是将网址的被链接次数或者包含的链接数量作为重要性指标，通常被链接最多的网站包含了较为重要的信息，而包含链接数量较多的网页的信息量较大，具体如何选择需要根据网络爬虫需求而定。

著名的 Google 的 PageRank 算法就是采取了一种类似于股东投票的方式，根据当前网页被引用次数和引用当前网页的源网页的优先级分数来计算当前网页的优先级，最终计算是先为每个网页分配均等的优先级分数，然后通过矩阵一次次迭代计算，最终收敛的矩阵即为 PageRank 计算出的各网页优先级。虽然该算法尚有缺陷，比如对新兴网站不够公平，可是在搜索引擎还不发达的 1997 年，这一算法无疑是开创性的，凭借这一算法，Google 才得以在众多搜索引擎中脱颖而出。

7.1.4 综合实例：深度优先和广度优先策略效率对比（抓取慕课网实战课程地址）

这里选择慕课网站，如图 7.3 所示，因为这个网站页面较少，我们可以尝试着抓取这个网站域名下的所有的实战课程地址（慕课网的学习课程分为"课程"、"职业路径"和"实战"）。

1．网站架构分析

（1）第 1 层网页：网站主页，主页中包括了主要类目列表和热门课程列表，从主页中"实战推荐"栏目可以直接抓取到一部分实战课程地址，但数量不多。

图 7.3　慕课网

（2）第 2 层网页：从主页标题栏中的"实战"进入，可以获得实战课程列表，如图 7.4 所示，所有实战课程都在列表中，所以从第 2 层开始网络爬虫将会获取到较多实战课程地址，另外从主页中的专业列表进入也可以获取到一部分的实战课程列表。

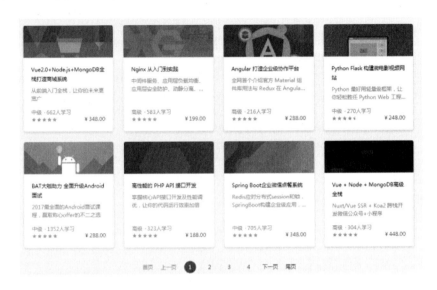

图 7.4　慕课网实战课程列表

（3）第 3 层网页：网络爬虫获取到的第 3 层网页主要为课程页面，慕课网中的课程页面一般不会链接到其他实战课程，因此第 3 层信息量较少，主要信息集中在第 2 层。

2．深度优先与广度优先策略的具体实现

（1）深度优先网络爬虫

代码如下：

```
01: import requests
02: import lxml.html
03: import time
04: start_url = 'http://www.imooc.com/'
05: headers = {
06:     'User-Agent':'Mozilla/5.0 (Windows NT 10.0; WOW64; rv:44.0) Gecko/
                     20100101 Firefox/44.0'
07: }
08: vistiedlist = []
09: courselist = []
10: len_list = []
11: def crawl_all_pages(url,i):#i为设置的深度
12:     if i > 3:
13:         return None
14:     try:
15:         r = requests.get(url, headers=headers)
```

```
16:        vistiedlist.append(url)
17:        tree = lxml.html.fromstring(r.content)
18:        urllist = tree.xpath('//a/@href')
19:    except:
20:        urllist = []
21:    for item in urllist:
22:        if item not in vistiedlist:
23:            if 'http:' not in item:
24:                item = 'http://coding.imooc.com' + item
25:            crawl_all_pages(item, i + 1)
26:            if '/class/' in item and item not in courselist:#判断是否是MOOC课程
27:                courselist.append(item)
28:    len_list.append(len(courselist))
29:    print(len_list)
30:    return None
31: a = time.time()
32: crawl_all_pages(start_url,1)
33: b = time.time()
34: print(b-a)
35: f = open('courselist.txt','w')
36: f.write(','.join(courselist))
37: f.close()
38: v = open('speed_D.txt','w')
39: str_len_list = [str(x) for x in len_list]
40: v.write(','.join(str_len_list))
41: v.close()
```

运行程度耗费1349 s，共抓取到课程444个。

实践技巧：在代码第40行加入了一个列表用于记录累计爬取到的地址数量，可以从中看出网络爬虫的爬取速度变化。

（2）广度优先网络爬虫

代码如下：

```
01: import requests
02: import lxml.html
03: import time
04: start_url = 'http://www.imooc.com/'
05: headers = {
06:    'User-Agent':'Mozilla/5.0 (Windows NT 10.0; WOW64; rv:44.0) Gecko/
                                                      20100101 Firefox/44.0'
07: }
08: vistiedlist = []
09: courselist = []
10: len_list = []
11: def get_href(url):
12:    r = requests.get(url, headers=headers)
13:    tree = lxml.html.fromstring(r.content)
```

```
14:     urllist = tree.xpath('//a/@href')
15:     return urllist
16: def crawl_all_pages(url):#i为设置的深度
17:     try:
18:         urllist = get_href(url)
19:     except:
20:         urllist = []
21:     for item in urllist:                    #遍历第2层列表
22:         vistiedlist.append(url)
23:         urllist2 = []
24:         if 'http:' not in item:
25:             item = 'http://coding.imooc.com' + item
26:         elif '/class/' in item and item not in courselist:
27:             courselist.append(item)
28:         elif item not in vistiedlist:
29:             try:
30:                 urllist2 = get_href(item)
31:             except:
32:                 pass
33:         for item2 in urllist2:              #遍历第3层列表
34:             urllist3 = []
35:             if 'http:' not in item2:
36:                 item2 = 'http://coding.imooc.com' + item2
37:             elif '/class/' in item2 and item2 not in courselist:
38:                 courselist.append(item2)
39:             elif item2 not in vistiedlist:
40:                 try:
41:                     urllist3 = get_href(item2)
42:                 except:
43:                     pass
44:             for u in urllist3:
45:                 if 'http:' not in u:
46:                     u = 'http://coding.imooc.com' + u
47:                 if '/class/' in u and u not in courselist:
48:                     courselist.append(u)
49:         len_list.append(len(courselist))    #记录爬取速度
50:         print(len_list)
51:     return None
52: a = time.time()
53: crawl_all_pages(start_url)
54: b = time.time()
55: print(b-a)
56: print(len(courselist))
57: f = open('courselist2.txt','w')
58: f.write(','.join(courselist))
59: f.close()
60: v = open('speed_B.txt','w')
61: str_len_list = [str(x) for x in len_list]
```

```
62: v.write(','.join(str_len_list))
63: v.close()
```

运行程序耗时 893 s，共抓取到课程 388 个。

3．优劣势对比

具体实现中，深度优先与广度优先网络爬虫效率对比如图 7.5 所示。

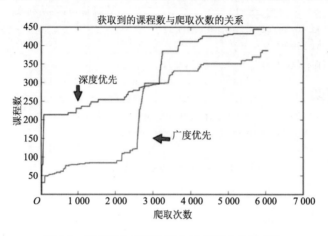

图 7.5　深度优先和广度优先网络爬虫效率对比

（1）广度优先策略的有用信息往往会集中在某一层，除爬取次数在 2 500～3 000 范围内课程数量增长迅速外，其余范围均增长缓慢。

（2）深度优先策略在前期表现非常好，因为课程列表的 url 位于慕课网首页的上端，会被优先爬取，后面则表现平平。

7.2　提升网络爬虫的速度

对网络爬虫速度的限制主要来自于网络请求的时间；相比较而言，解析网络、数据存储速度都是很快的。本节我们将介绍 Python 语言的多线程和多进程，学习后能成倍地提升网络爬虫的速度。

进程即运行中的程序，也称为重量级进程；而线程与进程类似，只不过线程是在同一个进程下执行的，并且共享同样的上下文，所以线程也被称为轻量级进程。

要理解进程和线程的概念，首先要了解操作系统中多任务同时运行的工作方式：

假设某一时间段，操作系统中共有三个任务（A,B,C）正在运行，Windows 和 Linux 系统中都是采取时间片轮转的方式进行任务调度，即先运行任务 A（此时 B,C 处于暂停状态），运行一小段时间之后，再暂停任务 A，运行任务 B（A,C 暂停），运行一小段时间之后，暂停任务 B，运行任务 C（A,B 暂停），如此循环往复。凭借着 CPU 的高速运算，给用户带来一种多任务同时运行的假象。这也是进程间、线程间的切换方式。

7.2.1 多线程

Python 语言中用于实现多线程的库主要有两个——Thread 和 Threading，这里只介绍 Threading 库，因为 Threading 库更易于使用，并且它提供了更高级、功能更全面的线程管理方式。

1. Thread 类

首先介绍一下 Threading 库中的 Thread 类，Thread 类是 Threading 库中的主要执行对象，它有如下函数：

- __init__(group=None,target=None,name=None,args=(),kwargs={},verbose=None, daemon=None)：Thread 的初始化函数，一般只会用到 target 和 args，target 值为调用的函数名，args 为调用的函数的参数。daemon 值默认为 None，如果设置为 True，该线程会成为守护线程，会在主线程结束时自动退出。
- start()：启动该进程。
- join(timeout=None)：主线程将会等待该线程结束，可以设置等待的超时时间。一般不需要调用，除非该进程的 daemon 值为 True。
- is_alive()：查看线程是否还在运行。

2. Queue 模块

Python 还提供了一个 Queue 模块，利用 Queue 模块可以创建一个队列结构，用于线程之间的通信。

Queue 模块中有如下函数：

- Queue(maxsize=0)：创建一个先入先出队列。
- LifoQueue(maxsize=0)：创建一个后入先出队列。
- PriorityQueue(maxsize=0)：创建一个优先级队列。

每个类均有 put() 和 get() 方法，用于添加和获取元素。

注意：Python 3 中 Queue 在 multiprocessing 模块中。

我们可以在上一节中深度优先的代码中加入多线程代码,共使用 4 个线程同步抓取。

【示例 7-1】使用 4 个线程同步抓取慕课网实战课程地址（基于深度优先策略）。

代码如下：

```
01: import requests
02: import lxml.html
03: import time
04: import threading
05: from multiprocessing import Queue
06: start_url = 'http://www.imooc.com/'
07: headers = {
08:     'User-Agent':'Mozilla/5.0 (Windows NT 10.0; WOW64; rv:44.0) Gecko/
```

20100101 Firefox/44.0'
```
09: }
10: to_do_list = Queue()
11: to_do_list.put(start_url,1)
12: classes = []
13: len_list = []
14: def get_href(queue,i,j):
15:     if i>3:
16:         return None
17:     url = queue.get(1)
18:     if 'http:' not in url:
19:         url = 'http:'+url
20:     print(url)
21:     urllist = []
22:     try:
23:         r = requests.get(url, headers=headers)
24:         tree = lxml.html.fromstring(r.content)
25:         urllist = tree.xpath('//a/@href')
26:     except:
27:         pass
28:     for item in urllist:
29.         if '/class/' in item and item not in classes:
30:             classes.append(item)
31:         elif 'imooc' in item:
32:             queue.put(item,1)
33:             get_href(queue,i+1,j)
34:         else:
35:             continue
36:         len_list.append(len(classes))
37:     print(len_list)
38:     if j == 2:
39:         v = open('speed_Thread.txt', 'w')
40:         str_len_list = [str(x) for x in len_list]
41:         v.write(','.join(str_len_list))
42:         v.close()
43:     return None
44: threads = []
45: for i in range(4):
46:     t = threading.Thread(target=get_href,args=(to_do_list,1,i))
47:     threads.append(t)
48:
49: for t in threads:
50:     t.start()
```

运行时间为 900 s，获取到课程 455 个。

图 7.6 所示为多线程网络爬虫的抓取速度与单线程对比。从图中可以看出，虽然这段多线程代码单次爬取获得的有用信息数量不及上一节中的代码，但是在差不多相同的时间内，爬取次数多了 7~8 倍。

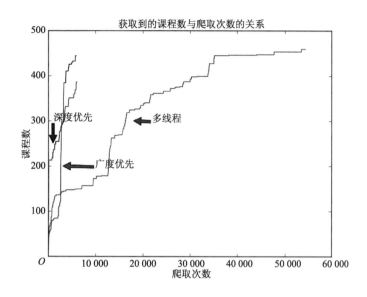

图 7.6　多线程网络爬虫的爬取速度与单线程对比

由于 Python 语言中线程锁的存在，所谓的多线程只是一种假象，其实同一时间点只有一个线程在运行，其余线程在等待，所以 Python 的多线程适合于 I/O 密集型的应用（在输入/输出的等待时间中可以切换到其他线程，这样就允许更多地并发），比如在网络爬虫中，程序大部分时间都在等待网络响应，用多线程速度能明显提升。

在爬取数据之后的数据清洗工作就属于 CPU 密集型应用，用多线程效率不高，可以使用多进程来提高速度。

7.2.2　多进程

常用的多进程模块有 subprocess、multiprocessing 和 concurrent.futures，其中 multiprocessing 调用方式与 threading 十分类似，下面对 multiprocessing 进行简单的介绍。

1．Process 类

类似于 Thread 类，同样有 target 和 args 参数，用法也一样。Process 类的函数也与 Thread 类一致。

2．Pipe 类

multiprocessing 中除了 Queue 类外还有 Pipe 类，都可以用于进程间通信。Pipe 类的读写效率要高于 Queue，但是 Pipe 只适用于只有两个进程一读一写情况。Pipe 类常用函数有 3 个：

- recv()：相当于 Queue 的 put()。
- send()：相当于 Queue 的 get()。
- close()：关闭 Pipe 的输入端，关闭之后继续输入会出现 EOF Error。

由于 Python 语言中的多进程不存在与多线程类似的线程锁，因此能够实现真正的并行运算，所以在计算密集型的项目中一般使用多进程而不是多线程。

但是相比于线程而言，创建、撤销进程以及在进程之间切换消耗的资源更大，所以在 I/O 密集的项目中使用多线程也是不错的选择。

7.2.3 分布式爬取

多个线程可以同时完成一项工作，多个进程也可以通力合作提高效率，若有多台计算机，并且能够实现多台计算机的相互通信，是否能够像多线程、多进程一样大幅提高网络爬虫的运行速度呢？答案是肯定的，这就是分布式爬取。

信息检索效率是衡量搜索引擎能力的重要指标，在如今的互联网规模下（百度索引库中的网页数量已经达到 10 亿级），搜索引擎要完成这样的检索任务，依靠单机是无法完成的，无论如何优化算法、多进程、多线程都不可能完成。需要使用多台计算机共同构建分布式检索系统，才能解决这个问题。

在搭建个人的分布式网络爬虫时，需要先将多台计算机通过互联网或者局域网连接在一起，再通过分布式软件（Python 中有 celery、scrap-redis 等工具可用）协调各台计算机之间的关系，如图 7.7 所示。

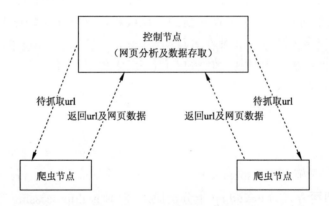

图 7.7 分布式网络爬虫原理

相信绝大部分读者都只有一台计算机，如何学习分布式网络爬虫？可以尝试在使用虚拟机或者云主机学习分布式网络爬虫的搭建。

注意： 使用虚拟机搭建分布式网络爬虫需要将虚拟机网卡连接方式设定为桥联模式。

7.2.4 综合实例：利用现有知识搭建分布式爬虫（爬取百度贴吧中的帖子）

分布式爬虫通常运行在多台电脑上，如果没有多台电脑，可以使用在自己的电脑上搭建多台虚拟机，进行分布式爬虫的模拟练习。

本爬虫的任务是随机爬取百度贴吧中的帖子,并将帖子名和地址存入数据库。

1. 爬虫架构

分布式爬虫涉及到多个程序的协作,编写代码之前需要理清各个程序之间的关系,如图 7.8 所示,爬取队列和存储器位于 Windows 7 主机中,两个下载器位于虚拟机中,其工作步骤如下:

(1)在爬虫开始运行时,下载器从爬取队列中获取需要采集的 url。
(2)下载器从 url 中获取新的 url 和网页数据。
(3)新的 url 传回 Windows 7 主机,加入爬取队列中,加入队列前进行查重。
(4)网页数据传回 Windows 7 主机进行存储,存储前进行查重。

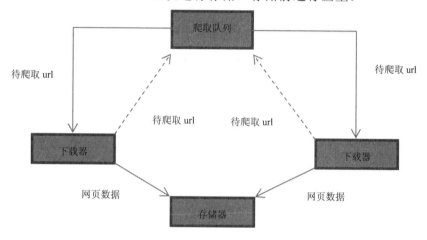

图 7.8 爬虫架构各程序之间关系

2. 在虚拟机中安装 Python 环境

本例中虚拟机软件为 Oracle VM VirtualBox 5.2.12,虚拟机中系统为 deepin 15.3 32bit,如图 7.9 所示。

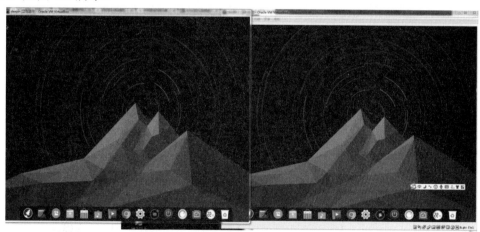

图 7.9 当前虚拟软件与系统

（1）安装 Python

Linux 系统中一般会自带 Python2.X，而 Python3.X 需要自行安装，在 deepin 中可以使用 apt-get 安装 Python，代码如下：

```
~$ sudo apt-get install python3.4
```

（2）安装 pip

使用上面的命令下载的 Python 并不带 pip，需要另行安装，代码如下：

```
~$ wgethttps://bootstrap.pypa.io/get-pip.py
~$ sudo python3 get-pip.py
```

（3）安装需要的第三方库

代码如下：

```
~$ sudo python3 -m pip install pymysql
~$ sudo python3 -m pip install tqdm
```

注意：如非项目需要，不要轻易修改 Linux 中的默认 Python 版本。

3．新建两个 Mysql 远程用户

不需要每台机器都安装 Mysql，只需在 win7 主机上安装，然后虚拟机使用 pymysql 访问主机的 Mysql 即可。

但是 Mysql 默认不允许远程访问，所以在新建远程账户之后要对账户的权限进行设置：

（1）新建账户

代码如下：

```
mysql> create user worker1 identified by '123456';
mysql> create user worker2 identified by '123456';
```

（2）授予权限

代码如下：

```
mysql> grant all privileges on *.* to worker1@"%" identified by "123456";
mysql> grant all privileges on *.* to worker2@"%" identified by "123456";
```

如果使用命令授权失败的话，可以尝试使用 NaviCat 或者 Mysql Workbench 等可视化软件进行授权。

4．虚拟机与主机之间传输文件

（1）设置共享文件夹，如图 7.10 所示。

图 7.10　设置共享文件夹

（2）安装增强功能

单击虚拟机运行窗口菜单栏中的"设备"选项，单击安装增强功能，虚拟机中会出现 VBox_GAs 虚拟光驱，打开虚拟光驱后，在空白处单击：在终端打开，在终端输入如下命令：

dalalaa@dalalaa-pc:/media/dalalaa/VBox_GAs_5.2.12$sudo./VBoxLinuxAdditions.run

运行完成之后重启虚拟机即可。

（3）将用户添加到 vboxsf 组

重启虚拟机之后即可在/media 文件夹下看见 sf_share 文件夹，但是当前用户对 sf_share 文件夹没有权限，需要将用户加入到 vboxsf 用户组中，命令如下：

dalalaa@dalalaa-pc:~$　sudoadduserdalalaavboxsf

运行完成之后重启虚拟机，便可获得 hf_share 的权限。

只需在 Windows 7 主机中的 H:/share 文件夹中存入文件，便会同步到虚拟机的/media/sf_share 文件夹中。

5．爬虫代码

（1）任务队列

爬虫队列起到调度多个爬虫的作用，需要存储待爬取的 url。本爬虫中采取的方式是在 Mysql 数据库中存储 url，待爬取的 url 状态设为 0，已爬取的 url 状态设为 1。

爬虫每次从队列中选取第一个状态为 0 的 url 进行爬取，url 被提取之后，状态修改为 1。

代码如下:

```python
import pymysql
class MysqlQueue():
    def __init__(self,conn = None):
        self.start_url = 'tieba.baidu.com/index.html'
        self.conn = pymysql.connect(host = "192.168.1.5",port = 3306,user = "worker1",passwd = "123456",db = "spider",charset='utf8') if conn is None else conn
        self.cursor = self.conn.cursor()
        sql = """
            CREATE TABLE IF NOT EXISTS DATA1 (
                URL VARCHAR(255) NOT NULL PRIMARY KEY,
                USED INT NOT NULL
            )CHARSET=utf8;
        """
        try:
            self.cursor.execute(sql)
        except Exception as e:
            print(e)

    def put(self,url):
        # 在插入之前查重
        try:
            self.cursor.execute("""
                INSERT INTO DATA1(
                    URL,USED
                ) VALUES (%r,0) ON DUPLICATE KEY UPDATE URL=%r
            """ % (url,url))
            self.conn.commit()
        except Exception as e:
            print(e)



    def pop(self):
        # 提取之后将used字段置为1
        self.cursor.execute("""
            SELECT URL FROM DATA1 WHERE USED=0 LIMIT 1
        """)
        url = self.cursor.fetchone()
        if url is None:
            url = self.start_url
        else:
            url = url[0]
        self.cursor.execute("""
            UPDATE DATA1 SET USED=1 WHERE URL=%r
        """ % url)
        self.conn.commit()
        return url
```

（2）爬虫主体

```python
from mysql_queue import MysqlQueue
from mysql_storage import MysqlStorage
import pymysql
import requests
from lxml import html
from urllib.parse import quote
from tqdm import tqdm
import re

class Spider():
    def __init__(self,url=None):
        self.que = MysqlQueue() # 队列
        self.path = 'D:/data/' # 网页存储地址
        self.iterr = 200 # 爬取次数
        self.domain = 'tieba.baidu.com' # 爬取的网站主域名
        self.storage = MysqlStorage() # 数据存储库

    def extract_urls(self):
        '''
        从网页中提取所有网址并导入到数据库中
        '''
        self.url = self.que.pop()
        r = requests.get('http://' + self.url)
        r.encoding = 'utf-8'
        content = r.content # 使用text时会出现解码错误
        #将帖子名存入数据库中，也可以同时将网页存入本地磁盘
        if '/p/' in self.url:
            self.download(content)
            s = requests.get('https://' + self.url)
            tr = html.fromstring(s.text)
            titles = tr.xpath('//h1/@title')
            if len(titles) > 0:
                print(titles)
                self.storage.insert(titles[0],quote(self.url))

        tree = html.fromstring(content)
        url_list = tree.xpath('//@href')
        for url in url_list:
            if 'http://' in url or 'https://' in url or '//' in url:
                url = re.sub(r'https://|http://|//','',url)
                # 只抓取帖子页面
                if re.search(r'^/p/',url): # 帖子
                    url = self.domain + url
                    self.que.put(quote(url))
                elif re.search(r'^/f\?kw',url): # 帖吧首页
                    url = self.domain + url
                    self.que.put(quote(url))
                elif 'tieba.baidu.com/' in url:
```

```python
                    self.que.put(quote(url))
                else:
                    pass

    def run(self):
        '''
        爬虫主体
        '''
        for i in tqdm(range(self.iterr)):
            try:
                self.extract_urls()
            except Exception as e:
                print(e)


    def download(self,content):
        filename = self.url.replace('/','_') + '.html'
        with open(self.path + filename,'wb') as f:
            f.write(content)

    def request_url(self):
        '''
        从库中申请新的url
        '''
        self.url = self.que.pop()


if __name__ == "__main__":
    spider = Spider()
    spider.run()
```

(3)信息存储

具体实现代码如下：

```
import pymysql

class MysqlStorage:
    def __init__(self,con=None):
        self.conn = pymysql.connect(host = "192.168.1.5",port = 3306,user = "worker1",passwd = "123456",db = "spider",charset='utf8') if con is None else con
        self.cursor = self.conn.cursor()
        sql = """
            CREATE TABLE IF NOT EXISTS DATA2 (
                URL VARCHAR(255) NOT NULL PRIMARY KEY,
                NAME VARCHAR(255) NOT NULL
            )CHARSET=utf8;
            """
        try:
```

```
            self.cursor.execute(sql) # 将url设置为主键,便不能重复
        except Exception as e:
            print(e)

    def insert(self,name,url):
        """
        插入数据
        """
        sql = """
            INSERT INTO DATA2(
                NAME,URL
            ) VALUES (%r,%r) ON DUPLICATE KEY UPDATE NAME= %r;
        """% (name,url,name)
        try:
            self.cursor.execute(sql)
            self.conn.commit()
        except Exception as e:
            print(e)
```

代码编写完成之后,在两台虚拟机中(也可以同时在 Windows 7 主机中运行爬虫)分别运行爬虫主体,即可实现分布式爬取,如下图 7.11 所示。

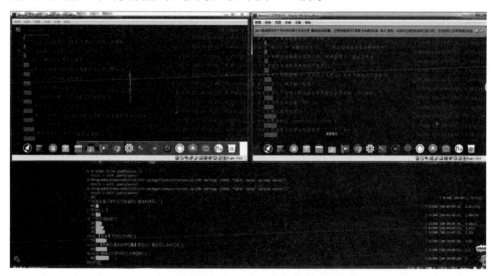

图 7.11　爬虫运行情况

Chapter 8 第 8 章

更专业的爬取数据存储与处理：数据库

本节前几章爬取到的网络数据均是存储在本地文件中，后期对数据的清洗、计算等工作需要借助工具或自己编程来实现。如果将数据存储在数据库中，就能够使用方便快捷的数据库查询语言对数据进行处理，并且数据库可以提供比数据文件更加专业、安全的管理手段；本章我们将介绍几种数据爬取中经常用到的数据库。

本章主要知识点有：

- MySQL 的使用及 SQL 查询语言：学会使用 SQL 语言管理 MySQL 关系型数据库；
- MongoDB 的使用及数据查询：学会管理非关系型的 MongoDB 数据库；
- pymysql 和 pymongo：学会使用 Python 第三方库操作数据库。

8.1 受欢迎的关系型数据库：MySQL

MySQL 数据库在网络爬虫中较为常用，学习曲线较为平滑，适合初学者学习。本节中将介绍 MySQL 的环境配置、SQL 查询语言的基本语法，并学习如何实现 Python 程序与 MySQL 数据库之间的数据传输。

8.1.1 MySQL 简介

MySQL 是一个免费开源的关系型数据库管理系统，关系型数据库是指基于关系模型的数据库。关系模型就是类似于 Excel 表格的二维表形式，而关系型数据库就是由二维表及其之间的联系组成的数据组织。

在主流数据库中，MySQL 使用率仅次于 Oracle，并且仍在上升，有超越 Oracle

的趋势1[1]，如图 8.1 所示。

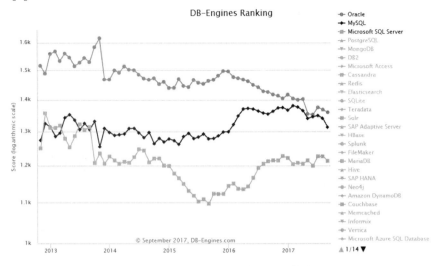

图 8.1　MySQL 近年来的发展趋势

8.1.2　MySQL 环境配置

1．MySQL 安装

本书使用的 MySQL 的版本为 mysql-5.7.19，自带了 Workbench 图形化管理工具，读者可以根据自己的操作系统选择合适的版本下载，Windows 用户建议下载 MSI 安装文件，便于安装。

安装时可以选择 Full 安装，便于更全面地学习 MySQL 的各项功能。从图 8.2 中可以看到，Full 安装包括了图形管理工具 Workbench、各种语言（C++、Python、Java 等）的接口、文档、示例、样本等内容。

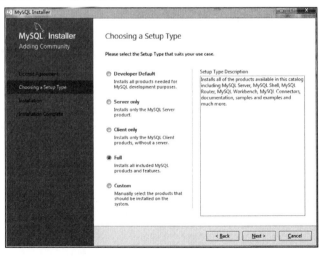

图 8.2　选择安装模式

---

[1] https://db-engines.com/en/ranking_trend

安装过程中会提示部分插件缺少支持文件，询问是否需要自动安装支持文件；如果没有需求的话，单击 Next 按钮跳过即可。

安装完成之后单击 Next 按钮会出现如图 8.3 所示的界面，在 Config Type（配置类型）下拉列表框中选择 Development Machine 选项（按开发者配置进行安装），Port Number 的默认值为 3306，但是这里出现报错，说明 3306 端口已被占用了。

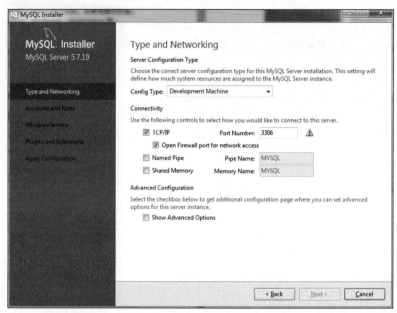

图 8.3　设置端口

可以将其修改为任意未被占用的端口。如果想继续使用 3306 端口，在控制台输入：

netstat -ano

查看端口占用情况，如图 8.4 所示，3306 端口已经被 PID 编号为 2300 的进程占用了。

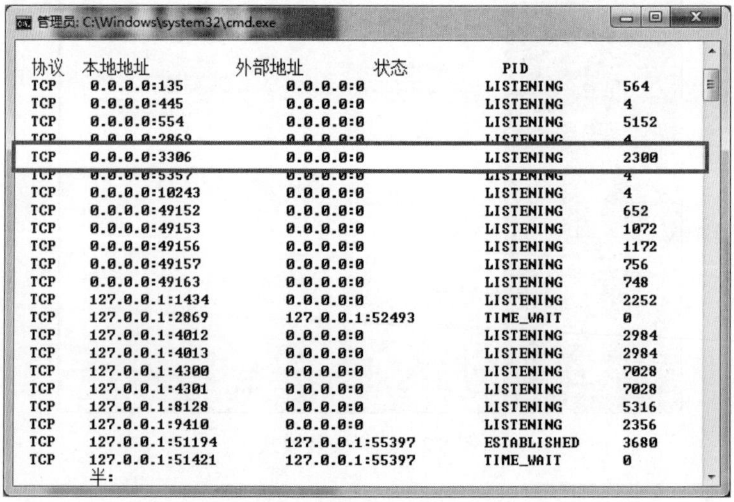

图 8.4　查找端口占用情况

在控制台输入：

tasklist|findstr "2300"

返回结果：

mysqld.exe   2300 Services   0   34,188 K

发现是被计算机中另一个版本的 MySQL 占用了，在任务管理器中将 mysqld.exe 结束掉，安装即可继续进行。

接下来要设置 root 用户密码，然后单击 Add User 添加新用户。

继续单击 Next 按钮，直至安装完成（安装完成之后会进行一系列的 Product Configuration，继续单击 Next 按钮即可）。

2．MySQL 服务的启停

启停 MySQL 有以下两种方式。

（1）在控制台启停：

代码如下：

```
C:\Users\Administrator>net start mysql57
MySQL57 服务正在启动 .
MySQL57 服务已经启动成功。

C:\Users\Administrator>net stop mysql57
MySQL57 服务正在停止..
MySQL57 服务已成功停止。
```

（2）在"计算机管理"→"服务"中启动，如图 8.5 所示。

图 8.5　启动 MySQL 服务

启动 MySQL 服务之后，可以通过 MySQL 5.7 Command Line Client 来操作 MySQL 数据库，输入密码之后即可正常使用，如图 8.6 所示。

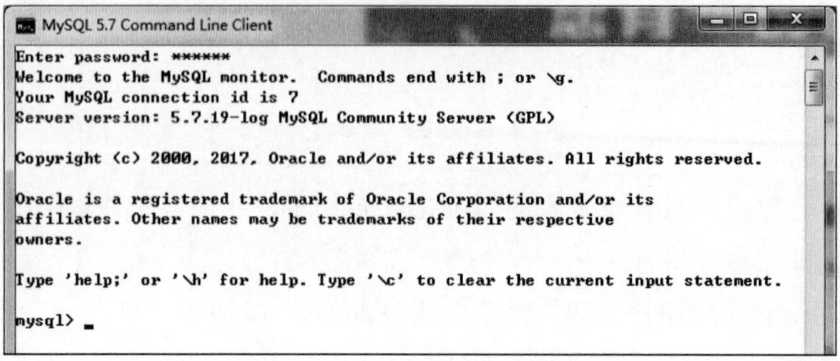

图 8.6　在 MySQL 5.7 Command Line Client 中操作 MySQL

8.1.3　MySQL 的查询语法

MySQL 的操作都通过 SQL（Structured Query Language，结构化查询语言）完成，SQL 语言适用于绝大部分关系型数据库。

注意：在 Windows 系统下使用 MySQL 不区分大小写，然而在 Linux 系统下，MySQL 的数据库名、表名、变量名都严格区分大小写。

1. 基本语法

（1）显示所有数据库

代码如下：

```
mysql> SHOW DATABASES;
+--------------------+
| Database           |
+--------------------+
| information_schema |
| mysql              |
| performance_schema |
| sakila             |
| sys                |
| test               |
| world              |
+--------------------+
7 rows in set (0.00 sec)
```

（2）创建数据库

代码如下：

```
mysql> CREATE DATABASE mydatabase;
Query OK, 1 row affected (0.04 sec)
```

可以看到，mydatabase 数据库已经创建成功了，如下所示：

```
mysql> SHOW DATABASES;
+--------------------+
| Database           |
+--------------------+
| information_schema |
| mydatabase         |
| mysql              |
| performance_schema |
| sakila             |
| sys                |
| test               |
| world              |
+--------------------+
8 rows in set (0.00 sec)
```

（3）访问数据库

代码如下：

```
mysql> USE mydatabase;
Database changed
```

（4）显示（查看）数据库中所有表

代码如下：

```
mysql> SHOW TABLES;
Empty set (0.00 sec)
```

（5）创建表

代码如下：

```
mysql> CREATE TABLE mytable(title VARCHAR(10),name VARCHAR(10),num CHAR(1));
Query OK, 0 rows affected (0.48 sec)
```

在创建表的代码中，VARCHAR 代表可变量，括号内数字为字符长度，如果以后需要改变字符长度可以使用 ALTER TABLE 语句，如下所示：

```
mysql> ALTER TABLE mytable modify column num CHAR(10);
Query OK, 0 rows affected (0.85 sec)
Records: 0  Duplicates: 0  Warnings: 0
```

通过查看所有表，mytable 已经创建成功。

```
mysql> SHOW TABLES;
+----------------------+
| Tables_in_mydatabase |
```

```
+----------------------+
| mytable              |
+----------------------+
1 row in set (0.00 sec)
```

(6) 插入数据

代码如下：

```
mysql> INSERT INTO mytable VALUES('python','tom','1');
Query OK, 1 row affected (0.07 sec)
```

注意：如果插入数据长度超过设定长度会出现报错，如下所示：

```
mysql> INSERT INTO mytable VALUES('python','tom','10');
ERROR 1406 (22001): Data too long for column 'num' at row 1
```

(7) 查看数据

代码如下：

```
mysql> SELECT * FROM mytable;
+--------+------+------+
| title  | name | num  |
+--------+------+------+
| python | tom  | 1    |
+--------+------+------+
1 row in set (0.00 sec)
```

(8) 删除数据

代码如下：

```
mysql> DELETE FROM mytable where title='python';
Query OK, 1 row affected (0.15 sec)
```

可以看到，删除之后，表 mytable 变成了一个空表。

```
mysql> SELECT * FROM mytable;
Empty set (0.00 sec)
```

2. 查询与排序

(1) 查询所有数据

代码如下：

```
select * from table_name
```

(2) 按条件查询

- 一个条件查询，代码如下：

```
select * from table_name where a=1
```

- 多个条件查询，代码如下：

```
select * from table_name where a=1 and b=2
select * from table_name where a=1 or b=2
select c,d from table_name where a=1 or b=2
```

（3）模糊查询

代码如下：

```
select * from table_name where a like '%b%'
```

其中，%相当于正则表达式中的通配符。

（4）统计查询

- 统计共有多少条 a 变量的数据，代码如下：

```
select count(a) from table_name
```

- 统计 a 变量的平均值，代码如下：

```
select avg(a) from table_name
```

（5）排序。

- 按 a 变量值升序排列，代码如下：

```
select * from table_name order by a asc
```

- 按 a 变量值降序排列，代码如下：

```
select * from table_name order by a desc
```

- 先按 a 排序、a 值相同的按 b 排序，代码如下：

```
select * from table_name order a,b
```

MySQL 的查询语句语法简练，很容易掌握，我们通过一个小例子简单实践一下。

【示例 8-1】使用 MySQL 查询语句从数据表 Countries 中选取面积大于 10 000km² 的欧洲国家。

数据表 Countries 如下所示。

```
+---------+-----------+---------+
| name    | continent | area    |
```

```
+---------+-----------+---------+
| Albania | Europe    | 28748   |
| Algeria | Africa    | 2381741 |
| Angola  | Africa    | 1246700 |
| Andorra | Europe    | 468     |
+---------+-----------+---------+
```

要从中选取面积大于 10 000 km² 欧洲国家的名字,可以用如下代码:

```
mysql> select name from countries where area>10000 and continent='Europe';
+---------+
| name    |
+---------+
| Albania |
+---------+
1 row in set (0.00 sec)
```

8.1.4 使用 pymysql 连接 MySQL 数据库

pymysql 是用于管理 MySQL 的 Python 第三方库,pymysql 发布前仅针对 MySQL 5.5 进行了全面测试,只支持 4.1 以上版本的 MySQL 数据库。类似的第三方库还有 mysql.connector 和 mysqldb(只支持 Python 2.x)。

pymysql 可以使用 pip 安装,pymysql 操作 MySQL 首先要与 MySQL 建立连接,代码如下:

```python
import pymysql
connect = pymysql.Connect(
    host='localhost',
    port=3306,
    user='root',
    passwd='****',
    db='mydatabase',
    charset='utf8'
)
```

利用 pymysql 使用 SQL 语句,以插入数据为例,其他操作类似。
代码如下:

```python
import pymysql.cursors
sql = "INSERT INTO trade (name,continent,area) VALUES ( '%s', '%s', %d )"
data= ('China', 'Asia', 9634057)
cursor.execute(sql % data)
connect.commit()
```

8.1.5　导入与导出数据

为了方便数据查看和传输，有时需要将现有文件中的数据导入到 MySQL 中，或者使用 MySQL 导出数据，这里介绍一下导入与导出 CSV 文件的方法。

1. 从 CSV 文件导入

在 D 盘新建一个 CSV 文档，内容如下：

```
FirstName,LastName,Age
Peter,Griffin,35
Glenn,Quagmire,33
```

在 MySQL 5.7 Command Line Client 输入如下指令：

```
mysql> load data infile 'D:/CNKI/DHJY.csv'
    -> into table mytable
-> fields terminated by ',' optionally enclosed by '"' escaped by '"'
-> lines terminated by '\r\n';
```

上述指令表示导入 CSV 文件，文件中字段间以逗号分隔，数据行间以\r\n 分隔，字符串以双引号包围。

如果导入时出现如下报错，则说明 MySQL 对导入与导出目录有权限限制，即导入、导出操作必须在指定目录下进行。

```
ERROR 1290 (HY000): The MySQL server is running with the --secure-file-priv option so it cannot execute this statement
```

可以通过如下指令查询 MySQL 的 secure_file_priv 设置（这里用到模糊查询的方法）：

```
mysql> show global variables like '%secure%';
+--------------------------+---------------------------------------------+
| Variable_name            | Value                                       |
+--------------------------+---------------------------------------------+
| require_secure_transport | OFF                                         |
| secure_auth              | ON                                          |
| secure_file_priv| C:\ProgramData\MySQL\MySQL Server 5.7\Uploads\      |
+--------------------------+---------------------------------------------+
3 rows in set, 1 warning (0.16 sec)
```

可以看到，MySQL 限定了导入与导出只能在 C:\ProgramData\MySQL\MySQL Server 5.7\Uploads\下操作，为了解除限制，可以修改 C:\ProgramData\MySQL\MySQL Server 5.7\my.ini 文件，将其中的 secure-file-priv 变量的值设置为空字符串""：

```
# Secure File Priv.
secure-file-priv=""
```

注意：C 盘的 ProgramData 是隐藏文件夹。

将 MySQL 服务重启后即可自由导入与导出，导入结果如下：

```
mysql> select * from mytable
    -> ;
+-----------+----------+------+
| title     | name     | num  |
+-----------+----------+------+
| python    | tom      | 10   |
| FirstName | LastName | Age  |
| Peter     | Griffin  | 35   |
| Glenn     | Quagmire | 33   |
+-----------+----------+------+
4 rows in set (0.00 sec)
```

2. 导出 CSV 文件

导出 CSV 文件的语法与导入类似，代码如下：

```
mysql> select * from mytable into outfile 'D:/text.csv'
    -> fields terminated by ','
    -> optionally enclosed by '"'
    -> lines terminated by '\n';
Query OK, 4 rows affected (0.02 sec)
```

导出的文件内容如下：

```
"python","tom","10"
"FirstName","LastName","Age"
"Peter","Griffin","35"
"Glenn","Quagmire","33"
```

8.2 应对海量非结构化数据：MongoDB 数据库

随着大数据时代的到来，在实际工作中需要处理到的数据量变得越来越大，结构也越来越复杂，尤其是社交网站每天都会产生海量的非结构化数据，传统的关系型数据库的性能和自由度难以满足数据存取的需求，NoSQL（非关系型数据库）应运而生。在本节中将介绍当下比较热门的 MongoDB 数据库。

8.2.1 MongoDB 简介

MongoDB 采用了面向文档的数据存储方式（数据结构类似于 JSON），存储数据时并不需要向数据库提供这些数据的关系，只需将数据整体存入，读取数据时像 Python 中的字典一样快速地根据键值读取。

为了方便理解 MongoDB 为何适用于复杂的社交网络数据存取，下面来看一个例子。

知乎对于个人用户数据的统计非常全面，从用户的个人主页上就可以获得许多个人信息，如图 8.7 所示。

这些信息存储在 MongoDB 数据库中形式如下：

```
{
    "个人信息":{
            "用户名":"A","个人简介":"B","自我描述":"C","居住地":"D","行业":"E",
            "职业经历":"F","教育经历":"G"
            },
    "问答":{"提问":{"提问内容":"H","提问时间":"I","问题关注人数":"J","问题收到
                    的回答数":"K"},
            "回答":{"回答内容":"L","点赞数":"M","评论数量及内容":"N"}
            },
    "专栏":{"专栏名":"O","专栏文章数":"P","专栏关注数":"Q"},
    "收藏":{"收藏的回答的评论数":"R","点赞数":"S",},
    "个人成就":{"被知乎编辑收录数量":"T","获得赞同数":"U","被收藏数":"V","获得
                感谢数":"W","参与公共编辑数量":"X"},
    "个人关注":{"关注用户数":"Y","粉丝数量":"Z","赞助的live数量":"AA","关注的话题
                数":"AB","关注的专栏数":"AC","关注的问题数":"AD","关注的收藏夹":"AE"}
}
```

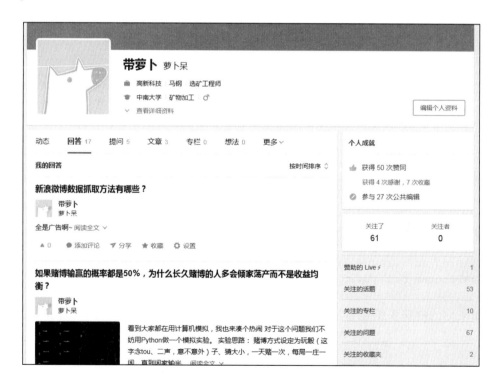

图 8.7　知乎用户基本信息

这样的数据可以整体存入 MongoDB，实现快速读取。

下面来看一下，如果上面数据存储到 MySQL 数据库中，情况会怎样。

因为此数据已经达到了 4 个维度，无法一次性存放入 MySQL 的二维数据表中，通常有如下几种处理方式，而且缺点比较明显。

（1）多表关联，但是分多个关联表不便于管理。

（2）以 JSON 字符串的形式整体存入 MySQL 中，每次读取都要进行字符串解析，大大影响了读取性能。

（3）降维处理，如上述信息可以将第 2 层、第 3 层信息（"个人信息""问答""专栏"等）作为属性信息，直接单作一列，但是这样做会让数据很不方便归类。

故存储这种非结构化的数据通常使用 MongoDB 等非关系型数据库。

注意：MySQL 在 5.7.7 版本之后添加了对 JSON 格式的支持，但是性能有待提高。

8.2.2 MongoDB 环境配置

首先从 https://www.mongodb.com/download-center#community 下载 MongoDB 社区版，可以选择 MSI、TGZ 和 ZIP 文件格式，如图 8.8 所示。

图 8.8　下载 MongoDB

在控制台中进入 MongoDB 的 bin 文件夹中，启动安装文件，如下所示：

```
C:\Program Files\MongoDB>cd/d C:\Program Files\MongoDB\Server\3.4\bin
C:\Program Files\MongoDB\Server\3.4\bin>mongod.exe
```

如果你的电脑系统是 Windows 7 家庭版，很可能会出现安装报错，如图 8.9 所示。

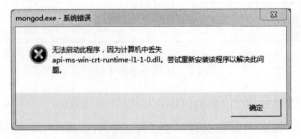

图 8.9　MongoDB 安装报错 1

下载 api-ms-win-crt-runtime-|1-1-0.dll 到 system32 之后安装报错变成图 8.10 所示。

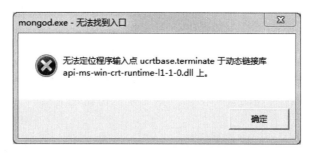

图 8.10　MongoDB 安装报错 2

因为新版的 MongoDB 需要有 Visual C++ Redistributable for Visual Studio 2015 组件的支持，接下来安装 Visual C++ Redistributable for Visual studio 2015。安装界面如图 8.11 所示。

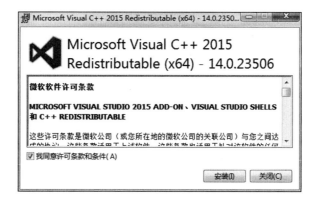

图 8.11　安装 Microsoft Visual C++2015 Redistributable

若安装过程中出现图 8.12 所示的报错，需要先安装补丁 KB976932（SP 补丁）将系统升级到 Windows 7 sp1，安装过程中请保证杀毒软件或安全软件关闭，安装完之后拔网线重启计算机。

升级之后再安装 KB2999226（C 运行库补丁），最后重新运行 VC redist x64.exe 即可安装成功，如图 8.13 所示。

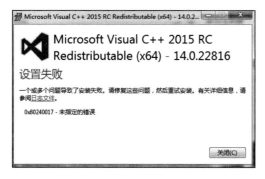
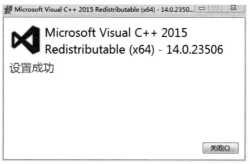

图 8.12　安装报错　　　　　　　　图 8.13　安装成功

此时在控制台中输入指令便可调用 MongoDB 了。

```
C:\Users\Administrator>cd/d C:\Program Files\mongodb\server\3.4\bin
C:\Program Files\MongoDB\Server\3.4\bin>mongod.exe
```

控制台会返回如下信息，信息中显示了 MongoDB 的启动过程，MongoDB 启动后会显示 MongoDB 的各组件的版本信息，然后显示初始化过程：

```
2017-06-25T16:54:46.025+0800 I CONTROL  [initandlisten] MongoDB starting : pid=1
1400 port=27017 dbpath=C:\data\db\ 64-bit host=WIN-HGIQAR7BD02
2017-06-25T16:54:46.026+0800 I CONTROL  [initandlisten] targetMinOS: Windows 7/W
indows Server 2008 R2
2017-06-25T16:54:46.026+0800 I CONTROL  [initandlisten] db version v3.4.5
2017-06-25T16:54:46.026+0800 I CONTROL  [initandlisten] git version: 520b8f3092c
48d934f0cd78ab5f40fe594f96863
2017-06-25T16:54:46.026+0800 I CONTROL  [initandlisten] OpenSSL version: OpenSSL
 1.0.1u-fips  22 Sep 2016
2017-06-25T16:54:46.026+0800 I CONTROL  [initandlisten] allocator: tcmalloc
2017-06-25T16:54:46.026+0800 I CONTROL  [initandlisten] modules: none
2017-06-25T16:54:46.026+0800 I CONTROL  [initandlisten] build environment:
2017-06-25T16:54:46.027+0800 I CONTROL  [initandlisten]     distmod: 2008plus-ss
l
2017-06-25T16:54:46.027+0800 I CONTROL  [initandlisten]     distarch: x86_64
2017-06-25T16:54:46.027+0800 I CONTROL  [initandlisten]     target_arch: x86_64
2017-06-25T16:54:46.027+0800 I CONTROL  [initandlisten] options: {}
2017-06-25T16:54:46.027+0800 I STORAGE  [initandlisten] exception in initAndList
en: 29 Data directory C:\data\db\ not found., terminating
2017-06-25T16:54:46.027+0800 I NETWORK  [initandlisten] shutdown: going to close
 listening sockets...
2017-06-25T16:54:46.028+0800 I NETWORK  [initandlisten] shutdown: going to flush
 diaglog...
2017-06-25T16:54:46.028+0800 I CONTROL  [initandlisten] now exiting
2017-06-25T16:54:46.028+0800 I CONTROL  [initandlisten] shutting down with code:
100
```

细心的读者应该注意到了，在初始化的过程中返回了一个错误信息 Data directory C:\data\db\ not found., terminating，之后 MongoDB 便被关闭。因为 MongoDB 默认将数据库文件存储在 C:\data\db\中，但是它自己又不会创建，所以这一步需要使用者自己来完成。

创建完该文件夹，在控制台输入 mongod 之后，重新打开另一个控制台窗口输入如下命令重新启动 MongoDB：

```
C:\Users\Administrator>cd/d C:\program files\mongodb\server\3.4\bin
C:\Program Files\MongoDB\Server\3.4\bin>mongo
```

控制台如果返回如下信息，说明 MongoDB 启动成功了：

```
MongoDB shell version v3.4.5
connecting to: mongodb://127.0.0.1:27017
MongoDB server version: 3.4.5
Server has startup warnings:
2017-06-25T20:21:11.331+0800 I CONTROL  [initandlisten]
2017-06-25T20:21:11.331+0800 I CONTROL  [initandlisten] ** WARNING: Access control is not enabled for the database.
2017-06-25T20:21:11.332+0800 I CONTROL  [initandlisten] ** Read and write access to data and configuration is unrestricted.
2017-06-25T20:21:11.333+0800 I CONTROL  [initandlisten]
2017-06-25T20:21:11.334+0800 I CONTROL  [initandlisten] Hotfix KB2731284 or later update is not installed, will zero-out data files.
2017-06-25T20:21:11.335+0800 I CONTROL  [initandlisten]
>
```

出现了一个警告：Access control is not enabled for the database，提示需要创建一个管理员才能消除这个警告（不创建也可以正常使用）。

为了方便启动 MongoDB 服务，可以将 MongoDB 添加到 Windows 服务中，代码如下：

```
C:\Program Files\MongoDB\Server\3.4\bin>mongod --install --serviceName MongoDB --serviceDisplayName MongoDB --logpath C:\log\MongoDB.Log --dbpath C:\data\db --directoryperdb
```

安装完成之后在 Windows 系统服务中看到 MongoDB，如图 8.14 所示。

图 8.14　将 MongoDB 添加到 Windows 服务中

接下来便可以方便地在控制台启动 MongoDB 服务（同样也可以在"计算机管理"→"服务"界面启动）：

```
C:\Users\Administrator>net start MongoDB
MongoDB 服务正在启动.
MongoDB 服务无法启动.

发生服务特定错误: 100.

请键入 NET HELPMSG 3547 以获得更多的帮助。
```

发生这个错误是因为 MongoDB 没有被正确关闭（因故障关闭或者被系统强制关闭），导致 MongoDB 被锁，只需进入 C:\data\db\文件夹，删除其中的 mongod.lock 和 storage.bson 文件。然后使用如下指令删除 MongoDB 服务：

```
C:\Program Files\MongoDB\Server\3.4\bin>mongod --remove --serviceName MongoDB
--serviceDisplayName MongoDB --logpath C:\log\MongoDB.Log --dbpath C:\data\db
-directoryperdb
```

再重新安装 MongoDB 服务，即可顺利启动。

8.2.3　MongoDB 基本语法

MongoDB 与 MySQL 的操作方法相似，只是语法不同。

1．基本操作

（1）显示所有数据库

代码如下：

```
> show dbs
admin            0.000GB
local            0.000GB
test             0.000GB
test_database    0.000GB
```

（2）选择数据库

代码如下：

```
> use test
switched to db test
```

（3）创建表

代码如下：

```
> show collections
```

```
foo
> db.createCollection("new")
{ "ok" : 1 }
> show collections
foo
new
```

(4)插入数据、显示数据

代码如下:

```
> db.new.insert({a:1,b:2})
WriteResult({ "nInserted" : 1 })
> db.new.find()
{ "_id" : ObjectId("59abedfe8d09df0d4521786e"), "a" : 1, "b" : 2 }
```

2. 查询语句

(1)条件查询

- 查询全部代码如下:

```
db.collection_name.find()
```

- 查询 a=1 的数据,代码如下:

```
db.collection_name.find({a:1})
```

- 查询 a=1 的数据中的 b 字段(这里的 1 表示 True)代码如下:

```
db.collection_name.find({a:1},{b:1})
```

(2)模糊查询

代码如下:

```
db.collection_name.find({a:/two/})
```

以上代码相当于 MySQL 中的%two%,用于匹配包含了 two 字符串的字段。

```
db.collection_name.find({a:/^two/})
```

以上代码相当于 MySQL 中的 two%,用于匹配以 two 字符串开头的字段。

(3)排序

- 升序排列,代码如下:

```
db.collection_name.find().sort({a:1})
```

- 降序排列,代码如下:

```
db.collection_name.find().sort({a:-1})
```

（4）统计（聚合查询）
- 求和，代码如下：

```
db.new.aggregate([{$group:{_id:"&a",num:{$sum:1}}}])
```

- 求平均值，代码如下：

```
db.new.aggregate([{$group:{_id:"&a",num:{$avg:1}}}])
```

8.2.4　使用 PyMongo 连接 MongoDB

在 Python 语言中借助 PyMongo 库可以很方便地操作 MongoDB，PyMongo 可以使用 pip 直接安装。

注意：需在开启 MongoDB 服务之后才能使用 PyMongo 对 MongoDB 数据库进行操作。

（1）连接数据库

代码如下：

```
import pymongo
client = pymongo.MongoClient('localhost',27017)
```

（2）打开数据库 test

代码如下：

```
db = client.test
或者db = client['test']
```

（3）打开数据表

代码如下：

```
new = db.collection
或者new = db['collection']
```

（4）插入数据

代码如下：

```
data = {'a':1}
new.insert(data)
ObjectId('59ac0247cf45712230a36f44')
data1 = [{'b':2},{'c':3}]
new.insert(data1)
```

```
[ObjectId('59ac026acf45712230a36f45'), ObjectId('59ac026acf45712230a36f46')]
```

（5）查询数据

代码如下：

```
for item in new.find():
    print(item)
    {'_id': ObjectId('59ac0247cf45712230a36f44'), 'a': 1}
{'_id': ObjectId('59ac026acf45712230a36f45'), 'b': 2}
{'c': 3, '_id': ObjectId('59ac026acf45712230a36f46')}
```

8.2.5　导入/导出 JSON 文件

1. 导入文件

MongoDB 的数据结构与 JSON 较为相似，JSON 数据可以很容易地导入到 MongoDB 中，代码如下：

```
c:\Program Files\MongoDB\Server\3.4\bin>mongoimport --host 127.0.0.1
--port 27017 --db testdb -c testcollection --type json test.json
2017-09-03T21:34:15.145+0800    connected to: 127.0.0.1:27017
2017-09-03T21:34:15.354+0800    imported 1 document
```

2. 导出文件

MongoDB 数据也可以导出为 JSON 文件，代码如下：

```
c:\Program Files\MongoDB\Server\3.4\bin>mongoexport --host 127.0.0.1
--port 27017 --db testdb --collection testcollection --out test.json
2017-09-03T21:36:30.426+0800    connected to: 127.0.0.1:27017
2017-09-03T21:36:30.470+0800    exported 1 record
```

Chapter 9 第 9 章

Python 文件读取

网络爬虫的目的是从网页中获取数据，然而现实生活中的数据并不只是来自 HTML 网页，数据文档也是一个重要的数据来源，其形式多种多样，如 CSV、JSON、DOC、PDF 文档等，本章将介绍如何利用 Python 从各类文档中获取信息。

本章主要知识点有：

- Python 文本文件读写：掌握 Python 基本 I/O 方法，学会读写文本文件。
- 其他数据格式读写：学会利用各种 Python 第三方库对文档进行读写。

9.1 Python 文本文件读写

Python 语言的文件读写操作秉承了其一贯的简洁风格，读取与写入文件都只需通过一个 open()函数即可完成。

1．读写格式

文件读写方式在 open()函数中指定：

```
open(name,mode,buffering)
```

其中：

（1）name 为文件的路径+文件名。

（2）mode 为读取模式，有如下参数值可选：

- r：打开只读文件，该文件必须存在，否则会报错。
- r+：打开可读写的文件，该文件必须存在，否则会报错。

- w：打开只写文件，若该文件存在则会擦除原内容；若文件不存在则建立该文件。
- w+：打开可读写文件，若该文件存在则擦除原内容；若文件不存在则建立该文件。
- a：以附加的方式打开只写文件。若文件不存在，则会建立该文件；若文件存在，写入的数据会被加到文件尾。
- a+：以附加方式打开可读写的文件。若文件不存在，则会建立该文件；若文件存在，写入的数据会被加到文件尾。
- 上述的形态字符串都可以再加一个 b 字符，如 rb、w+b 或 ab+等组合，加入 b 字符用来告诉函数库打开的文件为二进制文件，而非纯文字文件。

（3）buffering 用于控制文件缓冲，默认值为 0，即不缓冲；若修改为 1 则会有缓冲。

2．常用的文件读写函数

Python 中提供了一系列关于文件读写的函数及对象，使用起来非常方便。

（1）打开文件

使用 open()函数打开文件后会得到一个 file 对象：

```
f = open(filename,mode)
```

如图 9.1 所示，打开名为 test.txt 的文本文件，代码如下：

图 9.1 打开名为 test.txt 的文本文件

```
>>> f = open('I://test.txt','w+')
```

（2）关闭文件

```
f.close()
```

注意：若使用了 with 语句，文件会在退出 with 语句时自动关闭，无需库添加 close 操作。正常读写时，如果在调用 close()之前强行终止程序，由于此时写入内容尚在内存中，无法写入文件，会导致文件中没有内容。

（3）写入文件

```
f.write()
```

可以直接向文件中写入字符，write()函数会返回字符串的长度。

例如图 9.2 所示，将字符串写入 txt 文件，代码如下：

```
>>> f = open('I://test.txt','w+')
>>> f.write('how are you')
11
>>> f.close()
```

图 9.2 将字符串写入 txt 文件

（4）读取文件

```
f.read()
```

返回文件内容，可以设置读取的字节数，若不设置则返回所有内容；注意：每调用一次 read()函数都会移动文件中的光标位置，下次读取会从当前光标位置向后读取。例如：

```
>>> f = open('I://test.txt','r')
>>> f.read(2)
'ho'
>>> f.read()
'w are you'
```

（5）按行写入

```
f.writelines()
```

参数为一个包含每行数据的列表。例如：

```
>>> f = open('I://test.txt','a+')
>>> f.writelines(['what\n','why\n','when\n','how\n'])
>>> f.close()
```

结果如图 9.3 所示。

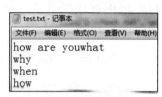

图 9.3　按行写入

（6）按行读取

```
f.readlines()
```

按行读取，并返回一个包含每行的列表。例如：

```
>>> f = open('I://test.txt','r')
>>> f.readlines()
['how are youwhat\n', 'why\n', 'when\n', 'how']
>>> f.close()
```

注意：readlines()函数和 read()函数相同，调用过一次之后，下次再调用便会从上次调用时读取到的最终点开始读取。

9.2　数据文件 CSV

CSV（Comma-Separated Values，即字符分隔值）是一种常见的数据文件，其中的数据以特定符号分隔（常用逗号），能够以纯文本形式存储表格数据。

CSV 因为是纯文本文件，所以也能用 Python 自带的 open()函数进行读写，但是因为 Python 语言中 CSV 文件使用非常频繁，Python 标准库中有专门的 CSV 库，使 CSV 文件的读写变得更加方便。

我们以如图 9.4 所示 CSV 文件为例，介绍几种操作模式。

图 9.4 CSV 文件实例

（1）常规读取（open()函数）

格式如下：

```
>>> with open('d://test.csv','r') as f:
...     print(f.readlines())
...
['FirstName,LastName,Age\n', 'Peter,Griffin,35\n', 'Glenn,Quagmire,33']
```

（2）使用 CSV 模块读取（CSV 模块可以直接读取二维列表）

代码如下：

```
>>> import csv
>>> with open('d://test.csv','r') as f:
...     data = csv.reader(f)
...     for line in data:
...         print(line)
...
['FirstName', 'LastName', 'Age']
['Peter', 'Griffin', '35']
['Glenn', 'Quagmire', '33']
```

（3）使用 CSV 模块写入（CSV 模块可以按行写入，也可以直接写入二维列表）

代码如下：

```
>>> import csv
>>> with open('d://test.csv','w') as f:
...     w = csv.writer(f)
...     w.writerow(['FirstName', 'LastName', 'Age'])
...     w.writerow(['Peter', 'Griffin', '35'])
...     w.writerows([1,1,1],[2,2,2])
...
```

输出结果如图 9.5 所示。

图 9.5 CSV 模块输出结果

从上例中不难看出，csv.reader()的返回对象为二维列表，对数据的分隔比 f.readlines()更加彻底，数据构成也更加明了，可以方便地调取 CSV 文件中的每一个数据。

9.3 数据交换格式 JSON

JSON 是 JavaScript 对象标记的简称，是一种轻量级的跨编程语言的数据交换格式，因为其易于被机器识别的特性，常被作为网络请求的返回数据格式。

在爬取动态网页时，会经常遇到 JSON 格式的数据，Python 有专门处理 JSON 数据的模块。

9.3.1 JSON 模块的使用

JSON 模块中最常用的函数有两个，分别是 json.dumps()和 json.loads()。

（1）json.dumps()函数

格式如下：

```
json.dumps(data)
```

其作用是将 Python 对象转换为 JSON 对象。例如下面这个小例子。

```
>>> import json
>>> data = {'a':1,'b':2,'c':3}
>>> j = json.dumps(data)
>>> j
'{"c": 3, "b": 2, "a": 1}'
```

（2）json.loads()函数

格式如下：

```
json.loads(data)
```

其作用是将 JSON 字符串转换为 Python 对象（字典对象）。例如，我们把上面的例子中的 JSON 字符串转换回去。

```
>>> json.loads(j)
{'c': 3, 'b': 2, 'a': 1}
```

下面介绍一个更复杂的例子。

【示例 9-1】请用 JSON 模块将 data 变量（包含列表、数字和字典的数组）转换成字符串并还原。

代码如下：

```
>>> data = [[1,2,3],123,123.123,'c',{'a':(1,2,3),'b':(4,5,6)},{'d':False}]
>>> j = json.dumps(data)
>>> j
'[[1, 2, 3], 123, 123.123, "c", {"b": [4, 5, 6], "a": [1, 2, 3]}, {"d":false}]'
>>> json.loads(j)
[[1, 2, 3], 123, 123.123, 'c', {'b': [4, 5, 6], 'a': [1, 2, 3]}, {'d': False}]
```

9.3.2 JSON 模块的数据转换

细心的读者应该注意到了，在上面的例中转换的过程中，部分数据发生了变化，元组变成了列表，False 变成了 false 之后又被还原，说明在转换过程中发生了数据类型的转变，其转换规律如表 9.1 和表 9.2 所示。

表 9.1 Python 对象转换 JSON 对象时数据类型变化

Python 对象	JSON 对象
dict	object
list，tuple	array
str，unicode	string
int，long，float	number
True	true
False	false
None	null

表 9.2 JSON 对象转换 Python 对象时数据类型变化

JSON 对象	Python 对象
object	dict
array	list
string	unicode
number（int）	int，long
number（real）	float
true	True
false	False
null	None

从表格中可以看到，元组在经过转换成 JSON 对象（dumps()）再从 JSON 对象转换成 Python 对象（loads()）之后不会被还原。所以在使用 JSON 模块时需要特别注意数据结构变化问题，元组的转换结果如下：

```
>>> a = (1,2,3)
>>> json.loads(json.dumps(a))
[1, 2, 3]
```

9.4 Excel 读写模块：xlrd

xlrd 是 Python 中最常用的 Excel 文件读写模块（第 1 章中讲述源代码安装第三方库时，用它举过例子，读者应该记得），可以使用 pip 安装，操作方法十分简单，下面将以图 9.6 所示的 Excel 文件为例，对 xlrd 的基本操作进行讲解。

	A	B	C	D
1	Id	Name	Age	Score
2	1	Tom	22	88
3	2	Jack	23	72
4	3	Rose	24	54
5	4	William	25	73
6	5	John	21	83
7	6	Tim	22	83
8	7	Leo	23	94
9	8	Mary	22	61
10	9	Kate	27	52
11	10	Robbins	21	71

图 9.6　Excel 文件示例

9.4.1　读取 Excel 文件

Python 语言中的 xlrd 库能够很方便地操作 Excel 文件，xlrd 对 Excel 的读取与修改主要依靠五级对象，分别是文件、工作表、行、列和单元格。下面介绍各级对象的操作方法。

（1）打开 Excel 文件

代码如下：

```
>>> import xlrd
>>> data = xlrd.open_workbook('D:/test.xlsx')
```

（2）获取 Excel 文件中的工作表（Excel 文件创建时会自动建立三个工作表）

代码如下：

```
>>> data.sheets()                    #获取Excel工作表
[<xlrd.sheet.Sheet object at 0x00000000027F2EB8>, <xlrd.sheet.Sheet object at 0x00000000027F9470>,
<xlrd.sheet.Sheet object at 0x00000000027F94A8>]
>>> table = data.sheets()[0]#通过索引来获取工作表
>>> table = data.sheet_by_name('Sheet1')#通过工作表名获取工作表
```

（3）获取行数和列数

代码如下：

```
>>> table.nrows
11
>>> table.ncols
4
```

（4）读取 Excel 表中行和列

代码如下：

```
>>> table.row_values(1)  #使用索引获取行
[1.0, 'Tom', 22.0, 88.0]
>>> table.col_values(2)  #使用索引获取列
['Age', 22.0, 23.0, 24.0, 25.0, 21.0, 22.0, 23.0, 22.0, 27.0, 21.0]
```

（5）读取单元格

代码如下：

```
>>> table.row_values(1)[1]   #返回单元格的值
'Tom'
>>> table.col_values(2)[3]   #返回单元格的值
24.0
>>> table.cell(1,1)          #返回单元格的数据类型与值
text:'Tom'
>>> table.cell(1,1).value    #返回单元格的值
'Tom'
```

9.4.2　写入 Excel 单元格

写入 Excel 单元格使用 table.put_cell(row,col,ctype,xf = 0)函数。

put_cell()函数中各参数意义分别为：

- row：行标；
- col：列表；
- ctype：类型，包括 0 empty，1 string，2 number，3 date，4 boolean，5 error；
- xf：扩展的格式化，默认为 0，非必需参数。

示例代码如下：

```
>>> table.put_cell(2,2,2,23,0)
>>> table.cell(2,2)
number:23
```

9.5　PowerPoint 文件读写模块：pptx

pptx 是用于读写 pptx 文件的库，可以实现绝大部分的 PowerPoint 操作，相当于 win32com（后文中将会介绍）的简化版。下面对 pptx 的读取和写入操作进行简单讲解。

9.5.1　读取 pptx

（1）读取文件

代码如下：

```
prs = Presentation(FileName)
```

（2）遍历所有页面的文字

Presentation 对象下有 slide（幻灯片页面）对象列表，而 slide 属性下有 shape（幻灯片中对象如标题、文本框等）属性列表，通过 shape 的 text 属性可以获取到 shape 中的文字。

代码如下：

```
for s in prs.slides:
    try:
        print(s.shapes.title.text)
    except:
        pass
    if s.shapes.placeholders:
        for p in s.shapes.placeholders:
            try:
                print(p.text)
            except:
                pass
```

9.5.2 写入 pptx

（1）创建幻灯片

pptx 中共由 9 种幻灯片版式，分别如下表 9.3 所示。

表 9.3　pptx 中的 9 种幻灯片版式

编号	版　式	备　注
0	Title (presentation title slide)	主标题+副标题
1	Title and Content	标题+文本框
2	Section Header (sometimes called Segue)	带备注的标题
3	Two Content (side by side bullet textboxes)	标题+下方两个文本框
4	Comparison (same but additional title for each side by side content box)	上边标题+下方两个带小标题的文本框
5	Title Only	只有标题
6	Blank	空白幻灯片
7	Content with Caption	左边带小标题的文本框+右边文本框
8	Picture with Caption	上边图片框+下边带有小标题的文本框

代码如下：

```
slide = prs.slides.add_slide(prs.slide_layouts[0])
```

（2）设置标题和副标题

代码如下：

```
title = slide.shapes.title
subtitle = slide.placeholders[1]  # 同样可以写入现有的文本框
title.text = "title"
subtitle.text = "subtitle"
```

(3) 添加文本框

代码如下：

```
textbox = slide.shapes.add_textbox(left, top, width, height)
tf = textbox.text_frame
tf.text = "This is text inside a textbox"
p = tf.add_paragraph()  # 添加段落
p.text = "New paragraph"
p.font.bold = True  # 加粗
p.font.size = Pt(40)  # 设置字号
```

(4) 添加图片

代码如下：

```
pic = slide.shapes.add_picture(img_path, left, top,width,height)
```

9.6　重要的数据处理库：Pandas 库

Pandas 是 Python 中最重要的数据处理库之一，其主要功能将在第 12 章介绍，本章主要介绍其读写文档的功能。Pandas 能读取的文档类别非常多，在 PyCharm 中输入 pandas.read_ 会出现读取函数列表（通常在代码中会通过 import pandas as pd 将 pandas 简写为 pd），如图 9.7 所示。

因为函数种类较多，本节只介绍其中常用的几个文件对象：CSV、JSON、HTML 和 SQL。read_excel()虽然使用的是 xlrd 库，但是调用语法与 read_csv()基本一致，所以不作单独介绍。

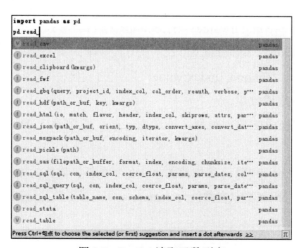

图 9.7　Pandas 读取函数列表

9.6.1 使用 pandas 库处理 CSV 文件

使用 pandas 处理 CSV 文件需要用到以下两个函数。

（1）pandas.read_csv()

该函数返回对象为 DataFrame，函数中参数众多，这里不一一列出，所有参数中只有一个是必备参数：filepath_or_buffer，这个参数可以是文件路径、网络地址、字符串或者任意含有 read()方法的对象（如 open()函数返回的文件对象）。其余参数均为有默认值的可选参数，常用的只有 sep:分隔符号，默认为逗号','。

（2）DataFrame.to_csv()

该函数用于将 DataFrame 数据输出到 CSV 文件中，其中也只有一个必选参数 path_or_buf，为输出的 CSV 文件路径，其默认值为 None，如果不指定该参数，函数会返回一个字符串。

另外还有两个常用可选参数：
- sep:分隔符号，默认为',';
- index：Boolean 类型参数，决定是否输出行号（或索引），默认值为 True，即输出行号。

9.6.2 使用 pandas 库处理 JSON 文件

因为 Pandas 内部并没有与 JSON 对应的数据结构，在读取 JSON 时，只能将 JSON 转换为 Series 或者 DataFrame，所以 JSON 文件的读取比 CSV 文件要复杂得多，常用的参数有以下 3 个。

（1）path_or_buf：文件路径、JSON 字符、网络地址均可。

（2）orient：JSON 字符串格式，其中 orient 的可选参数值对应的格式分别为：
- split：{index:[index],columns:[columns],data:[value]}形式的字典；
- records：[{column:value},…,{column:value}]形式的列表；
- index：{index:{column:value}}形式的字典；
- columns：{column:{index:value}}形式的字典；
- values：数值数组。

（3）type：要转换成的数据类型，可选为 series 和 frame，默认为 frame。

其中：
- series 对应的 orient 默认参数值为 index，可选参数值为 split/records/index；
- frame 对应的 orient 默认参数值为 columns，可选参数值为 split/records/index/columns/values。

下面对 series 和 frame 这两个 type 参数进行展示，分别举例说明在不同的 orient

参数下 pd.read_json()函数的作用效果。

1. series

假设要转化成的数据类型为 series，下面是不同的 orient 参数下，read_json()函数的转换结果。

（1）设置 index 参数值

```
>>> data = {'a':{'b':1,'c':2}}
>>> j = json.dumps(data)
>>> pd.read_json(j,orient='index',typ='series')
a    {'b': 1, 'c': 2}
dtype: object
```

（2）设置 split 参数值

```
>>> data = {'index':[1,2],'data':[[1,2]]}
>>> j = json.dumps(data)
>>> pd.read_json(j,orient='split',typ='series')
1    [1, 2]
2    [1, 2]
dtype: object
```

（3）设置 records 参数值

```
>>> data = [{'a':1},{'b':2},{'c':3}]
>>> j = json.dumps(data)
>>> pd.read_json(j,orient='records',typ='series')
0    {'a': 1}
1    {'b': 2}
2    {'c': 3}
dtypc: object
```

2. frame

假设要转化成的数据类型为 frame，下面是不同的 orient 参数下，read_json()函数的转换结果。

（1）设置 split 参数值

```
>>> data = {'columns':[1,2],'index':[1,2],'data':[[1,2],[2,3]]}
>>> j = json.dumps(data)
>>> pd.read_json(j,orient='split',typ='frame')
   1  2
1  1  2
2  2  3
```

（2）设置 records 参数值

```
>>> data = [{'a':1,'b':1,'c':1},{'a':2,'b':2,'c':2},{'a':3,'b':3,'c':3}]
>>> j = json.dumps(data)
```

```
>>> pd.read_json(j,orient='records',typ='frame')
   a  b  c
0  1  1  1
1  2  2  2
2  3  3  3
```

(3) 设置 index 参数值

```
>>> data = {'a':{'b':1,'c':2}}
>>> j = json.dumps(data)
>>> pd.read_json(j,orient='index',typ='frame')
   b  c
a  1  2
```

(4) 设置 columns 参数值

```
>>> data = {'a':{'b':1,'c':2}}
>>> j = json.dumps(data)
>>> pandas.read_json(j,orient='column',typ='frame')
   a
b  1
c  2
```

(5) 设置 values 参数值

```
>>> data = [[2,3,4],[2,1,1],[3,4,6]]
>>> j = json.dumps(data)
>>> pd.read_json(j,orient='values',typ='frame')
   0  1  2
0  2  3  4
1  2  1  1
2  3  4  6
```

而 to_json() 函数中的参数与 read_json() 相对应，可以将 DataFrame 和 Series 对象还原成 JSON 对象。

9.6.3　使用 Pandas 库处理 HTML 文件

使用 Pandas 中的 read_html() 函数前，需要先安装 html5lib 库。read_html() 函数的作用是获取网页中的表格对象，并将其转化为 DataFrame 返回。如果网页中没有表格，会出现 No tables found 报错：

```
>>> url = 'https://www.cnblogs.com/'
>>> r =requests.get(url)
>>> df = pandas.read_html(r.text)
Traceback (most recent call last):
```

```
  File "<stdin>", line 1, in <module>
  File "C:\Python34\lib\site-packages\pandas\io\html.py", line 896, in
read_html
    keep_default_na=keep_default_na)
  File "C:\Python34\lib\site-packages\pandas\io\html.py", line 733, in
_parse
    raise_with_traceback(retained)
  File "C:\Python34\lib\site-packages\pandas\compat\__init__.py", line
340, in raise_with_traceback
    raise exc.with_traceback(traceback)
ValueError: No tables found
```

【示例 9-2】用 read_html()将某二手房网站表格中的数据提取出来。

如某二手房网站中大量使用了表格（Table）存储数据，如图 9.8 所示。

编号	区域	物业	房屋地址	户型	装修	朝向	楼层	面积	价格	信息来源	更新时间
1404766	雨山区	住宅	雨山花山路与雨山路交叉口西北	4室2厅2卫	精装		6/6	95m²	75万	爱马房产	09-26 19:45
1404764	花山区	住宅	翡翠园三室二厅,小区中心位置	3室2厅2卫	简装		3/6	124m²	80万	爱马房产	09-26 19:32
1404759	花山区	住宅	3412牡丹园 学区精选	3室1厅1卫	中装	南	5/6	104m²	70万	和泰房产	09-26 19:30
1403853	雨山区	住宅	3000春晖家园多层景观房	3室2厅2卫	精装	南	4/6	133m²	115万	和泰房产	09-26 19:30
1404746	花山区	住宅	3492生化新村四楼中装	2室2厅1卫	毛坯	南	4/6	90m²	56万	和泰房产	09-26 19:29
1404763	雨山区	住宅	3471万达中央华城	2室2厅1卫	毛坯	南	18/33	93m²	65万	和泰房产	09-26 19:27

图 9.8 网页中表格

可以直接用 read_html()将表格中的数据提取出来，转换为 DataFrame。

具体代码如下：

```
>>> r.encoding = r.apparent_encoding    #将response对象编码设置为网页编码
>>> r.encoding                           #网页编码为GB2312
'GB2312'
>>> df = pd.read_html(r.text)
>>> df
[   价格 -万元    面积 -m\xb2    楼层 -    编号:    关键字:  ...]
read_sql()/to_sql()
```

9.6.4 使用 Pandas 库处理 SQL 文件

在 pandas 中，可以直接使用 read_sql()和 to_sql()进行数据的批量读写，pandas 会自动进行数据转换工作。

以读取 MySQL 数据库文件为例，首先要打开 MySQL 服务，然后使用 read_sql()调用 SQL 语句，读取数据，输入代码如下：

```
>>> import pandas
>>> import pymysql
>>> conn = pymysql.connect(host='localhost',user='username',password=
```

```
'password',db='t
est',charset='utf8')
>>> sql = 'SELECT * FROM table'
>>> df = pd.read_sql(sql,con=conn)
```

将数据导入到 MySQL 时需要用到 sqlalchemy 库创建数据库连接。

而如果使用 to_sql()函数，pandas 会自动为各个字段设定数据类型（通常为 text），省去了不少麻烦，代码如下：

```
>>> import pandas
>>> from sqlalchemy import create_engine
>>> conn = create_engine('mysql+pymysql://username:password@localhost:3306/test')
>>> df.to_sql(df,tablename,con=conn,if_exists='append')
```

9.7 调用 Office 软件扩展包：win32com

win32com 是 Python 调用 Office 软件的扩展包，用来操作 Excel、Word、PowerPoint 等 Office 软件。使用 win32com 能完成绝大部分对 Office 软件的操作，因篇幅问题，本节仅就几个有代表性的操作进行简述。

9.7.1 读取 Excel 文件

使用 win32com 读取 Excel 文件的步骤如下：

```
>>> import win32com
>>> from win32com.client import Dispatch,constants
```

（1）启动 Excel 服务

```
>>>e = win32.com.client.Dispatch('Excel.Application')
```

（2）打开文件

```
>>> book = e.Workbooks.Open(filename)
```

（3）打开工作表

```
>>> sheet = book.Worksheets(sheet)
```

（4）获取单元格数据

```
>>> a = sheet.Cells(row,col).Value
```

(5) 修改单元格数据

```
>>> sheet.Cells(row,col).Value = value
```

(6) 存档

```
>>> book.save(filename)
```

9.7.2 读取 Word 文件

读取 Word 文件步骤如下:

```
>>> import win32com
>>> from win32com.client import Dispatch,constants
```

(1) 启动 Word 服务

```
>>> w = win32.com.client.Dispatch('Word.Application')
```

(2) 打开文件

```
>>> doc = w.Documents.Open(filename)
```

(3) 获取 Range，即当前编辑范围，可以通过两个参数设定范围的首尾值，若不指定范围则默认编辑范围为直到文件末尾。

```
>>> range = doc.Range(start,end)
```

(4) 获取到 Range 之后，就可以开始编辑了。
① 在 Range 前输入:

```
>>> range.InsertBefore(content)
```

② 在 Range 后输入:

```
>>> range.InsertAfter(content)
>>> doc.PrintOut()#打印
```

9.7.3 读取 PowerPoint 文件

读取 PowerPoint 文件的步骤如下:

```
>>> import win32com
>>> from win32com.client import Dispatch,constants
```

(1)启动 PowerPoint 服务

```
>>>p = win32.com.client.Dispatch('PowerPoint.Application')
```

(2)打开文件

```
>>> ppt = p.Presentations.Open(filename)
```

(3)获取幻灯片页数

```
>>> slide = ppt.Slides.Count
```

(4)遍历幻灯片

```
>>> for i in range(1,slide+1):
#获取对象个数
...     shape = ppt.Slides(i).Shapes.Count
#遍历对象
...     for j in range(1,shape+1):
#获取对象中的文字
...         t = ppt.Slides(i).Shapes(j).TextFrame.TextRange.Text
...         print(t)
```

Slide 指每一页独立的幻灯片,Shapes 指 ppt 页面中的对象,如文本框、图片、形状等。

9.8 读取 PDF 文件

PDF(Portable Document Format,便携式文档格式)是由 Adobe Systems 用于与应用程序、操作系统、硬件无关的方式进行文件交换所发展出的文件格式。其在任何平台(如 Windows、Linux、Mac)、任何打印机中都能准确地展现原稿中的格式。正是凭借这一特性,PDF 被作为学术文献的默认格式(知网的 CAJ 格式除外)。

能够读取 PDF 文档的第三方库较多,较为常见的有 pdfminer 和 pypdf,本节选取 pdfminer 为例,进行 PDF 读取的讲解。

PDF 文件分为文字版、图片版和扫描版,其中最容易识别的为文字版,其次为图片版,最难识别的是扫描版。

9.8.1 读取英文 PDF 文档

选取一篇关于网络爬虫的文献《World Wide Web Crawler》,属于排版较简单的 PDF 文档,如图 9.9 所示。

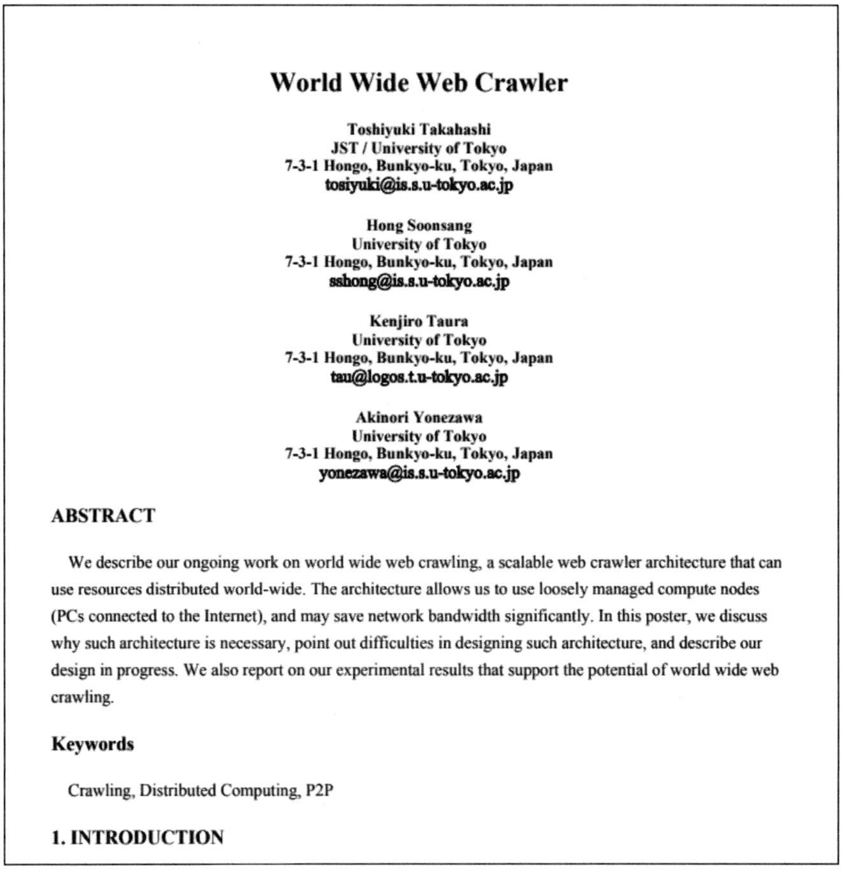

图 9.9 英文 PDF 文档

将之命名为 paper.pdf，下面将使用 pdfminer 读取该文献。
代码如下：

```
01: from io import StringIO
02: from pdfminer.pdfinterp import PDFResourceManager, PDFPageInterpreter
03: from pdfminer.converter import TextConverter
04: from pdfminer.layout import LAParams
05: from pdfminer.pdfpage import PDFPage
06: def convert_pdf_2_text(path):
07:     rsrcmgr = PDFResourceManager()
08:     retstr = StringIO()
09:     device=TextConverter(rsrcmgr, retstr, codec='utf-8', laparams=
        LAParams())
10:     interpreter = PDFPageInterpreter(rsrcmgr, device)
11:     with open(path, 'rb') as fp:
12:         for page in PDFPage.get_pages(fp, set()):
13:             interpreter.process_page(page)
14:         text = retstr.getvalue()
15:     device.close()
16:     retstr.close()
```

```
17:     return text
18: print(convert_pdf_2_text('paper.pdf'))
```

结果如下:

```
World Wide Web Crawler
World Wide Web Crawler
Toshiyuki Takahashi
JST / University of Tokyo
7-3-1 Hongo, Bunkyo-ku, Tokyo, Japan
tosiyuki@is.s.u-tokyo.ac.jp
Hong Soonsang
University of Tokyo
7-3-1 Hongo, Bunkyo-ku, Tokyo, Japan
sshong@is.s.u-tokyo.ac.jp
Kenjiro Taura
University of Tokyo
7-3-1 Hongo, Bunkyo-ku, Tokyo, Japan
tau@logos.t.u-tokyo.ac.jp
Akinori Yonezawa
University of Tokyo
7-3-1 Hongo, Bunkyo-ku, Tokyo, Japan
yonezawa@is.s.u-tokyo.ac.jp
ABSTRACT
We describe our ongoing work on world wide web crawling, a scalable web
crawler architecture that can use resources distributed world-wide. The
architecture allows us to use loosely managed compute nodes (PCs connected to
the Internet), and may save network bandwidth significantly. In this poster,
we discuss
    why such architecture is necessary, point out difficulties in designing
such architecture, and describe our design in progress. We also report on our
experimental results that support the potential of world wide web crawling.
    Keywords
Crawling, Distributed Computing, P2P
```

通过结果可以看到,读取效果相当好,没有发现错误。

9.8.2 读取中文 PDF 文档

中文 PDF 文档的识别效果如何呢,以一篇同样排版简单、无分栏的文献《网络爬虫技术的研究》为例,其文本内容如图 9.10 所示。

```
ISSN 1009-3044
Computer Knowledge and Technology电脑知识与技术
Computer Knowledge and Technology电脑知识与技术
Vol.6,No.15, May 2010, pp.4112-4115
网络爬虫技术的研究
孙立伟，何国辉，吴礼发
E-mail: kfyj@cccc.net.cn
第 6 卷第 15 期 (2010 年 5 月)
http://www.dnzs.net.cn
Tel:+86-551-5690963 5690964
解放军理工大学 指挥自动化学院
江苏 南京，210007）
(
     摘要：网络信息资源的迅猛增长使得传统搜索引擎已经无法满足人们对有用信息获取的要求，作
为搜索引擎的基础和重要组成部分，网络爬虫的作用显得尤为重要，该文介绍了网络爬虫的基本概念、
爬行 Web 面临的困难及应对措施，其次从体系结构、爬行策略和典型应用等方面研究了通用网络爬
虫、聚焦网络爬虫、增量式网络爬虫和深层网络爬虫四种常见网络爬虫，最后指出了进一步工作的发
展方向。
     关键词：搜索引擎；网络爬虫
     中图分类号：TP393
     文章编号：1009-3044(2010)15-4112-04
     文献标识码：A
```

可以看到，中文 PDF 文档的识别效果也很好，只是有分栏的地方处理不太好。对于 PDF 文档分栏，pdfminer 中也设计了专门的应对方法，读者可自行了解，不再赘述。

9.8.3 读取扫描型 PDF 文档

上面两篇 PDF 文档文字都很清晰，应该是电子版文档如 Word 转化而得的 PDF 文件，但是有些年代较为久远的文献，是由扫描图片转化而来的 PDF 文件，用 pdfminer 识别效果就不太好了，以一篇 1998 年的论文《计算机网络上数字传输的版权问题研究》为例，文档内容如图 9.11 所示。

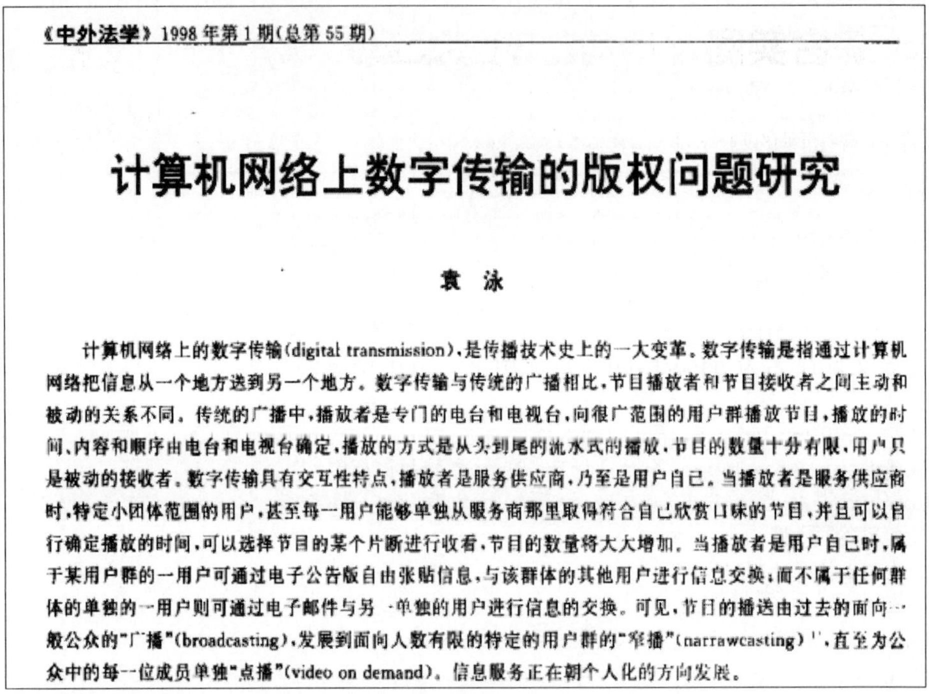

《中外法学》1998 年第 1 期(总第 55 期)

计算机网络上数字传输的版权问题研究

袁 泳

计算机网络上的数字传输(digital transmission),是传播技术史上的一大变革。数字传输是指通过计算机网络把信息从一个地方送到另一个地方。数字传输与传统的广播相比,节目播放者和节目接收者之间主动和被动的关系不同。传统的广播中,播放者是专门的电台和电视台,向很广范围的用户群播放节目,播放的时间、内容和顺序由电台和电视台确定,播放的方式是从头到尾的流水式的播放,节目的数量十分有限,用户只是被动的接收者。数字传输具有交互性特点,播放者是服务供应商,乃至是用户自己。当播放者是服务供应商时,特定小团体范围的用户,甚至每一用户能够单独从服务商那里取得符合自己欣赏口味的节目,并且可以自行确定播放的时间,可以选择节目的某个片断进行收看,节目的数量将大大增加。当播放者是用户自己时,属于某用户群的一用户可通过电子公告版自由张贴信息,与该群体的其他用户进行信息交换;而不属于任何群体的单独的一用户则可通过电子邮件与另一单独的用户进行信息的交换。可见,节目的播送由过去的面向一般公众的"广播"(broadcasting),发展到面向人数有限的特定的用户群的"窄播"(narrawcasting)'',直至为公众中的每一位成员单独"点播"(video on demand)。信息服务正在朝个人化的方向发展。

图 9.11 扫描型 PDF 文档

从图中可以看出，这篇文献年代久远，文字不甚清晰，明显属于扫描型 PDF，可以预见的是此文虽然文字排版简单，但因为文字模糊，必定识别效果很差，使用 pdfminer 识别结果如下：

```
Traceback (most recent call last):
  File "D:/Book/Chapter09/pdf_to_text.py", line 18, in <module>
    print(convert_pdf_2_text('paper2.pdf'))
  File "D:/Book/Chapter09/pdf_to_text.py", line 12, in convert_pdf_2_text
    for page in PDFPage.get_pages(fp, set()):
  File "C:\Python34\lib\site-packages\pdfminer\pdfpage.py", line 129, in
  get_pages
   doc = PDFDocument(parser, password=password, caching=caching)
  File "C:\Python34\lib\site-packages\pdfminer\pdfdocument.py", line 585,
  in __init__
   raise PDFSyntaxError('No /Root object! - Is this really a PDF?')
pdfminer.pdfparser.PDFSyntaxError: No /Root object! - Is this really a PDF?
```

可以看到，对于这种文档，pdfminer 是毫无办法，效果低出我们的预期，甚至发出疑问：Is this really a PDF?，所以要从该 PDF 文件提取数据，有两个思路：

（1）将其转换成图片之后，可以使用第 6 章讲到过的 Tesseract-OCR 识别图片中的文字，训练之后识别效果更佳。

（2）将 PDF 文件转换为 DOC 文档之后再进行提取，网络上有很多能够实现 PDF 文件转 DOC 文档的工具。

9.9　综合实例：自动将网络文章转化为 PPT 文档

在日常上网的过程中，如果看到质量较高的文章，读者可能会收藏或者以 html 和 word 的形式保存到本地，但是这样不方便查看与分享，如果能以 pptx 的形式保存下来，以后重新翻阅的话，思路也会清晰得多。

在这个实例中，我们将要介绍如何爬取博客文章内容，并自动转化成 pptx 形式保存到本地。实例中需要用到操作 PowerPoint 的第三方 Python 库：python-pptx（官方文档地址：http://python-pptx.readthedocs.io/en/latest/）。

注意：使用 win32com 也可以完成这项任务，但是 win32com 没有 Python 的 API 文档，并且用户量非常小，遇到问题难以通过搜索引擎找到解决方案。

1. 实例思路

（1）通过多条件筛选按顺序爬取文章中的标题、正文、图片等元素。

（2）遍历获取到的元素列表。

- 如果是标题就新建一个标题+文本框的幻灯片，将标题添加到标题栏中；
- 如果是正文，就添加到文本框中；
- 如果是图片，先将图片下载到本地，新建一个空白幻灯片，将图片添加到该幻灯片中。

2. 具体实现

待爬取的文章如下图 9.12 所示，可以看到这里选取了一篇带有两级标题，并同时配有文字和图片的文章，此类文章爬取较为简单，具体原理不再赘述。

项目完整代码如下：

```
frompptx import Presentation
frompptx.util import Inches,Pt
import requests as req
import re
fromlxml import html
fromurllib.request import urlretrieve
headers = {
    'User-Agent': 'Mozilla/5.0 (Windows NT 6.1; Win64; x64) AppleWebKit/537.36 (KHTML, like Gecko) Chrome/67.0.3396.87 Safari/537.36',
```

```python
}
r = req.get("https://www.jianshu.com/p/2ff1ead2249a",headers=headers)
tree = html.fromstring(r.text)
content = tree.xpath('//h1|//h2|//h4|//p|//img/@data-original-src')

prs = Presentation("H:/learning_notes/make_ppt_by_python/example.pptx")

# 创建封面ppt
slide = prs.slides.add_slide(prs.slide_layouts[0]) # slide_layouts[0] 为
带有正标题和副标题的幻灯片
title = slide.shapes.title
subtitle = slide.placeholders[1]
title.text = content[0].text # content 中第一个元素是 h1 标题
subtitle.text = 'dalalaa'

slide1 = prs.slides.add_slide(prs.slide_layouts[1]) # slide_layouts[1] 为
带有标题和文本框的幻灯片
title1 = slide1.shapes.title
textbox = slide1.placeholders[1]
title1.text = "简介"
textbox.text = content[1].text + content[2].text
left = Inches(1)
top = Inches(1)
width = Inches(8)
height = Inches(5)
for i,c in enumerate(content[3:-12]):
    try:
        # 如果是二级标题，则创建新的标题+文本框页
        if '</h2>' in html.tostring(c).decode('utf-8'):
            slide = prs.slides.add_slide(prs.slide_layouts[1])
            title = slide.shapes.title
            title.text = c.text
        # 如果是四级标题，则创建新的标题+文本框页
        elif '</h4>' in html.tostring(c).decode('utf-8'):
            slide = prs.slides.add_slide(prs.slide_layouts[1])
            title = slide.shapes.title
            title.text = c.text
        # 如果是正文，则添加到文本框中
        elif '</p>' in html.tostring(c).decode('utf-8'):
            try:
                textbox = slide.placeholders[1]
            except:
                slide = prs.slides.add_slide(prs.slide_layouts[1])
                textbox = slide.placeholders[1]
            textbox.text += c.text
    except Exception as e:
        # 网页中可能会有一些无关图片，所以在插入图片前需要检查
        if 'upload' in c:
            filename = "H:/learning_notes/make_ppt_by_python/" + str(i) + ".jpg"
            urlretrieve("http:" + c,filename=filename)
            slide = prs.slides.add_slide(prs.slide_layouts[6])
            pic = slide.shapes.add_picture(filename, left, top,width,height)
```

```
        else:
            pass
prs.save("H:/learning_notes/make_ppt_by_python/example.pptx")
```

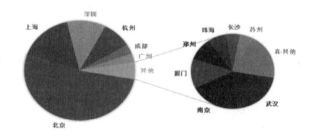

图 9.12　待爬取文章

Chapter 10 第 10 章

通过 API 获取数据

API（Application Programming Interface）即应用程序编程接口，里面包含了一些预定义的函数，这一章主要介绍能获取数据的免费 API，通过 API 获取数据虽不如自编网络爬虫自由，但却更加方便、快捷。

本章主要知识点有：
- 免费数据接口包 TuShare：学会利用 TuShare 获取财经数据。
- 新浪微博 API 和百度地图 API：学会申请与使用常见 API。
- 数据网站：学会获取官方统计数据。

10.1 免费财经 API——TuShare

TuShare 是一个专门针对 Python 语言的开源财经数据接口包，可以通过 pip 安装，其返回的数据为 DataFrame 格式，便于使用 Numpy、Pandas、Matplotlib 进行处理，也可以保存到本地文件用于 Excel 或 Tableau 处理，为金融分析人员提供了极大的便利。

TuShare 能够获取各类财经数据，接下来介绍如何使用 TuShare 获取股票交易、宏观经济和电影票房数据。

10.1.1 获取股票交易数据

1. 获取历史交易数据

获取历史行情，代码如下：

```
get_hist_data(code,start,end,ktype,retry_count,pause)
```

其中各参数含义如下：

- code 为 6 位数股票代码或者指数代码（sh=上证指数，sz=深圳成指，hs300=沪深 300 指数，sz50=上证 50，zxb=中小板，cyb=创业板）。
- start 为开始时间，格式 YYYY-MM-DD。
- end 为结束时间，格式同上。
- ktype 为 K 线类型，ktype 值默认为 D，即日 k 线，另外 W=周、M=月、5=5min。
- retry_count 为网络异常后重试次数，默认为 3 次。
- pause 为重试时停顿秒数，默认为 0。

【示例 10-1】获取某股票 2017 年 8 月份的周 K 线数据。

代码如下：

```
import tushare
k = tushare.get_hist_data('600019','start='2017-08-01',end='2017-09-01',
ktype='W',retry_count=3,pause=0)print(k)
```

结果（date 为每周五）：

```
date        open   high   close  low    volume       price_change  p_change  \
2017-09-01  7.99   8.90   8.57   7.81   9613943.0           0.49      6.06
2017-08-25  7.87   8.35   8.08   7.81   5761172.0           0.26      3.33
2017-08-18  7.78   8.09   7.82   7.53   5785401.5           0.11      1.43
2017-08-11  8.43   8.98   7.71   7.61  13103908.0          -0.39     -4.82
2017-08-04  7.19   8.45   8.10   7.17   9697153.0           0.98     13.76
date        ma5    ma10   ma20      v_ma5       v_ma10      v_ma20   turnover
2017-09-01  8.056  7.579  6.917  8792315.5   6968334.40  4755432.61     4.35
2017-08-25  7.766  7.368  6.816  7972621.4   6296733.50  4451833.86     2.61
2017-08-18  7.646  7.198  6.746  8049297.8   6010356.25  4280929.68     2.62
2017-08-11  7.518  7.065  6.681  7881360.4   5675444.30  4106193.49     5.93
2017-08-04  7.380  6.930  6.624  6266208.8   4534292.59  3612012.58     4.39
```

其结果中参数意义如表 10.1 所示[1]。

---

[1] http://tushare.org/trading.html#id2

表 10.1 周 K 线数据参数意义

参 数	意 义
date	日期
open	开盘价格
high	最高价格
close	收盘价格
low	最低价格
volume	成交量
price_change	价格变化值
p_change	涨跌幅
ma5	5 日平均价格
ma10	10 日平均价格
ma20	20 日平均价格
v_ma5	5 日平均交易量
v_ma10	10 日平均交易量
v_ma20	20 日平均交易量
turnover	换手率（若 code 使用指数则无此项数据）

可以直接使用 DataFrame 语法调用任意参数或保存：

```
print(k['ma5'])
k.to_csv('hist_data.csv')#保存为CSV文件
```

结果如下：

```
date
2017-09-01    8.056
2017-08-25    7.766
2017-08-18    7.646
2017-08-11    7.518
2017-08-04    7.380
```

2．获取实时交易数据

（1）获取某个股票以往交易历史的分笔数据明细
代码如下：

```
tushare.get_tick_data(code,date,retry_count,pause)
```

（2）获取股票当前报价与成交信息
代码如下：

```
tushare.get_realtime_quotes(code)
```

（3）获取成交量 vol 大于某阈值（默认 400）的大单交易数据

代码如下:

```
tushare.get_sina_dd(code,date,vol,retry_count,pause) #数据来自新浪财经
```

(4) 获取当前交易所所有股票今日行情数据
代码如下:

```
tushare.get_today_all()
```

(5) 实时获取大盘行情
代码如下:

```
tushare.get_index()
```

TuShare 还包含了股票投资参考数据、股票分类数据、基本面数据等股票相关信息获取功能，有兴趣的读者可以自行上 TuShare 官网查看（http://tushare.org）。

10.1.2 获取宏观经济数据

对股票及金融数据的研究仅凭历史交易数据是远远不够的，必须结合时事动态进行关联分析。

1. 获取即时新闻

通过 TuShare 可以从新浪财经快速获取财经、证券、外汇等多方面的即时新闻。
格式如下:

```
hare.get_latest_news(top,show_content)
```

其中:
- top：显示最新消息的条数；
- show_content:是否显示新闻内容，默认为 False；

示例代码如下:

```
import tushare
tushare.get_latest_news(top=10,show_content=True)
```

结果:

```
   classify                    title              time    \
0       美股      欧洲央行执委Praet：仍然需要大量的刺激措施  09-16 15:50
1       美股    英媒关注中国推广乙醇汽油:减少碳排放改善空气污染  09-16 15:46
2       美股           美媒：旧金山超过华盛顿成美国最富区  09-16 15:36
                                               url  \
```

```
0  http://finance.sina.com.cn/stock/usstock/c/201...
1  http://finance.sina.com.cn/stock/usstock/c/201...
2  http://finance.sina.com.cn/stock/usstock/c/201...
                                          content
0  新浪美股讯 北京时间16日彭博报道,欧洲央行执行委员会成员Peter Praet...
1  英媒关注中国推广乙醇汽油:减少碳排放 改善空气污染\n参考消息网9月...
2  参考消息网9月16日报道   美媒称,技术枢纽旧金山2016年超过美国首...
```

2．获取信息地雷

信息地雷即与当前股票相关的重要新闻,不同的资讯商可能会提供不同的信息地雷。代码格式如下:

```
tushare.get_notices(code,date)
```

3．获取新浪消息

获取新浪财经股吧首页的重点消息,数量约 17 条,代码如下:

```
tushare.guba_sina(show_content)
```

4．利用词云分析近期重要财经信息

"词云"就是对网络文本中出现频率较高的"关键词"予以视觉上的突出,形成"关键词云层"或"关键词渲染",从而过滤掉大量的文本信息,使浏览网页者只要一眼扫过文本就可以领略文本的主旨[2]。

wordcloud 是 Python 中用于制作词云的第三方库,能快速从字符串中提取词频信息并绘制词云图。

jieba 是一个中文分词库,可以将字符串中的中文分割成词组列表。

注意:

① 读者可以尝试使用 wordcloud 绘制精美的图片。

② wordcloud 自带分词功能,不使用 jieba 也能制作词云。

③ 代码中的无用词汇列表可以使用制作好的 stopwords 词典。

下面我们试着制作一个新浪的新闻词云,代码如下:

```
01: import tushare as ts
02: from wordcloud import WordCloud
03: import matplotlib.pyplot as plt
04: import re
05: import jieba
06: df = ts.get_latest_news(top=200,show_content=True)
07: c = df['content'].astype('str')#将content内容全部转换为字符串
08: a = list(c)
09: b = ' '.join(a)#转换成字符串
10: jie = jieba.cut(b)#jieba分词切割成数组
```

---

[2] 人民网 http://media.people.com.cn/GB/22100/61748/61749/4281906.html

```
11: jiebaList = ' '.join(jie)#转换成字符串
12: font = r'c:\Windows\Fonts\STFANGSO.TTF'#设置字体,不设置会出现中文乱码
13: d = ['以下简称','今','截至发稿','行情来源','新浪财经讯','消息','新浪港股讯
    ','一方面','数据显示',…,]#无用词汇列表
14: jiebaList = re.sub('|'.join(d),'',jiebaList)
15: my_word = WordCloud(background_color='white',font_path=font,max_
    font_size=30,max_words=2000).generate(jiebaList)
16: plt.imshow(my_word)
17: plt.axis("off")
18: plt.show()
19: my_word.to_file('1.jpg')
```

最终结果如图 10.1 所示，可以直观地从图中看到最近 200 条新闻中的主要信息，对于出现频繁的词汇如 "一带一路"、"北京"、"钢铁" 可以有目的性地搜索了解。

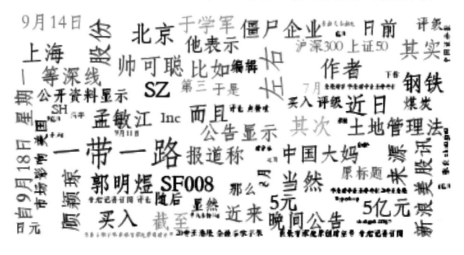

图 10.1　新浪新闻词云

10.1.3　获取电影票房数据

TuShare 提供了电影票房接口，通过调用几个简单的函数，可将近期热门电影资讯一览无遗，数据来源为 CBO 中国票房。

1. 获取正在上映电影的实时票房排行数据

调用如下函数可获取正在上映电影的实时票房排行数据：

```
tushare.realtime_boxoffice()
```

数据包括实时票房、排名、电影名、电影占比、上映天数、累计票房、获取时间。于 2017 年 9 月 16 日获取的票房数据如下，已经上映 52 天的《战狼 2》票房已经达到了惊人的 56 亿元。

```
     BoxOffice   Irank    MovieName    boxPer  movieDay  sumBoxOffice  \
0    10022.89        1    猩球崛起3: 终极之战  60.64         2      23201.88
1     3083.00        2    蜘蛛侠: 英雄归来   18.65         9      63987.04
```

```
2      1418.66      3        刀剑神域：序列之争    8.58        2       2634.54
3       867.60      4        看不见的客人         5.25        2       1572.76
4       236.39      5        敦刻尔克             1.43       16      32983.63
5       212.00      6        战狼2                1.28       52     564189.80
6       186.81      7        昆塔：反转星球       1.13      -14        186.81
7       176.47      8        会痛的十七岁         1.07        2        450.89
8        73.74      9        声之形               0.45        9       4246.68
9        73.52     10        赛车总动员3：极速挑战 0.44       23      13571.67
10      177.89     11        其它                 1.00        0          0.00
                                 time
0    2017-09-16 17:52:41
1    2017-09-16 17:52:41
2    2017-09-16 17:52:41
3    2017-09-16 17:52:41
4    2017-09-16 17:52:41
5    2017-09-16 17:52:41
6    2017-09-16 17:52:41
7    2017-09-16 17:52:41
8    2017-09-16 17:52:41
9    2017-09-16 17:52:41
10   2017-09-16 17:52:41
```

2．获取某日票房统计

Tushare 除获取即时票房数据外，还能查询到任意日期的历史票房数据。调用函数如下：

```
tushare.day_boxoffice(date)  #如果不指定date则返回上一日数据
```

3．获取某月票房统计

调用如下函数可获取某月票房统计：

```
tushare.month_boxoffice(date)  #如果不指定date则返回上一月数据
```

因为一部电影上映时间跨度较大，月度票房统计提供了更加宏观的数据，为对比电影票房提供了便利。

10.2 新浪微博 API 的调用

TuShare 能够获取的数据类别有限，实际工作中只依靠 TuShare 作为数据源显然是不够的，然而并非所有 API 都像 TuShare 这样简单易用，很多大型互联网公司为软件开发者开放了一些免费数据 API，但是需要注册账号并申请使用权限，本节将以新浪微博 API 为例，讲解申请并使用数据 API 的基本流程。

10.2.1 创建应用

打开微博开放平台（http://open.weibo.com/）。

(1)单击"微连接"选项(个人用户只能创建微连接应用,不能创建微服务应用),在下拉菜单中任意选择一种应用(创建应用只是为了获得 App Key 和 App Secret),这里选择"移动应用"选项,进入如图 10.2 所示界面。

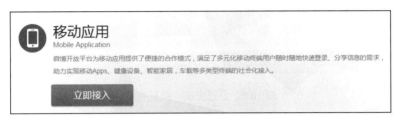

图 10.2 选择"移动应用"

(2)单击图 10.2 中的"立即接入"按钮,弹出提示框选择继续创建,系统会要求完善个人信息,如图 10.3 所示。

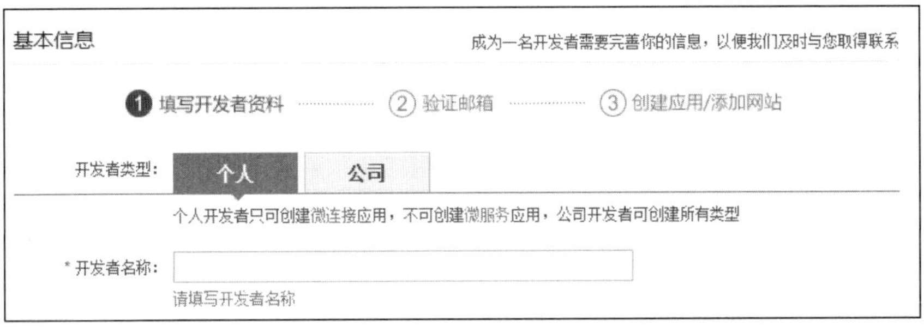

图 10.3 完善基本资料

(3)填写完基本资料之后,新浪微博会要求验证邮箱,验证之后进入"创建新应用"界面,如图 10.4 所示,填写应用名称,应用名称可任意取。

图 10.4 创建新应用

(4)填写完毕之后,应用便创建成功了,接下来会提示需要申请审核,此时 App Key 和 App Secret 已经分配,所以无需审核也能使用,如图 10.5 所示。

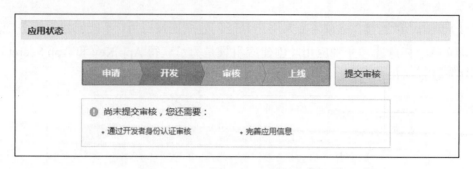

图 10.5　创建完成、跳过审核

（5）如图 10.6 所示，在"应用信息"中选择"高级信息"选项，将"授权回调页"和"取消授权回调页"设置为 https://api.weibo.com/oauth2/default.html。

图 10.6　设置回调页面

注意：App Key 和 App Secret 可以在"应用信息"→"基本信息"选项下查看。

10.2.2　使用 API

首先要下载新浪微博 SDK（Software Development Kit，即软件开发工具包），若 Python 版本为 2.x，可以直接用 pip 安装 sinaweibopy。但是本书中所有代码均为 Python 3.x，新浪微博对 Python 3.x 并没有给出官方 SDK，所以访问 API 的细节工作需要自行完成。

以读取用户微博（statuses/user_timeline）API 为例，帮助文档地址为 http://open.weibo.com/wiki/2/statuses/user_timeline，打开该地址获取到表 10.2 所示信息。

表 10.2　新浪微博请求参数列表

信　　息	参　数　值		
URL	https://api.weibo.com/2/statuses/user_timeline.json		
返回格式	JSON		
HTTP 请求方式	GET		
是否需要登录授权	是		
请求参数	必选	类型及范围	说明
access_token	true	string	采用 OAuth 授权方式为必填参数，OAuth 授权后获得
uid	false	int64	需要查询的用户 ID（不登录则返回当前授权用户数据）

续表

信 息	参 数 值		
screen_name	false	string	需要查询的用户昵称
since_id	false	int64	若指定此参数，则返回 ID 比 since_id 大的微博（即比 since_id 时间晚的微博），默认为 0
max_id	false	int64	若指定此参数，则返回 ID 小于或等于 max_id 的微博，默认为 0
count	false	int	单页返回的记录条数，最大不超过 100，超过 100 以 100 处理，默认为 20
page	false	int	返回结果的页码，默认为 1
base_app	false	int	是否只获取当前应用的数据。0 为否（所有数据），1 为是（仅当前应用），默认为 0
feature	false	int	过滤类型 ID，0：全部，1：原创，2：图片，3：视频，4：音乐，默认为 0
trim_user	false	int	返回值中 user 字段开关，0：返回完整 user 字段，1：user 字段仅返回 user_id，默认为 0

要使用此 API 必须要有 access_token 参数，此参数只有在获取授权之后才能得到。主要操作步骤如下：

1．获取 code

引导用户到如下地址：

```
https://api.weibo.com/oauth2/authorize?client_id=YOUR_CLIENT_ID&response_type=code&redirect_uri=YOUR_REGISTERED_REDIRECT_URI
```

将其中的 YOUR_CLIENT_ID 和 YOUR_REGISTERED_REDIRECT_URI 分别用自己的 App Key 和回调地址替换，单击网址进入图 10.7 所示界面。

图 10.7　微博授权界面

输入微博账号密码，单击"登录"按钮即可完成授权，此时的网页地址为 https://api.weibo.com/oauth2/default.html?code=de4852d5e642460e10309f63f9089c82，复制其中

的 code 参数备用。

注意：code 为动态参数，每次调用 API 都会变化，读者可以尝试使用第 4 章中的 Selenium 自动获取认证后的 code 值。

2. 获取 access_token 参数

使用 requests 构建 post 请求代码如下：

```
AccessToken_url = 'https://api.weibo.com/oauth2/access_token?client_id=%s\
&client_secret=%s\
&grant_type=authorization_code\
&redirect_uri=%s\
&code=%s' % (Appid,Appsecret,redirect_uri,code)
response = requests.post(AccessToken_url)
print(response.content)
```

返回的 response 内容如下：

```
b'{"access_token":"2.009q5mhC0E8N6e335e21cbda0NAZ2V","remind_in":"157679999","expires_in":157679999,"uid":"2479183364","isRealName":"false"}'
```

3. 调用 API

在获取到 access_token 之后即可使用 requests.get()访问新浪微博 API 代码如下：

```
api_url = 'https://api.weibo.com/2/statuses/user_timeline.json'
s = requests.get(api_url,params={'access_token':eval(r.content)['access_token']})
print(s.text)
```

返回 JSON 格式微博数据如下：

```
{"statuses":[{"created_at":"Fri Mar 11 22:23:52 +0800 2016","id":3951968730882186,"mid":"3951968730882186","idstr":"3951968730882186","text":"《日渐崩坏的世界》真的很不错!http://t.cn/R7up01j ","textLength":49,"source_allowclick":0,"source_type":1,"source":"<a href=\"http://app.weibo.com/t/feed/6F3TBS\" rel=\"nofollow\">有妖气漫画客户端</a>","favorited":false,"truncated":false,"in_reply_to_status_id":"","in_reply_to_user_id":"","in_reply_to_screen_name":"","pic_urls":[{"thumbnail_pic":"http://ww1.sinaimg.cn/thumbnail/8b05b8efjw1f1tafgfvluj205u07paaa.jpg"}],"thumbnail_pic":"http://ww1.sinaimg.cn/thumbnail/8b05b8efjw1f1tafgfvluj205u07paaa.jpg","bmiddle_pic":"http://ww1.sinaimg.cn/bmiddle/8b05b8efjw1f1tafgfvluj205u07paaa.jpg","original_pic":"http://ww1.sinaimg.cn/large/8b05b8efjw1f1tafgfvluj205u07paaa.jpg","geo":null,"is_paid":false,"mblog_vip_type":0,"user":{"id":2479183364,"idstr":"2479183364","class":1,"screen_name":"呀-哈","name":"呀-哈","province":"43","city":"1","location":"湖南 长沙","description":"","url":" ","profile_image_url":"http://tva2.sinaimg.cn/crop.0.0.180.180.50/93c55604jw1e8qgp5bmzyj2050050aa8.jpg","profile_url":"u/2479183364","domain":"",…}
```

按以上步骤便完成了微博 API 的调用，借助此 API 能快速获取指定用户发布的微博数据。经验证，API 返回的数据与真实数据相符合。

10.3　调用百度地图 API

与新浪微博 API 一样，使用百度地图 API 之前也要申请密钥，百度地图的密钥只有一个名为 AK 的参数，申请与调用步骤比新浪微博更加简单。

在百度地图开放平台（http://lbsyun.baidu.com/）中注册并完善信息之后，进入创建应用界面，"应用名称"可任取，"应用类型"选择"浏览器端"，在"Referer 白名单"文本框中输入"*"（作用类似于正则表达式的通配符），从图 10.8 所示界面中可以看到，浏览器端有权限使用的 API；因为这些 API 的调用方法类似，本节中只介绍其中一小部分。

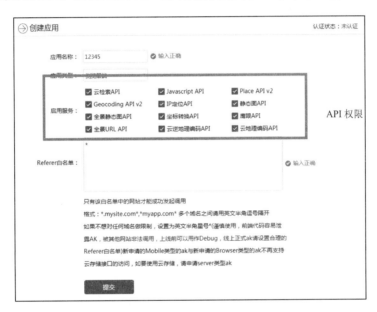

图 10.8　设置 API 参数

设置好 API 参数后，单击"提交"按钮，应用创建成功，单击查看应用，可以看到密钥（访问应用 AK）如图 10.9 所示。

图 10.9　获取密钥（AK）

10.3.1 获取城市经纬度

百度地图 API 中最常用的功能就是获取经纬度信息，经纬度信息能用于地理数据的可视化，绘制精美的热点地图，将在第 13 章重点介绍。

从百度地图 API 中获取城市经纬度只需提供城市名，我们来看下面这个例子。

【示例 10-2】使用百度地图 API 获取南京市的经纬度信息。

代码如下：

```
from urllib.request import quote
url = 'http://api.map.baidu.com/geocoder/v2/'
output = 'xml'
ak = 'ttoYeqUv8PCDjdrdXQfLP7M7YcRnO1aQ'
add = quote('南京')
uri = url + '?' + 'address=' + add + '&ouput=' + output + '&ak=' + ak
r = requests.get(uri)
print(r.text)
```

结果如下：

```
<?xml version="1.0" encoding="utf-8"?>
<GeocoderSearchResponse>
<status>0</status>
<result>
<location>
<lng>118.778074408</lng>#经度
<lat>32.0572355018</lat>#纬度
</location>
<precise>0</precise>
<confidence>12</confidence>
<level>城市</level>
</result>
</GeocoderSearchResponse>
```

10.3.2 定位网络 IP

使用百度 API 能对网络 IP 进行定位，如我们前面第 6 章中介绍的建立代理 IP 池就可以使用百度 API 定位 IP 地址，使 IP 池中的地址尽量分散，分布在全国各地，提高网络爬虫隐蔽性。我们通一个例子讲一下如何定位网络 IP。

【示例 10-3】使用百度 API 定位 IP 地址（223.112.112.144）。

代码如下：

```
url = 'http://api.map.baidu.com/location/ip?ak=申请到的ak coor=bd09ll&ip=IP地址 223.112.112.144'
```

```
s = requests.get(url)
print(s.text)
```

其中 coor 为坐标系类型，bd0911 为百度经纬坐标，还可以选择 gcjo2（国测局坐标）。结果如下：

```
{ 'address': 'CN|四川|None|None|CMNET|0|0',
  'content': {'address': '四川省',
      'address_detail': {'city': '',
      'city_code': 32,
      'district': '',
      'province': '四川省',
      'street': '',
      'street_number': ''},
      'point': {'x': '102.89915972', 'y': '30.36748094'}},
  'status': 0
}
```

注意：若不指定 IP，则返回当前使用者 IP 的定位信息。

10.3.3 获取全景静态图

百度 API 中提供了静态地图的接口，只需按如下结构构造 url，便可获取到静态地图，代码格式如下：

```
http://api.map.baidu.com/staticimage/v2?ak=申请的 ak&center=20.118284,30.228182&width=600&height=400&zoom=13
```

参数含义如下：
- ak 为应用密钥；
- width 为图片宽度；
- height 为图片高度；
- center 为地图中心点坐标（可以通过百度地图 API 获取）；
- zoom 为地图级别，值在[3,18]范围内。

构造完成之后在浏览器中打开该 url，即可看到该静态地图（如图 10.10 所示）。

关于百度地图 API 简单介绍至此，更多更丰富的功能请参考百度地图 API 的官方文档。

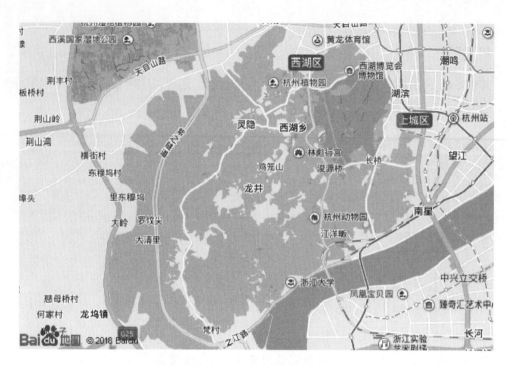

图 10.10　通过 API 获取到的静态图

10.4　调用淘宝 API

类似地提供 API 的网站还有淘宝开放平台、聚合数据等，各家网站 API 使用方法基本类似，只有淘宝 API 较为复杂，主要体现在淘宝 API 的加密算法与 API 文档的不完全匹配，官方给出的加密算法步骤如下[3]：

1．设置参数值

（1）公共参数设置

代码如下：

```
method = "taobao.item.seller.get"
app_key = "12345678"
session = "test"
timestamp = "2016-01-01 12:00:00"
format = "json"
v = "2.0"
sign_method = "md5"
```

（2）业务参数设置

代码如下：

---

[3]API 调用方法详解 https://open.taobao.com/docs/doc.htm?spm=a219a.7386781.3.7.yx1UtO&docType=1&articleId=101617&treeId=1

```
fields = "num_iid,title,nick,price,num"
num_iid = 11223344
```

2. 按 ASCII 顺序排序

按 ASCII 顺序排序，代码如下：

```
app_key = "12345678"
fields = "num_iid,title,nick,price,num"
format = "json"
method = "taobao.item.seller.get"
num_iid = 11223344
session = "test"
sign_method = "md5"
timestamp = "2016-01-01 12:00:00"
v = "2.0"
```

3. 拼接参数名与参数值

代码如下：

```
app_key12345678fieldsnum_iid,title,nick,price,numformatjsonmethodtaobao.
item.seller.getnum_iid11223344sessiontestsign_
methodmd5timestamp2016-01-01 12:00:00v2.0
```

4. 生成签名

假设 app 的 secret 为 helloworld，则签名结果为：

```
hex(md5(helloworld+按顺序拼接好的参数名与参数值+helloworld)) = "66987CB1152
14E59E6EC978214934FB8"
```

5. 组装 HTTP 请求

将所有参数名和参数值采用 UTF-8 进行 URL 编码（参数顺序可随意，但必须要包括签名参数），然后通过 GET 或 POST（含 byte[]类型参数）发起请求，例如：

```
http://gw.api.taobao.com/router/rest?method=taobao.item.seller.get&app
_key=12345678&session=test&timestamp=2016-01-01+12%3A00%3A00&format=
json&v=2.0&sign_method=md5&fields=num_iid%2Ctitle%2Cnick%2Cprice%2Cnum&
num_iid=11223344&sign=66987CB115214E59E6EC978214934FB8
```

按照上述方法调用会反复出现 Invalid Sign 错误，需要补充一个 partner_id 参数，这个参数缺失会造成用于计算 Sign 的参数不足，从而导致 Sign 错误：

```
partner_id=top-apitools
```

第 4 步中，实践发现不需要在排好序的参数后面添加 appsecret 也能正常调用，另外官方提供的方法为 Python 2.x 调用方法，其中 hex(md5(helloworld+按顺序拼接好的

参数名与参数值)),在 Python 3.x 中需要写成如下形式:

```
import hashlib
si = 'helloworld'+按顺序拼接好的参数名与参数值
sig = hashlib.md5(si.encode(encoding='utf-8'))
sign = sig.hexdigest()
```

第 5 步中,实践发现参数顺序并非随意,需要借助淘宝的 API 测试工具(见图 10.11),按照 API 测试工具给出的顺序方可完成 API 调用。

注意:淘宝 API 权限分配较为复杂,系统分配的 AppKey 和 AppSecret 只能访问基础 API。

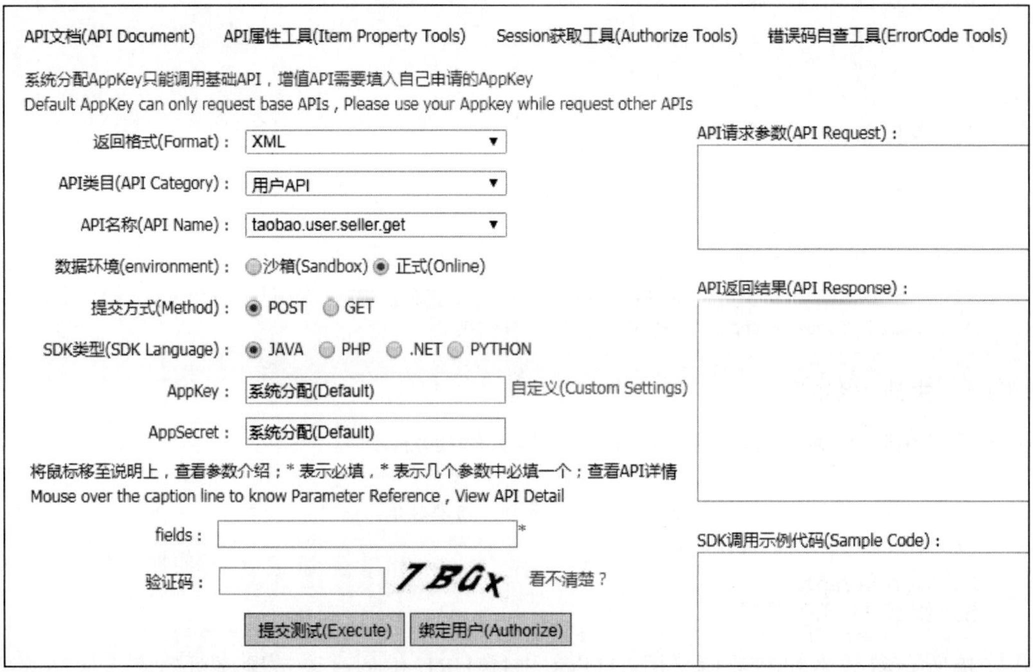

图 10.11 淘宝 API 测试工具

Chapter 11 第 11 章

网络爬虫工具

在具体的爬虫实践中,面对采集大量数据的需求时,除外使用 Python 自编网络爬虫外,还有一些网络爬虫工具可以使用,它们用于处理较为简单的网页,替代一部分的编程劳动,很多时候能够起到事半功倍的效果;本章我们将选取几种常用的网络爬虫工具介绍给大家。

本章主要知识点有:

- Excel 采集网页数据:获取网页中的结构化数据。
- Web Scraper:学会使用 Chrome 免费网络爬虫插件。
- 八爪鱼:学会商业网络爬虫软件的使用。

11.1 使用 Excel 采集网页数据

Excel 的"数据"选项卡(见图 11.1)中为用户提供了获取外部数据的功能,可以获取来自 Access、网站以及文本等来源的数据。

图 11.1 通过 Excel "数据"选项卡导入外部数据

本节将介绍如何使用 Excel 获取并整理网页中的结构化数据。

11.1.1 抓取网页中的表格

Excel 可以直接获取网页中的表格信息（<table><table>标签中的内部），并将表格整理入 Excel 单元格。

Excel 获取表格的方式与 Pandas 库中的 read_html()类似，能够直接获取的表格信息通常为图 11.2 所示的形式。 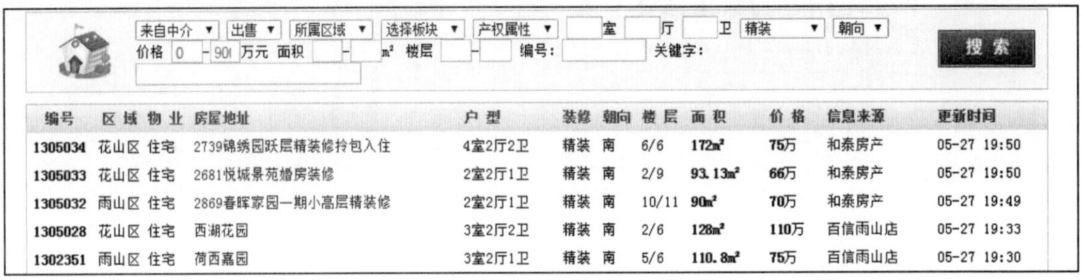

图 11.2 含有表格数据的网页

具体操作步骤如下：

（1）打开 Excel，单击"数据"选项卡，选择"获取外部数据"组中的"自网站"选项，在弹出的对话框"地址"栏输入网站地址，单击要导入的表格旁边的 ➡ 图标，当图标变为 ✓ 即为选择成功，如图 11.3 所示。

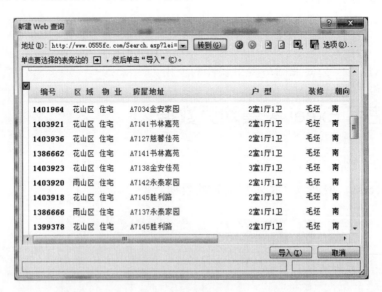

图 11.3 选择表格

（2）单击"导入"按钮，即可获得网页中的表格数据，如图 11.4 所示。

	A	B	C	D	E	F	G
1	编号	区 域	物 业	房屋地址	户 型	装修	朝向
2	1401964	花山区	住宅	A7034金安家园	2室1厅1卫	毛坯	南
3	1403921	花山区	住宅	A7141书林嘉苑	2室1厅1卫	毛坯	南
4	1403936	花山区	住宅	A7127慈馨佳苑	2室1厅1卫	毛坯	南
5	1386662	花山区	住宅	A7141书林嘉苑	2室1厅1卫	毛坯	南
6	1403923	花山区	住宅	A7138金安佳苑	3室1厅1卫	毛坯	南
7	1403920	雨山区	住宅	A7142永泰家园	2室1厅1卫	毛坯	南
8	1403918	花山区	住宅	A7145胜利路	2室1厅1卫	毛坯	南
9	1386666	雨山区	住宅	A7137永泰家园	2室1厅1卫	毛坯	南
10	1399378	花山区	住宅	A7145胜利路	2室1厅1卫	毛坯	南
11	1399381	花山区	住宅	A7141书林嘉苑	2室1厅1卫	毛坯	南

图 11.4　获取到的表格数据

11.1.2　抓取非表格的结构化数据

Excel 也可以用于抓取网站中的非表格数据，但是最好是结构比较规范的网站，否则结果将很难处理。本小节以网站简书为例，介绍如何使用 Excel 获取图 11.5 所示简书网站首页文章的基本信息，包括作者、标题、摘要、所属标题等。

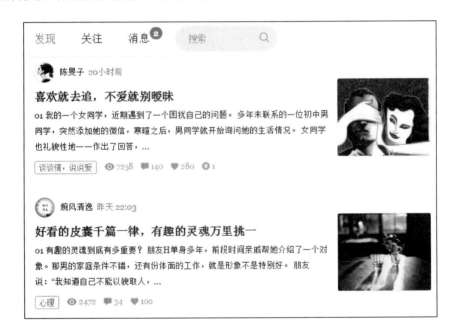

图 11.5　简书首页文章列表

因为数据并非表格形式，获取之后还需要经过一定的处理。

1. 导入数据

打开 Excel，单击"数据"选项卡，选择"获取外部数据"组中的"自网站"选项，在弹出的对话框中输入网址，单击"转到"按钮，得到如图 11.6 所示的界面。

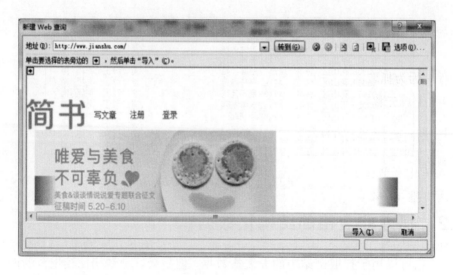

图 11.6　获取网站主页

等待网页加载完毕之后，单击"导入"按钮，导入之后删除掉网页标题等没用的数据，结果如图 11.7 所示。

	A
1	见伊
2	南京印象
3	有没有觉得一座城市是有情绪的？ 比如提起杭州，会想到"三秋桂子，十里荷花"的浪漫。提起南京，则会有"国破山河在，城春草木深"的感慨。 多年前第一次去南京，当我前往中山陵，于群…
4	旅行·在路上 347 17 52
5	300
6	96
7	书言居的周小舟
8	短篇小说 ｜ 繁花月京
9	楼炎说，他是来找妹妹的。 楼炎说，我就是他的亲妹妹。 01 近来，我的脑子里总会莫名其妙蹦出一个人来，是一个神仙一样的少年。我不知道他是谁，但我知道他很好看，有着俊朗无双的面…
10	谈谈情，说说爱 213 0 28
11	300
12	96
13	繁花豆
14	女生不要在晚上找喜欢的人聊天
15	我曾在深夜做过很多错事儿，现在回过头看也觉后悔，但若不是这么疯的走过青春，想必青春枉然一趟。比如： 熬夜游荡街道通宵，熬夜一晚要花很久才能补回来。 睡前喝很多水，第二天早…
16	心理 5741 91 159

图 11.7　导入之后的数据

2．处理数据

读者应该注意到了，获取到的所有原始数据均在 Excel 表的同一列中，显得杂乱无章，需要将这些数据分离成二维表的形式，这就要对 Excel 公式和函数有一定了解。

（1）将行数据分类提取到列

所有数据均在第 A 列，所以现在的工作是将每一篇文章信息放到同一行，这里是每隔 6 行（因为抓取的每篇文章信息占据了 6 行）提取一次。

选中 B1 单元格，在编辑栏处输入以下公式：

=INDEX(A:A,ROW(A1)*6-5)

第 A 列中存放作者信息的单元格行为 $6n-5$，提取该信息放在 B 列中（见图 11.8），往右依次类推 $6n-4$（标题）、$6n-3$（摘要）、$6n-2$（专题及浏览信息）、$6n-1$（文章配图的替代文本属性）、$6n$（作者头像的替代文本属性），分别放在 C 列、D 列、E 列、F 列、G 列。

图 11.8　导出作者名

将其他信息均提取出之后，结果如图 11.9 所示。

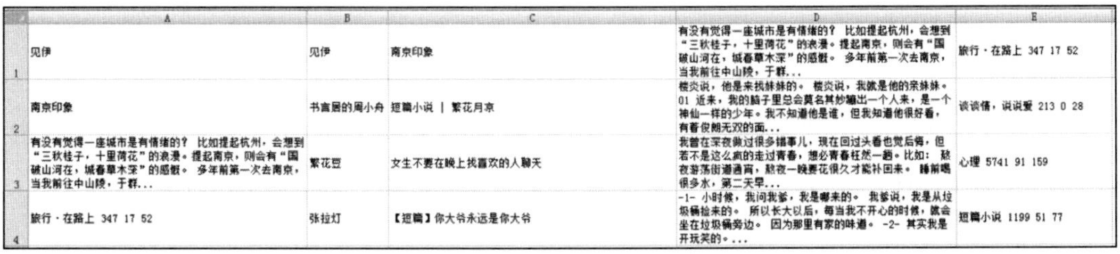

图 11.9　提取到列完成

图 11.9 中除了最后一列，其他的都处于较规范的状态。最后一列中包含了收录专题（有些有，有些没有），阅读量，评论数，喜欢数。

接下来处理最后一列。

（2）数值分列

① 因为有些文章没有专题信息，为了精准分列，需要在纯数字单元格前加空格。在 F1 单元格的编辑栏处输入以下公式：

IF(ISNUMBER(VALUE(LEFT(E1, 1))),""&E1, E1)

函数的作用是检测单元格 E1 中第一个字符是不是数字，如果是数字就在单元格的内容前加一个空格，将运算结果输入到 F1 中，将公式向下复制，得到结果如图 11.9 所示，可以看到，纯数字数据前面已经添加了空格。

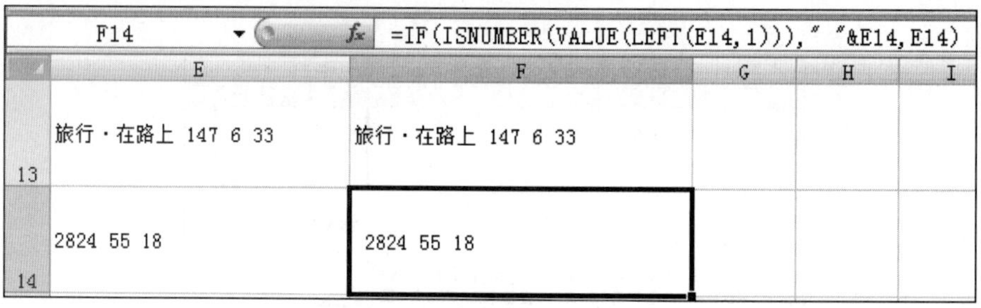

图 11.10　添加空格

添加空格是为了下一步分列做准备。

② 按分隔符分列（这里选择的分隔符是空格）。

选择"数据"选项卡中的"分列"功能，如图 11.11 所示。系统会提示不能对含有公式的单元格进行分列操作，所以在分列之前，需要将该列的公式去除。

图 11.11　Excel 中的"分列"功能

这里选择复制的方式，选择 F 列，右击，选择"复制"命令，再选择 G 列，右击鼠标，选择"选择性粘贴"命令，再选中"值和数字格式"选项。这样便在 G 列中获取到了无公式的数据。

在"分列向导"对话框中选中"分隔符号"选项，单击"下一步"按钮，再选择分隔符号为"空格"，单击"下一步"按钮，再单击"完成"按钮，分列结果如图 11.12 所示，专题信息、阅读量、评论数、喜欢数分别被分到了 H、I、J、K 列，没有专题收录的文章专题单元格为空白。

	F	G	H	I	J	K	L
13	旅行·在路上 147 6 33	旅行·在路上 147 6 33	旅行·在路上	147	6	33	
14	2824 55 18	2824 55 18		2824	55	18	
15	想法 5160 168 232 3	想法 5160 168 232 3	想法	5160	168	232	3
16	生活家 494 12 19	生活家 494 12 19	生活家	494	12	19	
17	社会热点 741 21 36	社会热点 741 21 36	社会热点	741	21	36	
18	工具癖 1398 14 185 2	工具癖 1398 14 185 2	工具癖	1398	14	185	2

图 11.12　按空格分列之后的结果

（3）最后在最上端插入标题行。

整理如图 11.13 所示。

	A	B	C	D	E	F	G	H
1	作者	标题	概览	专题	阅读	评论	喜欢	打赏
2	见伊	南京印象	有没有觉得一座城市是有情绪的？比如提起杭州，会想到"三秋桂子，十里荷花"的浪漫。提起南京，则会有"国破山河在，城春草木深"的感慨。多年前第一次去南京，当我前往中山陵，于群…	旅行·在路上	347	17	52	
3	书居居的周小舟	短篇小说｜繁花月凉	楷炎说，他是来找妹妹的。 楷炎说，我就是他的亲妹妹。01 近来，我的脑子里总会冒某其妙蹦出一个人来，是一个神仙一样的少年。我不知道他是谁，但我知道他很好看，有着俊朗无双的面…	谈谈情，说说爱	213	0	28	
4	繁花豆	女生不要在晚上找喜欢的人聊天	我曾在深夜做过很多错事儿，现在回过头看也觉后悔，但若不是这么疯狂的走过青春，想必青春枉然一趟。比如：熬夜游荡在通宵街，熬夜一晚要花很久才能补回来。 睡前喝很多水，第二天早…	心理	5741	91	159	
5	张拉灯	【短篇】你大爷永远是你大爷	-1- 小时候，我问我爹，我是哪来的。 我爹说，我是从垃圾桶捡来的。 所以长大以后，每当我不开心的时候，就会坐在垃圾桶旁边。 因为那里有家的味道。 -2- 其实我是开玩笑的。	短篇小说	1199	51	77	

图 11.13　数据整理结果

如此便大功告成，可以使用 Excel 进行数据分析了，同样可以将这些数据导入到 Python 的 DataFrame 中进行分析统计。

11.2　使用 Web Scraper 插件

Web Scraper 是浏览器 Chrome 中的插件，可以帮助用户完成简单的网页爬取工作，操作非常简单，可以根据文字提示进行。

11.2.1　安装 Web Scraper

因为 Web Scraper 是 Chrome 浏览器插件，所以最方便最安全的下载方式就是在 Chrome 网上应用店下载，在搜索栏中搜索 Web Scraper，Web Scraper 的图标如图 11.14 所示，单击"添加至 Chrome"，浏览器便会自动安装该插件。

图 11.14　下载安装 Web Scraper

安装完成之后，Web Scraper 可以在开发者工具中启动（按 F12 键可以快速启动开发者工具）。Web Scraper 工作界面如图 11.15 所示。

图 11.15　Web Scraper 工作界面

可以通过图 11.16 中的开发者工具右上角的选项下拉菜单中的 Dock side 按钮更改开发者工具在浏览器中的位置。

11.2.2　Web Scraper 的使用

下面介绍一下如何使用 Web Scraper，以爬取当当网小说书目为例。

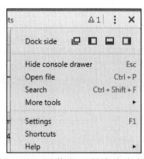

【示例 11-1】使用 Web Scraper 爬取当当网小说书目。

图 11.16　开发者工具自定义位置

1. 创建 Sitemap

Sitemap 即为爬虫需要爬取的目标网页，创建方法为：

在 Create new sitemap 下拉菜单中选择 Create sitemap 命令，如图 11.17 所示。

当当网小说页面地址为 http://category.dangdang.com/pg1-cp0　图 11.17　创建 Sitemap
1.03.00.00.00.00.html，在 Start URL 中输入 http://category.dangdang.com/pg[1-10]-cp01.03.00.00.00.00.html 即为前 10 页地址，单击 Create Sitemap 按钮即创建完成，如图 11.18 所示。

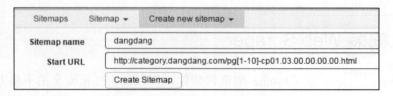

图 11.18　设置项目名和起始页面

2．选择元素

创建完成之后在 Sitemap 菜单中选择 Add new selector 选项，输入 selector id（任取），单击 Select 在网页中选取图书标题，如图 11.19 所示。

图 11.19　添加选择器

在网页中单击需要爬取的元素，这里选择的是商品标题，单击其中两个标题，Web Scraper 就会自动识别出同类元素和该类元素的选择器代码，单击图 11.20 所示方框中的 Done selecting→Save selector 命令，Web Scraper 会将选择的元素爬取规则保存下来。

图 11.20　选择元素

3．开始爬取

单击 Sitemap→Scrape 命令，再在弹出的窗口中设置好请求间隔和页面加载间隔即可开始爬取，如图 11.21 和图 11.22 所示。

图 11.21　单击 Scrape 命令　　　　　　图 11.22　设置爬取间隔

网络爬取开始后，Web Scraper 会生成一个小窗口显示爬取过程，爬取结束之后浏览器右下角会有图 11.23 所示的提示。

爬取到的数据可以导出为 CSV 文件，如图 11.24 所示。

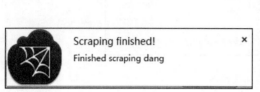

图 11.23　爬取结束提示　　　　　　　　　　图 11.24　爬取结果导出

11.3　商业化爬取工具

国内有很多很方便的网络爬虫软件，如集搜客、火车头、八爪鱼、造数等，本节将挑选其中的八爪鱼采集器进行讲解，八爪鱼的工作方式与 Web Scraper 类似，只是功能更加全面，操作提示更简单，易于掌握。

八爪鱼软件安装步骤非常简单，唯一需要注意的是安装时需要关闭杀毒软件，否则可能会导致安装错误，程序无法启动。安装完成之后需要注册账号方能使用，如图 11.25 所示。

图 11.25　八爪鱼登录界面

注意：此软件登录时若密码或账户错误可能会显示"未知错误"。

登录后，进入"任务"选项卡，单击"新建"，有"自定义采集"、"APP 简易采集"（付费）、"网站简易采集"三个功能，其中"自定义采集"的工作模式与 Web Scraper

类似，可以采集任意网站；"APP 建议采集"为预先定制好的热门 APP 采集功能；"网站简易采集"是预先定制好的热门网站的采集功能。如图 11.26 所示。

图 11.26　八爪鱼采集器主要功能

11.3.1　自定义采集

首先介绍如何使用自定义采集来抓取当当网图书信息。

【示例 11-2】利用网络爬虫软件八爪鱼自定义采集当当网图书信息。

1．设置网址

输入当当网畅销榜地址，单击"保存网址"按钮，如图 11.26 所示。

图 11.27　输入网址

八爪鱼中有内置的浏览器，浏览器会打开该地址，如图 11.28 所示。

图 11.28　八爪鱼内置浏览器

2. 选择元素

网页加载完成之后，右上角会出现"请选择页面元素"提示，单击"查看采集流程"，会在页面左上角出现每一步的操作提示，如图 11.29 所示。

图 11.29 操作提示与采集流程页面

然后像使用 Web Scraper 一样，鼠标单击选中 2～3 个同类标签，便于采集器识别，图 11.30 所示选中了 4 本书的书名。

图 11.30 选择需要采集的图书

采集器很快就能识别出同类链接，并提供如图 11.31 所示的几个采集选项。

为了获取更多关于排行榜中书籍的信息，这里选择"循环点击每个链接"，然后在新打开的图书信息页面中选取需要的元素，如价格、出版社、作者、评分、出版时间、图书编号等。

注意：如果需要翻页采集，可以设置循环点击"下一页"。

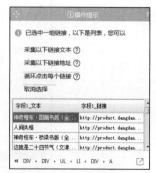

图 11.31 采集选项

3 开始采集

选择完毕之后单击"保存并开始采集",选择"启动本地采集",如图 11.32 所示。

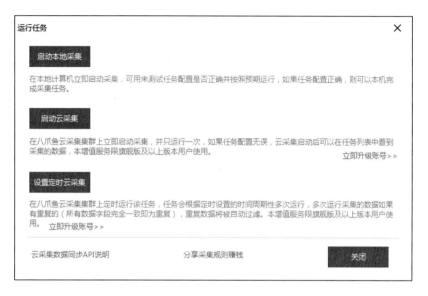

图 11.32　采集方式选择

采集开始后,八爪鱼内置浏览器会加载每个待爬取网页,当网页加载完成之后,开始爬取数据,并将整个过程实时显示给用户,如图 11.33 所示。

图 11.33　实时显示的采集过程

采集过程类似于第 4 章讲解的使用 Selenium 模拟浏览器操作的过程,速度并不快,每次都要等待图片加载完成之后开始采集。如果不需要采集图片,可以再修改采集设置（采集设置中还提供了异常处理和代理 IP 功能，能满足大部分数据采集需求），如图 11.34 所示。

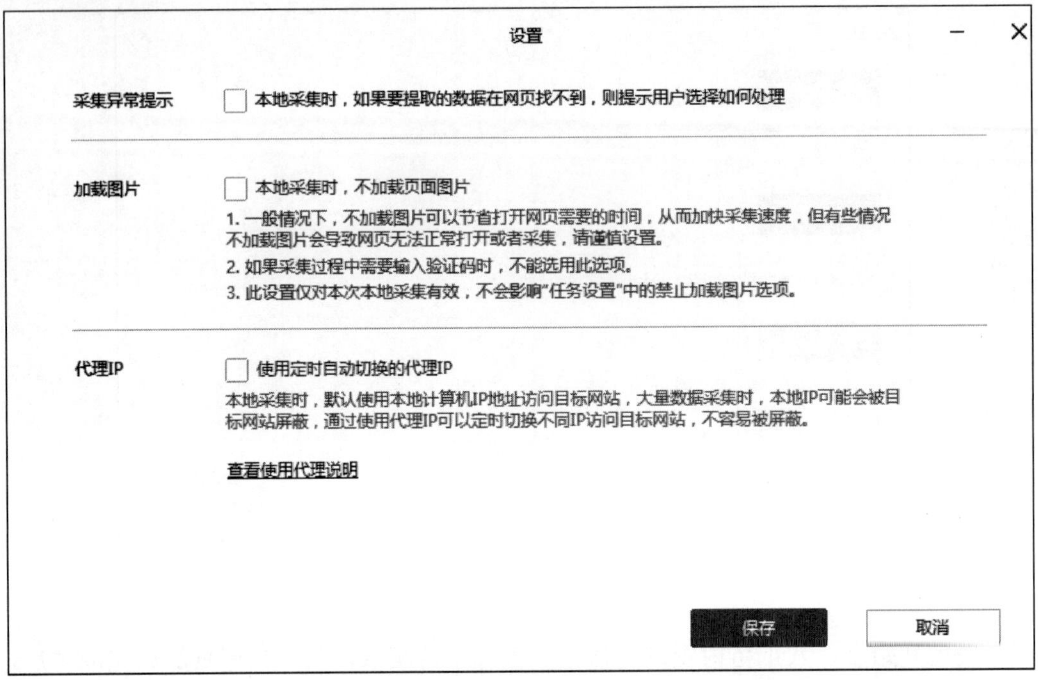

图 11.34　采集设置

采集完成之后会有导出数据的提示，如图 11.35 所示。单击"导出数据"按钮，导出数据操作需要消耗积分（八爪鱼会给新注册用户赠送 2000 积分）。

图 11.35　采集完成

导出方式如图 11.36 所示，读者可以根据需要自行选择。

图 11.36　导出格式

保存下来的数据如图 11.37 所示。

	A	B	C	D	E	F	G	H	I	J
1	标题	字段2	字段3	字段4	字段5	字段6	字段7			
2	神奇校车·	¥66.00		出版时间:	贵州人民出	乔安娜柯尔	国际标准书号ISBN:	21005473		
3	人间失格	¥17.30		出版时间:	作家出版社	太宰治	国际标准书号ISBN:	9787506380263		
4	神奇校车·	¥75.00		出版时间:	贵州人民出	乔安娜柯尔	国际标准书号ISBN:	9787221116604		
5	这就是二十	¥93.80		出版时间:	海豚出版社	高春香	国际标准书号ISBN:	9787511026118		
6	写给儿童的	¥177.50		出版时间:	新世界出版	陈卫平	国际标准书号ISBN:	23427436		
7	《地图（人	¥49.00		出版时间:	贵州人民出	亚历山德拉	国际标准书号ISBN:	9787221115348		
8	小熊和最好	¥17.50		出版时间:	贵州人民出	丹姆	国际标准书号ISBN:	9787221078803		
9	解忧杂货店	¥27.30		出版时间:	南海出版公	东野圭吾	国际标准书号ISBN:	9787544270878		
10	神奇校车·	¥40.00		出版时间:	贵州人民出	乔安娜柯尔	国际标准书号ISBN:	9787221091857		
11	学会爱自己	¥21.70		出版时间:	青岛出版社	克雷文	国际标准书号ISBN:	21000723		
12	学会管自己	¥64.00		出版时间:	海豚出版社	陈梦敏	国际标准书号ISBN:	23521768		
13	追风筝的人	¥20.30		出版时间:	上海人民出	卡勒德·胡	国际标准书号ISBN:	9787208061644		
14	培生幼儿英	¥49.00		出版时间:	湖北少儿出	莫妮卡·伊	国际标准书号ISBN:	9787535374851		
15	一本书读完	¥29.10		出版时间:	中国华侨出	云葭	国际标准书号ISBN:	9787511326560		
16	神奇校车·	¥64.00		出版时间:	贵州人民出	乔安娜柯尔	国际标准书号ISBN:	21085963		
17	红星照耀中	¥26.10		出版时间:	人民文学出	埃德加·斯	国际标准书号ISBN:	9787020129072		
18	我爸爸+我	¥35.80		出版时间: 2014年05月		安东尼·布	国际标准书号ISBN:	23483032		
19	少年读史记	¥61.60		出版时间:	青岛出版社	张嘉骅	国际标准书号ISBN:	23778791		
20	柳林风声	¥41.90		出版时间:	贵州人民出	肯尼斯格雷	国际标准书号ISBN:	9787221110428		
21	学会爱自己	¥45.80		出版时间:	青岛出版社	史蒂芬柯维	国际标准书号ISBN:	9787543688735		

图 11.37　保存的数据

11.3.2　网站简易采集

【示例 11-3】利用网络爬虫软件八爪鱼的网络简易采集方式抓取房天下网中的合肥新房房价数据。

在图 11.26 所示界面中单击"网站简易采集"选项（网站简易采集与 APP 简易采集步骤类似，这里不再截图描述），选择"房天下"→"房天下新房楼盘"，如图 11.38 所示。

图 11.38　选择功能

在接下来的设置中,省份选择"安徽",会自动出现安徽的城市列表,从中选择"合肥",如图 11.39 所示。单击"保存并启动"、"启动本地采集"按钮即可开始爬取,如图 11.40 所示。

图 11.39 选择城市

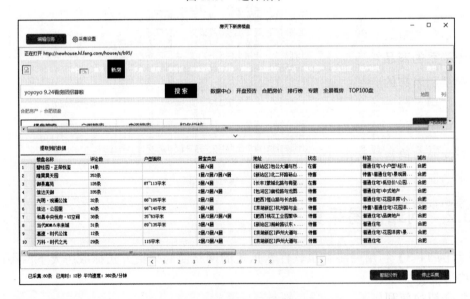

图 11.40 开始采集合肥新房房价

采集结束之后将数据导出即可,不再赘述。

Chapter 12 第 12 章

数据分析工具：科学计算库

在大数据的应用中，有一个著名的"啤酒+尿布"的案例，故事源于 20 世纪 90 年代，沃尔玛超市的管理人员在对销售数据进行整理分析时，发现尿布和啤酒这两种看似毫无联系的商品常常会出现在同一张购物单中，经过一系列的回访调查，发现同时购买啤酒和尿布的顾客都是年轻父亲。在美国文化中，母亲会留在家中照看孩子，而出门购买尿布的活就落到了父亲的肩上，年轻的父亲们在购买尿布的同时，会给自己买点啤酒。发现了这一规律后，沃尔玛超市将这两件商品放在了相邻的区域内，结果这两种商品的销售量均有大幅上升。

本书前面章节已经学习了如何从网络和各种文档中获取数据，但是仅仅获取了大量的原始数据并不能创造价值，数据的价值不在于其占据内存量的大小，而在于数据内部隐藏着的有用信息，而这些有价值的信息需要经过细心挖掘才能获得，本章中将讲解原始数据获取之后的数据分析工具——科学计算库。

Python 语言有众多强大的科学计算库，能够将 Python 变成免费版的 MATLAB。本章将介绍如何利用 Python 的科学计算库从纷繁复杂的数据中提取有用的信息。

本章主要知识点有：

- Numpy 库：学会使用 Numpy，更高效地处理数据；
- Pandas 库：重点掌握 Pandas 的 DataFrame 数据结构，让数据分析变得井井有条；
- Scikit-learn 库：了解数据建模基本过程；
- 常用统计方法与统计量：学会有目的性地分析数据。

注意：本章会涉及到大量函数，需要在实践中强化记忆。

12.1 单一类型数据高效处理：Numpy 库

Python 提供了一个非常强大的数据结构——list（在第 1 章中对 list 有过简单讲解），在 list 中可以混合存储各种类型的数据，如字符串、整型数据、浮点数据，甚至列表、字典。可谓方便到了极致，但是方便的同时也出现了一个问题：由于可以存储多种类型的数据，每次访问 list 中的元素时，Python 都会检测这个元素的数据类型，这样不但降低运行速度，还造成了性能的浪费。

Numpy 中的 ndarray 数组只允许存放一种类型的数据，大大提高了性能，为处理海量数据带来了便利。

注意：Python 还提供了一个 array 模块，其中的 array 对象能直接保存数值，作用类似于 C 语言的一维数组，但是 array 不支持多维数组，所以也很少使用。

12.1.1 ndarray 数组

1. 元素类型

ndarray 数组的元素类型可以通过元素的 dtype 属性获得，使用下面的方法能够查看到所有的 Numpy 元素类型的列表。

```
>>> import numpy as np
>>> set(np.typeDict.values())
{<class 'numpy.object_'>, <class 'numpy.int16'>, <class 'numpy.uint16'>,
<class 'numpy.float32'>, <class 'numpy.complex64'>, <class 'numpy.bytes_'>,
<class 'numpy.int32'>, <class 'numpy.uint32'>, <class 'numpy.float64'>,
<class 'numpy.complex128'>, <class 'numpy.str_'>, <class 'numpy.int32'>,
<class 'numpy.uint32'>, <class 'numpy.float64'>, <class 'numpy.complex128'>,
<class 'numpy.void'>, <class 'numpy.int64'>, <class 'numpy.uint64'>,
<class 'numpy.datetime64'>, <class 'numpy.bool_'>, <class 'numpy.int8'>,
<class 'numpy.uint8'>, <class 'numpy.float16'>, <class 'numpy.timedelta64'>}
```

2. 生成数组

为了得到 ndarray 数组，可以先创建一个 list，再将 list 转换为 ndarray。但是对于较为复杂或者数据量较大的数组，这样的操作显得不够高效。

Numpy 库中专门提供了用于创建数组的函数，下面将讲解其使用方法。

（1）生成等差数列

生成等差数列有两个可用函数 arange()和 linspace()，arange()函数的前三个参数分别是最小值、最大值和元素间隔；linspace 函数的前三个参数分别为最小值、最大值和将要生成的 ndarray 数组长度，具体使用方法如下：

```
>>> np.arange(1,10,1)
array([1, 2, 3, 4, 5, 6, 7, 8, 9])
>>> np.linspace(1,10,10,endpoint=True)
array([ 1.,  2.,  3.,  4.,  5.,  6.,  7.,  8.,  9., 10.])
>>> np.linspace(1,10,10,endpoint=False)
array([ 1. , 1.9, 2.8, 3.7, 4.6, 5.5, 6.4, 7.3, 8.2, 9.1])
```

（2）生成数值相同的 *n* 维数组，zeros()和 ones()函数的前两个参数分别是数组形状和元素类型；full()函数的前两个参数分别是数组形状和所有元素的值，具体使用方法如下：

```
>>> np.zeros((2,5),np.int)
array([[0, 0, 0, 0, 0],
       [0, 0, 0, 0, 0]])
>>> np.ones((2,5),np.int)
array([[1, 1, 1, 1, 1],
       [1, 1, 1, 1, 1]])
>>> np.full((2,5),6)
array([[6, 6, 6, 6, 6],
       [6, 6, 6, 6, 6]])
```

（3）数组变型，reshape()函数的前两个参数分别是新数组的行数和列数，具体使用方法如下：

```
>>> a.reshape(2,3)
array([[1, 2, 3],
       [4, 5, 6]])
>>> a.reshape(3,2)
array([[1, 2],
       [3, 4],
       [5, 6]])
>>> a.reshape(6,1)
array([[1],
       [2],
       [3],
       [4],
       [5],
       [6]])
```

3．数组存取

（1）一维数组存取

【示例 12-1】对一维 ndarray 数组 a 进行读取、修改和切片操作。

假设有数组 a，如下：

```
a = np.array([1, 2, 3, 4, 5, 6, 7, 8, 9])
```

① 读取元素

示例代码如下：

```
>>> a[3]
4
```

② 修改元素

示例代码如下：

```
>>> a[3] = 5
>>> a
array([1, 2, 3, 5, 5, 6, 7, 8, 9])
```

③ 数组切片

示例代码如下：

```
>>> a[1:3]
array([2, 3])
>>> a[:5]
array([1, 2, 3, 5, 5])
>>> a[:-1]
array([1, 2, 3, 5, 5, 6, 7, 8])
>>> a[1:8:2]#第3个参数为步长
array([2, 5, 6, 8])
>>> a[6:1:-1]
array([7, 6, 5, 5, 3])
>>> a[::-1]
array([9, 8, 7, 6, 5, 5, 3, 2, 1])
>>> a[a>3]
array([5, 5, 6, 7, 8, 9])
```

(2) 多维数组存取

【示例 12-2】 对多维 ndarray 数组 b 进行读取、修改和切片操作。

假设有多维数组 b，如下：

```
b = np.array([[ 1,  2,  3,  4,  5,  6],
       [ 7,  8,  9, 10, 11, 12],
       [13, 14, 15, 16, 17, 18],
       [19, 20, 21, 22, 23, 24],
       [25, 26, 27, 28, 29, 30]])
```

① 读取元素

示例代码如下：

```
>>> b[3,4]
23
```

```
>>> b[3][4]
23
```

② 修改元素

示例代码如下：

```
>>> b[3,4]=0或b[3][4]=0
>>> b
array([[ 1,  2,  3,  4,  5,  6],
       [ 7,  8,  9, 10, 11, 12],
       [13, 14, 15, 16, 17, 18],
       [19, 20, 21, 22,  0, 24],
       [25, 26, 27, 28, 29, 30]])
```

③ 数组切片

数组切片是一种从数组中获取子数组的操作，常见的有连续切片、不连续切片、倒序切片和条件筛选切片。

- 连续切片

```
>>> b[2,2:4]
array([15, 16])
>>> b[1:3,2:4]
array([[9, 10],
       [15, 16]])
```

- 不连续切片

```
>>> b[[2,3,4],[1,3,4]]
array([14, 22, 29])
```

- 倒序切片

```
>>> b[2:4,::-1]
array([[18, 17, 16, 15, 14, 13],
       [24,  0, 22, 21, 20, 19]])
```

- 条件筛选切片

```
>>> b[b<21]
array([ 1,  2,  3,  4,  5,  6,  7,  8,  9, 10, 11, 12, 13, 14, 15, 16, 17,
       18, 19, 20,  0])
```

4．数组运算

Numpy 库中的 ndarray 提供了矩阵运算功能，可以批量对 array 中的每个元素进行计算。

（1）一维矩阵运算，应用如下：

```
>>> a = np.arange(1,7,1)
>>> a
array([1, 2, 3, 4, 5, 6])
>>> a+a
array([ 2,  4,  6,  8, 10, 12])
>>> a*a
array([ 1,  4,  9, 16, 25, 36])
>>> a-a
array([0, 0, 0, 0, 0, 0])
>>> a/a
array([ 1.,  1.,  1.,  1.,  1.,  1.])
```

（2）多维数组运算。ndarray 可以很方便地进行矩阵运算我们看下面的小例子。

【示例 12-3】对多维 ndarray 数组 n 进行矩阵运算（拼接、分解、转置、行列式、求逆和点乘）

假设有多维数组 n：

```
n= array([[ 1,  2,  3,  4,  5,  6,  7,  8],
       [ 9, 10, 11, 12, 13, 14, 15, 16],
       [17, 18, 19, 20, 21, 22, 23, 24]])
```

① 拼接

代码如下：

```
>>> np.concatenate((n,n),axis=0)
array([[ 1,  2,  3,  4,  5,  6,  7,  8],
       [ 9, 10, 11, 12, 13, 14, 15, 16],
       [17, 18, 19, 20, 21, 22, 23, 24],
       [ 1,  2,  3,  4,  5,  6,  7,  8],
       [ 9, 10, 11, 12, 13, 14, 15, 16],
       [17, 18, 19, 20, 21, 22, 23, 24]])
>>> np.concatenate((n,n),axis=1)
array([[ 1,  2,  3,  4,  5,  6,  7,  8,  1,  2,  3,  4,  5,  6,  7,  8],
       [ 9, 10, 11, 12, 13, 14, 15, 16,  9, 10, 11, 12, 13, 14, 15, 16],
       [17, 18, 19, 20, 21, 22, 23, 24, 17, 18, 19, 20, 21, 22, 23, 24]])
```

② 分解矩阵

代码如下：

```
>>> np.split(n,3)#只能按行均匀分
[array([[1, 2, 3, 4, 5, 6, 7, 8]]),
array([[ 9, 10, 11, 12, 13, 14, 15, 16]]),
array([[17, 18, 19, 20, 21, 22, 23, 24]])]
```

③ 转置

代码如下：

```
>>> np.transpose(n)
array([[ 1,  9, 17],
```

```
       [ 2, 10, 18],
       [ 3, 11, 19],
       [ 4, 12, 20],
       [ 5, 13, 21],
       [ 6, 14, 22],
       [ 7, 15, 23],
       [ 8, 16, 24]])
```

④ 行列式

注意：行列式和求逆矩阵只适用于方阵。

代码如下：

```
>>> b = [[2,3],[3,4]]
>>> np.linalg.det(b)
-1.000000000004
```

⑤ 求逆矩阵

代码如下：

```
>>> b = [[2,3],[3,4]]
>>> np.linalg.inv(b)
array([[-4.,  3.],
       [ 3., -2.]])
```

⑥ 点乘

代码如下：

```
>>> np.dot(n,np.transpose(n))
array([[ 204,  492,  780],
       [ 492, 1292, 2092],
       [ 780, 2092, 3404]])
```

12.1.2 Numpy 常用函数

1．均值、方差等统计指标

我们用一个小实例来讲解会更清楚一些。

【示例 12-4】对多维 ndarray 数组 a 进行统计操作。

```
a=array([[ 1,  2,  3,  4],
       [ 5,  6,  7,  8],
       [ 9, 10, 11, 12]])
```

（1）求和

Numpy 中的求和方式灵活多变，可以求总和，也可以求各行和、各列和。

应用如下：

```
>>> np.sum(a)                #计算所有数值总和
```

```
78
>>> np.sum(a,axis=0)      #计算每一列的和
array([15, 18, 21, 24])
>>> np.sum(a,axis=1)      #计算每一行的和
array([10, 26, 42])
```

(2)求均值,应用如下:

```
>>> np.mean(a)                 #计算所有数值的平均值
6.5
>>> np.mean(a,dtype=np.int)#计算所有数值的平均值,转化为int型数据
6
>>> np.mean(a,axis=0)          #计算每一列的平均值
array([ 5.,  6.,  7.,  8.])
>>> np.mean(a,axis=1)          #计算每一行的平均值
array([ 2.5,  6.5, 10.5])
```

(3)求方差,应用如下:

```
>>> np.var(a)              #偏样本方差
11.916666666666666
>>> np.var(a,ddof=0)       #偏样本方差
11.916666666666666
>>> np.var(a,ddof=1)       #无偏样本方差
13.0
```

注意:标准差 std()用法与 var()相同。

(4)求最值,应用如下:

```
>>> np.max(a)
12
>>> np.max(a,axis=0)
array([ 9, 10, 11, 12])
>>> np.max(a,axis=1)
array([ 4,  8, 12])
>>> np.min(a)
1
>>> np.min(a,axis=0)
array([1, 2, 3, 4])
>>> np.min(a,axis=1)
array([1, 5, 9])
```

(5)统计中位数,应用如下:

```
>>> np.median(a)
6.5
>>> np.median(a,axis=0)
```

```
array([ 5., 6., 7., 8.])
>>> np.median(a,axis=1)
array([ 2.5,  6.5, 10.5])
```

(6) 统计百分位数,应用如下:

```
>>> np.percentile(a,20)#20%
3.2000000000000002
>>> np.percentile(a,50)#50%
6.5
>>> np.percentile(a,90)#90%
10.9
```

2. 随机数

(1) 生成随机分布

Numpy 中的 random 模块中包含了很多用于生成随机分布的函数,常用的有如下几种,代码注释比较明白,不再细讲。

```
>>> np.random.rand(2,2,4)          #生成0~1的随机数,参数用于制定数组形状
array([[[ 0.64605192,  0.00115027,  0.57383583,  0.90448097],
        [ 0.04633511,  0.32653012,  0.8351042 ,  0.9130246 ]],

       [[ 0.78397798,  0.71143328,  0.29497311,  0.92493665],
        [ 0.82747855,  0.4057629 ,  0.78348237,  0.84910253]]])
>>> np.random.randn(2,2,4)         #生成随机正态分布数,参数意义与rand相同
array([[[ 1.05145892, -0.32946016,  0.60049083, -0.09874366],
        [ 0.74950496,  1.57128286,  0.03189127, -0.8524447 ]],

       [[ 0.63143985,  1.89473571,  0.15323975, -0.74541974],
        [ 0.30412628, -0.35826316,  1.73237404, -0.10896139]]])
>>> np.random.randint(1,10,4)  #在一定范围内生成指定数量的整数
array([9, 6, 9, 7])
>>> np.random.uniform(1,0.5,(2,2))#生成均匀分布,3个参数分别为期望值、方差、数
                                  组形状
array([[ 0.60772824,  0.90854915],
       [ 0.51705003,  0.99714826]])
>>> np.random.normal(1,0.5,(2,2))   #参数意义同上
array([[ 0.82545483,  0.99107748],
       [ 1.41050855,  0.63519335]])
>>> np.random.poisson(1.5,(2,2))    #泊松分布,第1个参数为系数λ
array([[1, 1],
       [1, 3]])
>>> np.random.choice([1,2,3,4,5,6,7,6,5,4,3,2,1])  #随机抽取样本
1
>>> np.random.choice([1,2,3,4,5,6,7,6,5,4,3,2,1],2)#随机抽取指定个数的样本
array([6, 5])
```

（2）设置随机数种子

设置随机数种子是为了保证每次运行随机生成函数时生成的数组相同。

应用如下：

```
>>> a = np.random.randint(1,10,3)
>>> b = np.random.randint(1,10,3)
>>> np.random.seed(10)#设置种子为10
>>> c = np.random.randint(1,10,3)
>>> np.random.seed(10)#设置种子为10
>>> d = np.random.randint(1,10,3)
>>> a,b,c,d
(array([6, 2, 1]), array([1, 3, 8]), array([5, 1, 2]), array([5, 1, 2]))
```

数组 c、d 生成前设置了同样的种子，所以 c、d 是相同的。

3．数据处理函数

我们通过一个小实例对数据处理后操作进行讲解。

【示例 12-5】对一维 ndarray 数组 a 进行数据处理操作（去重、直方图统计、相关系数、分段、多项式拟合）。

设有数组

```
a=array([1,1,1,2,2,3,4])
```

（1）去重，应用如下：

```
>>> np.unique(a)
array([1, 2, 3, 4])
>>> np.unique(a,return_index=True)
(array([1, 2, 3, 4]), array([0, 3, 5, 6], dtype=int64))
                              #返回了新数组及新数组元素在旧数组中的位置
```

（2）直方图统计，应用如下：

```
>>> np.histogram(a,bins=4)
(array([3, 2, 1, 1], dtype=int64), array([ 1.  , 1.75, 2.5 , 3.25, 4.  ]))
#返回统计频数与分组范围
>>> np.histogram(a,bins=[0,1,2,3,4])
(array([0, 3, 2, 2], dtype=int64), array([0, 1, 2, 3, 4]))
>>> np.bincount(a)
array([0, 3, 2, 1, 1], dtype=int64)#返回数组中第i个数值为整数i出现的次数
```

（3）相关系数

相关系数主要用于衡量两个数组之间的相关度，在本书 5.2.5 小节中有关于相关系数的简介与实际应用。

```
>>> np.corrcoef(a,b)#返回一个相关系数数组
```

（4）分段，应用如下：

```
>>> np.piecewise(a,[a<=2,a>2],[0,1])#遍历元素，元素大于2则修改为1，否则为0
array([0, 0, 0, 0, 0, 1, 1])
>>> np.where(a>2)
(array([5, 6], dtype=int64),)#返回符合条件的元素的下标
>>> np.select([a==1,a>2,True],[a-2,a*2,a**2])
                            #若满足第1个条件则执行第1个算式，依次类推
array([-1, -1, -1,  4,  4,  6,  8])
```

（5）多项式拟合，应用如下：

```
>>> p = np.polyfit(a,b,1)
            #a相当于函数中的x，b相当于y，第3个参数为拟合曲线的最高次方数
>>> b = np.array([1,2,2,3,4,5,2])
>>> p = np.polyfit(a,b,2)
>>> print(np.poly1d(p))
       2
-1.056 x + 5.517 x - 2.888
```

4．实现动态数组

Numpy 中的 ndarray 数组与 C 语言中的常规数组类似，并不支持动态改变大小，如果选择先创建 list，采集完成之后再将 list 转换为 ndarray 的方法会造成内存及性能的浪费。

因为 Python 标准库中的 array 数组存储数据的方式与 ndarray 类似，所以常见的做法是先建立一个 array 数组 a[]，然后用 np.frombuffer()函数创建一个与 a[]共享内存的 ndarray 数组。

示例代码如下：

```
>>> a = array('f',[1,2,3,4])
            #需要一个参数指示数据类型（b, B, u, h, H, i, I, l, L, q, Q, f or d）
>>> b = np.frombuffer(a,dtype=np.float)
```

12.1.3 Numpy 性能优化

1．Numpy 自身优化

虽然 Numpy 本身已经在计算上做了大量优化，但是处理海量数据时，需要注意一些细节来提高 numpy 的运行速度。

例如减少不必要的拷贝：

```
%%timeit a = numpy.zeros(100000000)
b = a*2#隐式拷贝
```

```
1 loop, best of 3: 390 ms per loop
%%timeit a = numpy.zeros(10000000)
a *=2    #就地操作
100 loops, best of 3: 9.19 ms per loop
```

注意：本段代码在 IPython Notebook 中完成。

由以上代码可以明显地看到就地操作耗时 9.19 ms，隐式拷贝耗时 390 ms，就地操作的运算速度比隐式拷贝的运算速度快 40 多倍。

2. 使用 numexpr 优化 Numpy 速度

在数据处理过程中，限制速度的瓶颈常常是内存读取速度，而 numexpr 的功能是对数据存储方面进行优化，下面用一段代码对 numexpr 的提速效果进行测试。

```
import numpy as np
import numexpr as ne
a = np.linspace(1,100,10000)
b = a.reshape(100,100)
c = a.reshape(100,100)
timeit ne.evaluate("sin(b)+cos(c)")
10000 loops, best of 3: 126 µs per loop
timeit np.sin(b)+np.cos(c)
1000 loops, best of 3: 371 µs per loop
```

结果很明显，使用了 numexpr 的算式计算速度约为未使用 numexpr 的 3 倍，看来限制这台计算机计算速度的瓶颈确实在内存方面。

12.2 复杂数据全面处理：Pandas 库

Pandas 是在 Numpy 基础上开发的数据处理库，最早用于金融数据分析，其数据处理功能更加全面，比 Numpy 更适合做大量复杂数据的清洗、整理、统计工作。近几年 Python 在数据科学领域发展迅猛，Pandas 库在其中发挥了重要作用。

12.2.1 Pandas 库中的 4 种基础数据结构

下面将介绍 Pandas 库中 4 种基础数据结构，分别是 Series、Time-Series、DataFrame 和 Panel。

1. Series

Series 是一种与 Python 中的字典类似的数据结构，由索引（index）和值（value）构成，既可以通过位置读取元素，也可以通过索引读取元素。

示例代码如下：

```
>>> a = pd.Series([1,2,3,4],index=['a','b','c','d'])
```

```
>>> a[1]
2
>>> a['a']
1
```

Series 同时具有一维数组和字典的性质,所以支持数组及字典的一些方法,如数组切片和键值遍历,代码如下:

```
>>> a[1:3]
b    2
c    3
>>> for key,value in a.iteritems():
...     print(key,value)
...
a 1
b 2
```

2. Time-Series

Time-Series(时间序列)就是使用时间戳作为索引的 Series,所以 Time-Series 具备 Series 的所有功能。

示例代码如下:

```
>>> dates = ['2017-06-20','2017-06-21', '2017-06-22','2017-06-23','2017-
    06-24','2017-06-25']
>>> ts = pd.Series(np.arange(1,7,1),index = pd.to_datetime(dates))
>>> ts
2017-06-20    1
2017-06-21    2
2017-06-22    3
2017-06-23    4
2017-06-24    5
2017-06-25    6
dtype: int32
```

从时间序列中读取元素不需要严格遵守索引格式,只需传入能被转换成时间格式的参数即可,例如:

```
>>> ts['2017/06/20']
1
>>> ts['2017-06-20']
1
>>> ts['06-20-2017']
1
>>> ts['2017 06 20']
1
```

3. DataFrame

DataFrame 是 Pandas 中最常用的数据结构,可以将 DataFrame 看成多个有相同索引的 Series 的组合。要使用 DataFrame 首先要做的就是创建它。

代码如下:

```
>>> df = pd.DataFrame(np.arange(1,13,1).reshape(4,3),index=['a','b','c',
   'd'],columns=['A','B','C'])
>>> df
   A   B   C
a  1   2   3
b  4   5   6
c  7   8   9
d  10  11  12
>>> df1 = pd.DataFrame({'A':[1,4,7,10],'B':[2,5,8,11],'C':[3,6,9,12]},
   index=['a','b','c','d'])
>>> df1
   A   B   C
a  1   2   3
b  4   5   6
c  7   8   9
d  10  11  12
```

注意:index 和 columns 都不是必需的参数,如果不指定,系统会自动生成。

此外还可以使用第 9 章介绍的 pandas.read_csv()函数读取本地 CSV 文件来创建 DataFrame,不再赘述。

下面将以第 10 章中的 TuShare 电影票房数据为例,对 DataFrame 的基本操作进行讲解。

```
>>> import tushare as ts
>>> df = ts.realtime_boxoffice()
>>> df.head(5)
   BoxOffice Irank    MovieName boxPer movieDay sumBoxOffice  \
0  1950.26   1        猩球崛起3: 终极之战  55.55  6        49821.86
1  568.90    2        看不见的客人     16.21  6        5319.67
2  527.91    3        蜘蛛侠: 英雄归来  15.04  13       70981.11
3  144.15    4        刀剑神域: 序列之争  4.11   6        4636.97
4  120.40    5        战狼2         3.43   56       565015.97

                time
0  2017-09-20 19:12:00
1  2017-09-20 19:12:00
2  2017-09-20 19:12:00
3  2017-09-20 19:12:00
4  2017-09-20 19:12:00
```

(1) 获取列名与索引

代码如下:

```
>>> df.columns
Index(['BoxOffice', 'Irank', 'MovieName', 'boxPer', 'movieDay', 'sumBoxOffice',
    'time'],
    dtype='object')
>>> df.index
RangeIndex(start=0, stop=11, step=1)
```

(2) 读取元素

代码如下:

```
>>> df['time'][1]
'2017-09-20 19:12:00'
>>> df.get_value(1,'time')
'2017-09-20 19:54:38'
>>> df.at[1,'time']
'2017-09-20 19:54:38'
>>> df.iat[1,6]
'2017-09-20 19:54:38'
>>> df.loc[1,'time']
'2017-09-20 19:54:38'
>>> df.iloc[1,6]
'2017-09-20 19:54:38'
```

(3) 读取行或列。

读取行或列与读取元素类似,只需再减少一个参数即可读取行或列,另外读取列可以使用类似于 Python 字典的方式。

代码如下:

```
>>> df['MovieName']
0        猩球崛起3: 终极之战
1        看不见的客人
2        蜘蛛侠: 英雄归来
3        刀剑神域: 序列之争
4        战狼2
```

(4) 删除列

代码如下:

```
>>> del df['time']#删除列名为time的列
>>> df
   BoxOffice  Irank   MovieName  boxPer movieDay sumBoxOffice
0    1950.26      1  猩球崛起3: 终极之战   55.55        6     49821.86
```

```
1         568.90      2    看不见的客人          16.21    6       5319.67
2         527.91      3    蜘蛛侠：英雄归来      15.04    13      70981.11
3         144.15      4    刀剑神域：序列之争    4.11     6       4636.97
4         120.40      5    战狼2                 3.43     56      565015.97
```

（5）删除行

代码如下：

```
>>> df.drop([1,4])#drop操作不会改变df
   BoxOffice  Irank    MovieName  boxPer movieDay sumBoxOffice
0    1950.26    1    猩球崛起3：终极之战   55.55    6       49821.86
2     527.91    3    蜘蛛侠：英雄归来     15.04    13      70981.11
3     144.15    4    刀剑神域：序列之争   4.11     6       4636.97
```

（6）插入列

代码如下：

```
>>> df['b']=np.arange(1,12,1)
>>> df

   BoxOffice  Irank    MovieName  boxPer movieDay sumBoxOffice   b
0    1950.26    1    猩球崛起3：终极之战   55.55    6       49821.86    1
1         1    1              1         1       1            2
2     527.91    3    蜘蛛侠：英雄归来     15.04    13      70981.11    3
3     144.15    4    刀剑神域：序列之争   4.11     6       4636.97     4
4     120.40    5    战狼2               3.43     56      565015.97   5
```

（7）插入行

代码如下：

```
>>> df.loc[5]=np.arange(1,8,1)
>>> df
   BoxOffice  Irank    MovieName  boxPer movieDay sumBoxOffice   b
0    1950.26    1    猩球崛起3：终极之战   55.55    6       49821.86    1
1         1    1              1         1       1            1        2
2     527.91    3    蜘蛛侠：英雄归来     15.04    13      70981.11    3
3     144.15    4    刀剑神域：序列之争   4.11     6       4636.97     4
4     120.40    5    战狼2               3.43     56      565015.97   5
5         1    2              3         4       5            6        7
```

（8）改变列顺序

代码如下：

```
>>> df.columns=['b','BoxOffice','Irank','MovieName','boxPer','movieDay','sumBoxOffice']
>>> df
     b  BoxOffice   Irank  MovieName  boxPer   movieDay  sumBoxOffice
```

0	1950.26	1	猩球崛起3：终极之战	55.55	6	49821.86	1
1	1	1	1	1	1	1	2
2	527.91	3	蜘蛛侠：英雄归来	15.04	13	70981.11	3
3	144.15	4	刀剑神域：序列之争	4.11	6	4636.97	4
4	120.40	5	战狼2	3.43	56	565015.97	5
5	1	2	3	4	5	6	7

（9）修改数据类型

如将上映时间（movieDay）修改为 float 类型，代码如下：

```
>>> df['movieDay']=df['movieDay'].astype(np.float)
                        #调用astype()并不会改变原数据
```

（10）筛选数据

如筛选出上映时间超过 10 天，且小于 50 天的电影的名字，代码如下：

```
>>> df['MovieName'][(df['movieDay']>10)&(df['movieDay']<50)]
2    蜘蛛侠：英雄归来
```

（11）统计函数

因为 Pandas 是基于 Numpy 开发的，所以 Pandas 支持 Numpy 中大部分统计函数，如 sum()、mean()、median()、count()等，使用方法与 Numpy 多维数组类似，读者可自行实践，不再赘述。

4．Panel

Panel 是经济学中描述多维数据集的术语，Pandas 中 Series 是一维数据集，DataFrame 是二维数据集，Panel 是三维数据集。Panel 中的每一个元素都是一个 DataFrame。通常情况下 Panel 由以 DataFrame 为 value 的字典或者三维数组创建。

（1）由三维数组创建 Panel

三维数组可以直接转化为 Panel，代码如下：

```
>>> a = [[[1],[2]],[[3],[4]]]    #创建一个三维数组
>>> b = pd.Panel(a)              #将三维数组a转化为panel
>>> b                            #显示该panel对象的基本信息
<class 'pandas.core.panel.Panel'>
Dimensions: 2 (items) x 2 (major_axis) x 1 (minor_axis)
Items axis: 0 to 1
Major_axis axis: 0 to 1
Minor_axis axis: 0 to 0
```

（2）由 DataFrame 字典创建 Panel

DataFrame 是二维数据，在转化为 Panel 的时候需要添加一个维度。

```
>>> n = pd.DataFrame({0:[1,4],1:[2,5],3:[3,6]})
>>> n
   0  1  2
0  1  2  3
1  4  5  6
>>> j = pd.Panel({'a':n,'b':n})#在DataFrame的基础上增加了一个标签维度
>>> j
<class 'pandas.core.panel.Panel'>
Dimensions: 2 (items) x 2 (major_axis) x 3 (minor_axis)
Items axis: a to b
Major_axis axis: 0 to 1
Minor_axis axis: 0 to 2
```

12.2.2 Pandas 使用技巧

Pandas 对 Python 中影响计算速度的操作均进行了优化，其实使用 Pandas 的技巧就是熟悉 Pandas 的函数库，在数据处理过程中尽量使用 Pandas 方法，而不选择 Python 方法。

1. 使用 iterrows()快速逐行遍历/赋值

【示例 12-6】对比普通 for 循环遍历与 iterrows()遍历方法的速度差异

示例代码如下：

```
01: import pandas as pd
02: import time
03: a = [0 for i in range(10000)]
04: df = pd.DataFrame()
05: df['a'] = a
06: #普通for循环遍历
07: %%timeit
08: for i in range(df.shape[0]):
09:     df['a'][i] = 1
10:     print(i)
11:
12: #使用iterrows()遍历
13: %%timeit
14: for i,row in df.iterrows():
15:     row['a'] = 1
16:     print(i)
1 loops, best of 3: 1.22 s per loop
1loops, best of 3: 1.02 s per loop
1.0200579166412354
```

接下来将数列长度增加，对比两种方法的速度差别如表 12.1 所示。

表 12.1 遍历速度对比

数列长度数量级	4	5	6	每次读取次数	4	8	12
普通遍历速度	1.22	18.97	1242.57	普通遍历速度	2.17	3.19	4.83
iterrows 速度	1.02	11.09	99.76	iterrows 速度	1.58	2.23	3.25
速度增幅	19.6%	71.1%	1146%	速度增幅	37.3%	43.0%	48.6%

由表 12.2 可知，对于数据量较大（百万以上）的情况，使用 iterrows()能缩短 10 倍以上的时间。

2．apply()批量数据处理

apply 的批量数据处理方式主要有三种；假设有 DataFrame a：

```
>>> a
   A  B
0  1  2
1  3  4
2  5  6
3  7  8
```

- 单列批处理

```
>>> b = a['B'].apply(lambda x:x/2)
>>> b
0    1.0
1    2.0
2    3.0
3    4.0
Name: B, dtype: float64
```

- 按行批处理

```
>>> c =a.apply(lambda row:row['A'] + row['B'],axis=1)
>>> c
0     3
1     7
2    11
3    15
dtype: int64
```

- 全体批处理

```
>>> d = a.apply(lambda x:x/2)
>>> d
     A    B
0  0.5  1.0
1  1.5  2.0
2  2.5  3.0
3  3.5  4.0
```

注意：lambda 表达式也可以替换为相应的函数。

与 apply()类似的还有 map()函数，但是 map()是 Series 类型的函数，不能对 DataFrame

整体作用，只能作用于单列，作用于 DataFrame 会出现如下报错，这一点要注意。

```
>>>c = a.map(lambda x:x/2)
---------------------------------------------------------------
AttributeError                         Traceback (most recent call last)
<ipython-input-70-f0c3d140d691> in <module>()
----> 1 c = a.map(lambda x:x/2)

D:\WinPython-64bit-3.4.4.4Qt5\python-3.4.4.amd64\lib\site-packages\pandas\core\generic.py in __getattr__(self, name)
   2670            if name in self._info_axis:
   2671                return self[name]
-> 2672            return object.__getattribute__(self, name)
   2673
   2674    def __setattr__(self, name, value):

AttributeError: 'DataFrame' object has no attribute 'map'

>>>c = a['A'].map(lambda x:x/2)
```

下面我们来看一下 apply()、map() 和常规处理方法（iterrows 函数）的速度对比。

- 常规处理方法

```
%%timeit
for i,row in a.iterrows():
    row['A']=row['A']/2
1000 loops, best of 3: 418 µs per loop
```

- 使用 apply() 函数

```
%%timeit
a['A'] = a['A'].apply(lambda x:x/2)
The slowest run took 5.13 times longer than the fastest. This could mean that an intermediate result is being cached.
1000 loops, best of 3: 275 µs per loop
```

- 使用 map() 函数

```
%%timeit
a['A'] = a['A'].map(lambda x:x/2)
1000 loops, best of 3: 265 µs per loop
```

从结果中可知，使用 apply() 和 map() 都明显快于 iterrows() 遍历。

3. 缺失数据 NaN 处理

在工作中获取到的原始数据可能会出现数据缺失，比如下面的 DataFrame 在进行筛选时出现了 NaN：

```
>>> a
   A B
0  1 2
```

```
   1  3  4
   2  5  6
   3  7  8
>>>a = a.where(a>3)
     A    B
0  NaN  NaN
1  NaN  4.0
2  5.0  6.0
3  7.0  8.0
```

注意：出现 NaN 后其他元素变成了 float 类型。

我们可以通过以下两种方法处理缺失数据。

（1）去除 NaN

代码如下：

```
>>>a = a.dropna()
     A    B
2  5.0  6.0
3  7.0  8.0
```

（2）填充 NaN

代码如下：

```
>>> a.fillna({'A':1,'B':2})
     A    B
0  1.0  2.0
1  1.0  4.0
2  5.0  6.0
3  7.0  8.0
```

4．拼接 DataFrame

在数据爬取中经常要将几个 DataFrame 拼接在一起，拼接 DataFrame 可以使用类似于 list 的 append()函数，此外还有 concat()函数、merge()函数可用，下面对比一下三者的性能。

假设

```
a=
   A  B
0  1  2
1  3  4
c = [a for i in range(1000)]#构建包含1000个DataFrame的列表
```

- 使用 append 函数

```
%%timeit
b = a
for df in c:
```

```
    b = b.append(df)
1 loop, best of 3: 345 ms per loop
```

- 使用 concat()函数

```
%%timeit
b = pd.concat(c)
10 loops, best of 3: 52.4 ms per loop
```

- 使用 merge ()函数

```
%%timeit
b = a
for df in c:
    b = pd.merge(b,df)
1 loop, best of 3: 1.68 s per loop
```

从上面的对比测试中可以看到，三种拼接方法中使用 concat()最快，merge()最慢。

12.3　Python 机器学习库：Scikit-learn

Scikit-learn（又名 Sklearn）是最常用的 Python 机器学习库，本节对 Sklearn 只进行简单介绍。

在使用 Sklearn 之前，需要知道以下相关机器学习的知识：

（1）监督学习

监督学习是指原始数据中已经给出了需要预测的结果，只需根据原始数据中的参数与结果的关系，对待预测数据的结果进行预测。

（2）非监督学习

非监督学习中原始数据是没有结果的数据，需要机器自己从中找到规律，非监督学习最常用的领域是聚类，即将大量杂乱无章的数据分为若干个类别。

（3）训练集

用于建立模型的原始数据，需要从中总结规律，建立原始模型。

（4）测试集

用于检测建立的模型的准确度，若准确度不高则对模型进行调整。

Sklearn 库中自带数据集和模型。为了方便学习，Sklearn 库中自带了一些练习数据，如表 12.2 所示。

表 12.2　Sklearn 自带数据集

数 据 集	调 用 方 法	数 据 集	调 用 方 法
鸢尾花	load_iris()	乳腺癌	load_breast_cancer()
手写数字	load_digits()	波士顿房价	load_boston()
糖尿病	load_diabetes()	体能训练	load_linnerud()

Sklearn 集成了常用的机器学习模型，如表 12.3 所示。关于这些机器学习模型，有兴趣的读者可自行了解，不再细讲。

表 12.3 Sklearn 常用模型

模 型 名		引 用 模 块
逻辑回归		from sklearn.linear_model import LogisticRegression
K 近邻		from sklearn.neighbors import KNeighborsClassifier
朴素贝叶斯	高斯模型	from sklearn.naive_bayes import GaussianNB
	伯努利模型	from sklearn.naive_bayes import MultinomialNB
	多项式模型	from sklearn.naive_bayes import BernoulliNB
决策树		fromsklearn.tree import DecisionTreeClassifier
支持向量机		from sklearn.svm import SVC

1．建模过程

机器学习建模相当于搭建一个从数据特征（如鸢尾花的花瓣长度，花萼宽度等）到数据标签（即鸢尾花类型）的映射。

下面的示例中用到了决策树模型，决策树中的每个节点都会将鸢尾花数据集按照某个特征进行划分，直到每个叶节点中内部包含的鸢尾花都属于同一个类型。

当有新的未标记数据进入模型时，模型会自上而下地根据每个节点的数据划分依据对该数据进行分类，以最终到达的叶子节点所属的鸢尾花类型为该新数据的类型，从而实现对鸢尾花的分类。

【示例 12-7】以鸢尾花数据为例，使用 Sklearn 进行监督学习的基本建模过程（决策树模型）。

首先要导入建模需要的库函数和鸢尾花数据集。

```
01: from sklearn.datasets import load_iris
02: from sklearn import tree
03: from sklearn import metrics
04: from sklearn.cross_validation import train_test_split
05: iris = load_iris()
```

导入 iris 数据，iris 数据类型为 Bunch，是一种变形的字典，结构如下：

```
{'target_names': array(['setosa', 'versicolor', 'virginica'],
      dtype='<U10'), 'data': array([[ 5.1,  3.5,  1.4,  0.2],
      [ 4.9,  3. ,  1.4,  0.2],
      [ 4.7,  3.2,  1.3,  0.2],
      [ 4.6,  3.1,  1.5,  0.2],
      ……
      [ 6.7,  3. ,  5.2,  2.3],
      [ 6.3,  2.5,  5. ,  1.9],
      [ 6.5,  3. ,  5.2,  2. ],
      [ 6.2,  3.4,  5.4,  2.3],
      [ 5.9,  3. ,  5.1,  1.8]]), 'feature_names': ['sepal length (cm)',
'sepal width (cm)', 'petal length (cm)', 'petal width (cm)'], 'DESCR': 'Iris
```

```
Plants        Database\n====================\n\nNotes\n-----\nData        Set
Characteristics:\n        :Number of Instances: 150 (50 in each of three
classes)\n    ……- See also: 1988 MLC Proceedings, 54-64. Cheeseman et al"s
AUTOCLASS II\n        conceptual clustering system finds 3 classes in the data.\n
- Many, many more ...\n', 'target': array([0, 0, 0, 0, 0, 0, 0, 0, 0, 0, 0, 0,
        0, 0, 0, 0, 0, 0, 0, 0, 0, 0, 0,
        0, 0, 0, 0, 0, 0, 0, 0, 0, 0, 0, 0, 0, 0, 0, 0, 0, 0, 0, 0, 0,
        0, 0, 0, 0, 1, 1, 1, 1, 1, 1, 1, 1, 1, 1, 1, 1, 1, 1, 1, 1, 1,
        1, 1, 1, 1, 1, 1, 1, 1, 1, 1, 1, 1, 1, 1, 1, 1, 1, 1, 1, 1, 1,
        1, 1, 1, 1, 1, 1, 1, 2, 2, 2, 2, 2, 2, 2, 2, 2, 2, 2, 2, 2, 2,
        2, 2, 2, 2, 2, 2, 2, 2, 2, 2, 2, 2, 2, 2, 2, 2, 2, 2, 2, 2, 2,
        2, 2, 2, 2, 2, 2, 2, 2, 2, 2, 2, 2])}
```

提取其中的数据进行分析,代码如下:

```
06: x = iris.data
07: y = iris.target
08: train_data,test_data,train_target,test_target=train_test_split(x,y,
    test_size=0.3,random_state=0)
#划分训练集与测试集
09: clf = tree.DecisionTreeClassifier(criterion="entropy")#选用决策树模型
10: clf.fit(train_data,train_target)
11: y_pred = clf.predict(test_data)
12: ac = metrics.accuracy_score(y_true=test_target,y_pred=y_pred)#检查准确率
13: print(ac)
```

结果如下:

0.97777

准确率 97.78%,拟合效果比较理想。

2. 模型持久化

建模过程中常常要将模型持久化,以方便反复应用,Sklearn 官方文档给出了两种方法。

(1) joblib 方法

代码如下:

```
from sklearn.externals import joblib
joblib.dump(clf, 'filename.pkl')    #本地保存
clf = joblib.load('filename.pkl')   #调用
```

(2) pickle 方法

代码如下:

```
import pickle
f = open('filename.pkl','wb')
a = pickle.dumps(clf,f)
f.close()
g = open('filename.pkl','rb')
clf = pickle.load(g)
```

Chapter 13 第 13 章

掌握绘图软件：将数据可视化

数据可视化就是将非直观的数据转换成可视化的图表，将数据中隐含的信息直接展示出来，帮助人们发现数据背后的规律。数据可视化不仅仅是绘图，而是研究现象，探索本质的过程。在数据爬取的完整应用链条中，对数据的处理是重要一环，而将数据可视化是目前非常受欢迎的方式。

本章主要知识点有：

- Excel 绘图：掌握使用 Excel 绘制基础图形的方法；
- Tableau 绘图：学会使用 Tableau 绘制图形；
- Matplotlib/Seaborn 绘图：学会利用代码自定义数据图表。

13.1 应用广泛的数据可视化：Excel 绘图

Excel 是办公人士的必备软件，主要用于数据处理、计算和绘制简单图表。使用 Excel 绘制的图表虽然算不上华丽，但是在绝大多数应用领域中已经足够应对各种数据可视化任务。

本节将简单介绍 Excel 的绘图功能。本章中的 Excel 选用了 2013 版本，因为 2013 版 Excel 的图表美化比 2010 版有了很大的进步，省去了美化图表的麻烦。

如图 13-1 所示为国家统计局提供的城镇单位就业人员平均工资数据，接下来我们利用 Excel 对其进行可视化处理。

数据库：分省年度数据							
指标：城镇单位就业人员平均工资(元)							
时间：最近10年							
地区	2009年	2010年	2011年	2012年	2013年	2014年	2015年
北京市	57779	65158	75482	84742	93006	102268	111390
天津市	43937	51489	55658	61514	67773	72773	80090
河北省	27774	31451	35309	38658	41501	45501	50921
山西省	28066	33057	39230	44236	46407	48969	51803
内蒙古自治区	30486	35211	41118	46557	50723	53748	57135
辽宁省	30523	34437	38154	41858	45505	48190	52332
吉林省	25943	29003	33610	38407	42846	46516	51558
黑龙江省	24805	27735	31302	36406	40794	44036	48881
上海市	58336	66115	75591	78673	90908	100251	109174
江苏省	35217	39772	45487	50639	57177	60867	66196

图 13.1　城镇单位就业人员平均工资

13.1.1　绘制（对比）柱形图

绘制柱形图操作步骤如下：

（1）选择数据范围，这里单独选中北京的数据，如图 13.2 所示。

地区	2009年	2010年	2011年	2012年	2013年	2014年	2015年
北京市	57779	65158	75482	84742	93006	102268	111390

图 13.2　选择数据

（2）选择"插入"→"二维柱形图"选项，如图 13.3 所示。

图 13.3　选择绘制图表

结果如图 13.4 所示。

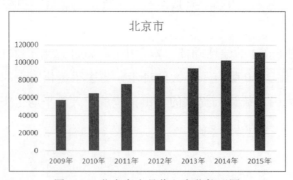

图 13.4　北京市人员收入变化柱形图

将北京与天津的数据进行对比，同时选中北京和天津的数据，如图 13.5 所示。

地区	2009年	2010年	2011年	2012年	2013年	2014年	2015年
北京市	57779	65158	75482	84742	93006	102268	111390
天津市	43937	51489	55658	61514	67773	72773	80090

图 13.5　选择数据

重复第（2）步操作，生成的图表如图 13.6 所示。

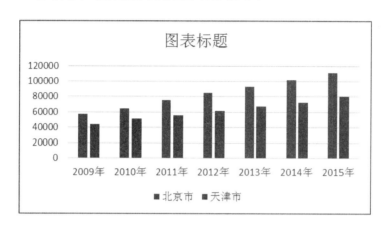

图 13.6　北京与天津收入对比柱形图

若选择更多的数据，Excel 会选择数据量较多的一项作为横坐标，如图 13.7 所示。

图 13.7　多城市收入对比柱形图

13.1.2　绘制饼图并添加标注

Excel 中柱形图只能处理单列或单行数据，若想获得华东地区 2015 年各省市收入的大致比例关系，可以选中华东地区 2015 年的收入数据，选择"插入饼图"生成的饼图如图 13.8 所示。

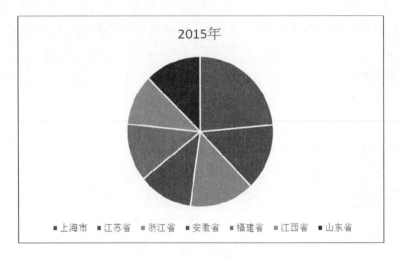

图 13.8 华东六省一市收入对比

因为该饼图分块较多，不便于从图例中识别个省市的比例，可以为每个分区添加标注，操作如下：

单击饼图，在"设计"选项卡中共有 12 种图表样式可供选择，从中选择合适的图标样式，如图 13.9 所示。

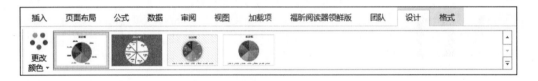

图 13.9 修改图形样式

修改后图形如图 13.10 所示。

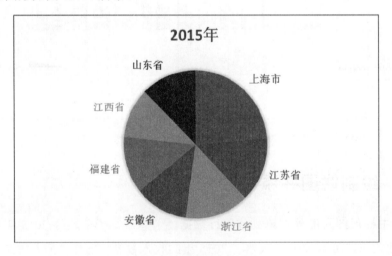

图 13.10 添加标注后图形

在这张图中各个省市的收入高低一览无遗。

13.1.3 其他图形

除柱形图和饼图外，Excel 还提供了曲线图、散点图、组合图、雷达图、二维面积图等，如图 13.11～图 13.15 所示。绘图方法类似，不再一一介绍。

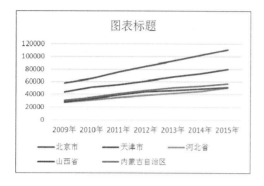

图 13.11　华北五省市收入对比曲线图

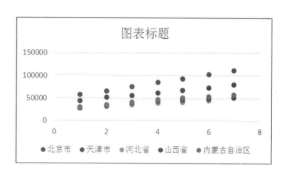

图 13.12　华北五省市收入对比散点图

图 13.13　华北五省市收入对比组合图

图 13.14　华北五省市收入对比雷达图

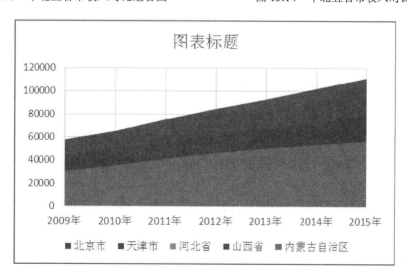

图 13.15　华北五省市收入对比面积图

13.1.4　Excel 频率分布直方图

本节重点介绍一下频率分布直方图，因为在数据分析中频率分布直方图能够帮助我们快速地进行数据总览，了解数据的分布情况，从而制定出合理的数据处理策略。

Excel 中并没有直接提供绘制直方图的方法，需要利用 Excel 中的数据分析工具。

【示例 13-1】利用 Excel 绘制全国各省市城镇人员平均工资频率分布直方图。

（1）首先选择"文件"→"选项"命令，在"Excel 选项"对话框中选择"加载项"，在"加载项"列表框中选择"分析工具库"选项，再单击"转到"按钮，如图 13.16 所示。

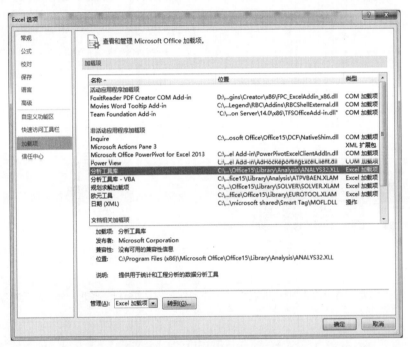

图 13.16　添加分析工具库 1

（2）在弹出的对话框中选中"分析工具库"复选框，单击"确定"按钮，如图 13.17 所示。

（3）设置完成后，在"数据"选项卡中会出现"数据分析"工具，单击"数据分析"选项，在弹出的"数据分析"对话框中选择"直方图"选项，如图 13.18 所示，再单击"确定"按钮。

（4）弹出"直方圆"对话框如图 13.19 所示。

选择输入区域和接收区域，输入区域为将要进行频率统计的数据，这里选择 2015 年的全国城镇就业人员平均工资，接收区域需要选择一个单元格范围，在这个范围内填写每个分组的分组依据（即分组边界），如图 13.19 和图 13.20 所示。

（5）得到频率分布直方图如图 13.21 所示。

第 13 章　掌握绘图软件：将数据可视化　❖　277

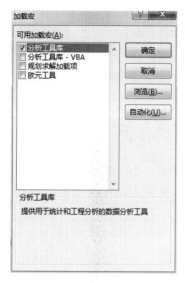

图 13.17　添加分析工具库 2

图 13.18　选择直方图选项

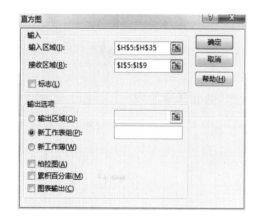

图 13.19　直方图设置

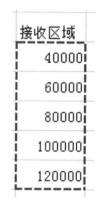

图 13.20　设置接受区域

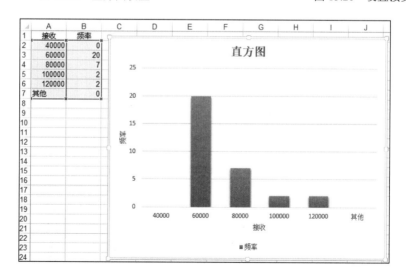

图 13.21　全国各省市城镇人员平均工资频率分布直方图

13.2 适合处理海量数据：Tableau 绘图

Tableau 是一款优秀的数据可视化软件，相比 Excel 来说，Tableau 有两个明显的优势：

- 更适合处理海量数据（毕竟 Excel 最多只能加载 $2^{20}=1\,048\,576$ 行数据）；
- 提供了更加丰富多样的图表类型。

Tableau 绘图的操作方法与 Excel 中的数据透视图类似，使用过 Excel 数据透视图的读者能够很快地掌握 Tableau 的用法，下面仍用国家统计局提供的城镇单位就业人员平均工资为例介绍 Tableau 绘制图表的过程。

13.2.1 基本操作：导入数据

导入之前需要先将无用数据（表格中的图表介绍部分）去除，打开后界面如图 13.22 所示。

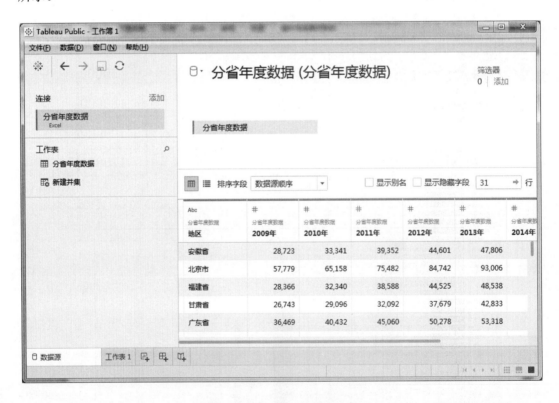

图 13.22 Tableau 数据源界面

单击 "工作表 1"，进入绘图界面，Tableau 会自动将数据分为维度数据（字符类数据）和度量数据（数值型数据），如图 13.23 所示。

图 13.23　Tableau 工作表界面

13.2.2　绘制（多重）柱状对比图

将"地区"拖入到"行"，"2015 年"拖入到"列"，生成的柱状图如图 13.24 所示。

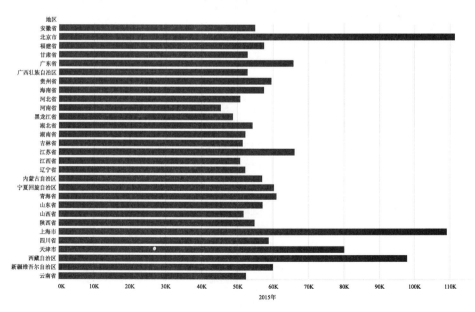

图 13.24　各省市 2015 年人员收入对比

将"2015"拖入"颜色"，Tableau 会根据数值大小给每一列分配深浅不一的颜色，效果如图 13.25 所示。

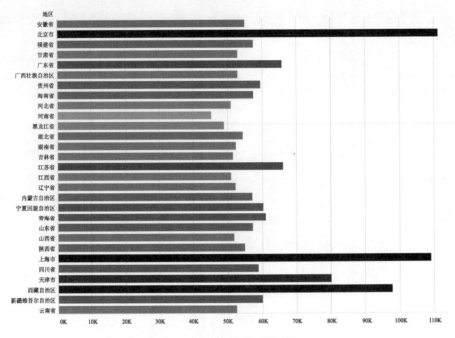

图 13.25 修改颜色后的效果

继续将"2014"、"2013"拖入"列",绘制好的各省市 2013~2015 年多重柱状对比图如图 13.26 所示。

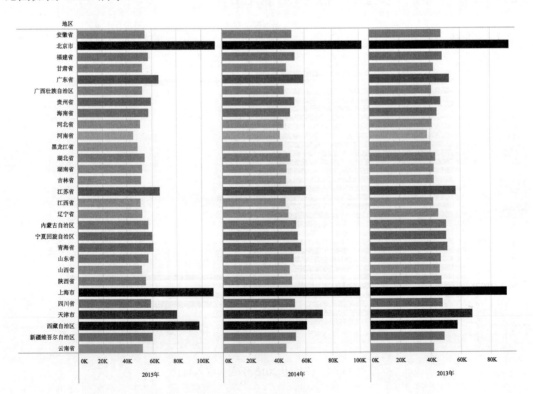

图 13.26 各省市 2013~2015 年多重柱状对比图

13.2.3 智能显示：图形转换

Tableau 提供了一个方便的"智能显示"功能，如图 13.27 所示。

通过单击其中的可用图表，可以快速转换图表类型，查看当前的数据更适合选用哪种图形来展示。图 13.28～图 13.30 分别为气泡图、树状图和曲线图效果。

图 13.27 智能显示

图 13.28 气泡图

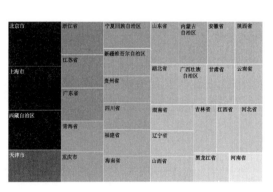

图 13.29 树状图

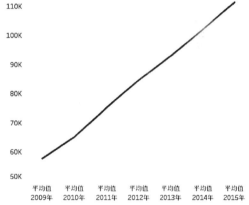

图 13.30 曲线图

13.2.4 绘制频率分布直方图

与 Excel 类似，Tableau 也没有提供直接绘制频率分布直方图的方法，下面介绍一下如何利用 Tableau 绘制频率分布直方图，以 2015 年全国各省市工资分布为例。

【示例 13-2】利用 Tableau 绘制 2015 年我国城镇就业人员平均工资频率分布直方图

具体操作步骤如下：

（1）首先右击"2015 年"，在弹出的快捷菜单中选择"创建"→"组"命令，如图 13.31 所示。

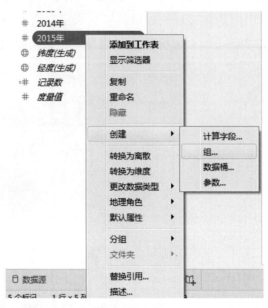

图 13.31　数据分组

（2）将数据分为需要的组，如图 13.32 所示。

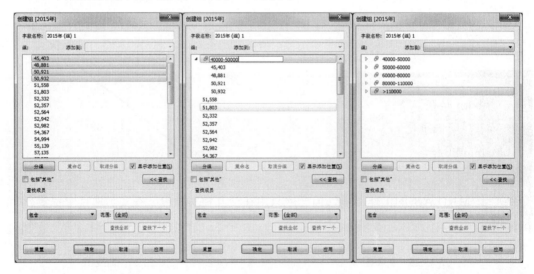

图 13.32　分组过程

（3）创建完成后，"2015 年（组）"会出现在"维度"菜单中，如图 13.33 所示。

（4）将"2015 年"拖动到"行"，将"2015 年（组）"拖动到"列"，得到如图 13.34 所示的频率分布直方图。

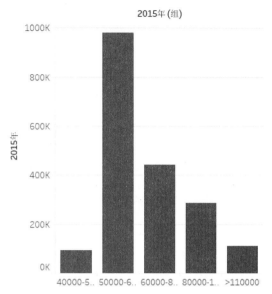

图 13.33 "2015 年"转换为维度　　图 13.34 城镇就业人员平均工资频率分布直方图（2015 年）

13.3 完善的二维绘图库：Matplotlib/Seaborn

Matplotlib 是 Python 的第三方二维绘图库，能够在 Numpy、Pandas、SciPy（科学计算数值库）的配合下画出各种高质量精美图形，除应用于数据可视化外，Matplotlib 在自然科学计算、图像处理甚至图形绘制方面都有广泛的应用。是本章介绍的工具中功能最全面、自由度最高的，但也是上手难度最大的工具，初学者使用 Matplotlib 绘制的图形往往很不美观。

Seaborn 是在 Matplotlib 的基础上添加了更多的定制主题和高级接口，让绘图变得更加简单，降低了使用 Matplotlib 绘制精美图形的门槛。

Matplotlib 绘图模块有 pyplot 和 pylab 两个选项。pyplot 是 Matplotlib 绘图库，而 pylab 是一个集成环境，import pylab 可以一次性引入 numpy、pyplot 等多个模块，能够创建一个类似于 MATLAB 的工作环境，但一般只用在交互性实验中。在实际项目中尽量使用 pyplot。

相对于 Excel 和 Tableau 来说，Matplotlib 入门门槛较高，需要 Python 编程基础，操作复杂。即使 Seaborn 对 Matplotlib 进行了一定的简化，要熟练使用 Matplotlib 仍需要投入较大精力。但是 Matplotlib 的自由度非常高，对所有图表的支持都非常好。

13.3.1 使用 Matplotlib 绘制函数图表

具体操作步骤如下：

（1）Matplotlib 绘制函数图表需要先使用 numpy 构建函数式

代码如下：

```
01: import numpy as np
02: import matplotlib.pyplot as plt
03: a = np.linspace(-1,1,200)
04: b = np.log(a)
05: c = np.exp(a)
06: d = np.sin(a)
07: e = np.cos(a)
08: for i in [b,c,d,e]:
09:     plt.plot(a,i)
10: plt.show()
```

程序运行结果如图 13.35 所示。

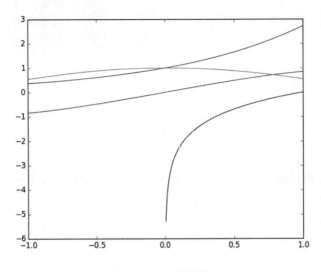

图 13.35 函数图像

（2）直接绘制出来的图像非常简陋，需要添加一些元素（十字坐标轴，标签，标注等）：

```
01: import numpy as np
02: import matplotlib
03: import matplotlib.pyplot as plt
04: myfont = matplotlib.font_manager.FontProperties(fname=r'C:/Windows/
    Fonts/msyh.ttf')#设置中文字体,否则会出现乱码
05: a = np.linspace(-1,1,200)
06: b = np.log(a)
07: c = np.exp(a)
08: d = np.sin(a)
09: e = np.cos(a)
10: for i in [b,c,d,e]:
11:     plt.plot(a,i)
12: plt.xlabel(u'横坐标X',fontproperties = myfont)#添加横纵坐标标签
13: plt.ylabel(u'纵坐标Y',fontproperties = myfont)
14: #限制x、y数据显示范围
```

```
15: plt.xlim(-1,1)
16: plt.ylim(-3,3)
17: tick = plt.gca()
18: tick.spines['top'].set_visible(False)        #去除上方和右边的坐标轴
19: tick.spines['right'].set_visible(False)
20: tick.xaxis.set_ticks_position('bottom')
21: tick.spines['bottom'].set_position(('data',0))#将x/y轴移动到中心位置
22: tick.yaxis.set_ticks_position('left')
23: tick.spines['left'].set_position(('data',0))
24: plt.title(u'函数图像',fontproperties=myfont,fontsize=20)
25: plt.annotate(r'sin(x)',xy=(0.4,0.4),xytext=(0.5,0.3),arrowprops=
dic t(facecolor='green',shrink=0.1))               #添加标注
26: plt.annotate(r'log(x)',xy=(0.5,-0.9),xytext=(0.6,-0.8),arrowprops=
d ict(facecolor='green',shrink=0.1))
27: plt.annotate(r'exp(x)',xy=(0.5,1.5),xytext=(0.6,1.6),arrowprops=
dic t(facecolor='green',shrink=0.1))
28: plt.annotate(r'cos(x)',xy=(0.5,0.9),xytext=(0.6,0.7),arrowprops=
dic t(facecolor='green',shrink=0.1))
29: plt.show()
```

修饰结果如图 13.36 所示。

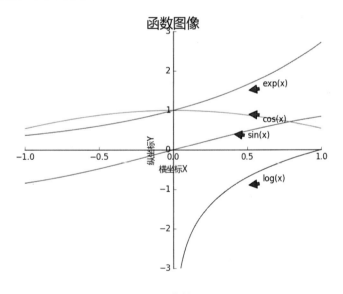

图 13.36　修饰后图形

13.3.2　使用 Matplotlib 绘制统计图表

为了与 Excel 和 Tableau 的绘图效果对比，下面将继续使用全国各省市人员平均工资数据进行绘图。

1．柱状图

绘制柱状图代码如下：

```
01: import pandas as pd
02: import numpy as np
03: import matplotlib.pyplot as plt
04: import matplotlib
05: import re
06: myfont = matplotlib.font_manager.FontProperties(fname=r'C:/Windows/
    Fonts/msyh.ttf')
07: df = pd.read_excel('分省年度数据.xlsx',index_col='地区')
08: a = np.array(df.loc['北京'])
09: b = np.array(df.loc['上海'])
10: x = pd.to_datetime([re.findall(r'\d+',i)[0] for i in df.columns])
11: plt.bar(x,a,color='r',width=200,alpha=0.5)
12: plt.bar(x,-b,color='b',width=200,alpha=0.5)
13: plt.rcParams['font.sans-serif']=['SimHei'] #用于显示中文标签
14: plt.rcParams['axes.unicode_minus']=False    #用于显示负号
15: plt.legend(['北京','上海'],loc='upper left')
16: plt.show()
```

程序运行结果如图 13.37 所示。

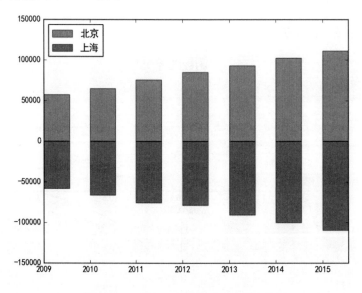

图 13.37　北京、上海收入对比柱状图

2. 折线图

绘制折线图代码如下：

```
plt.plot(x,a,color='b')
plt.show()
```

程序运行结果如图 13.38 所示。

3. 散点图

绘制散点图代码如下：

```
plt.scatter(x,a,color='r')
plt.show()
```

程序运行结果如图 13.39 所示。

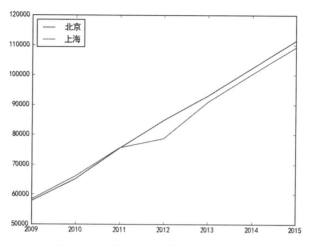

图 13.38　北京、上海收入对比折线图

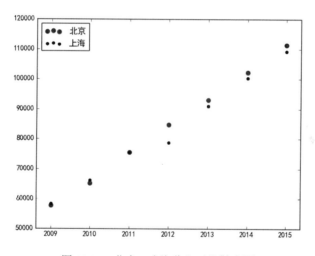

图 13.39　北京、上海收入对比散点图

4．饼图

绘制饼图代码如下：

```
01: import pandas as pd
02: import matplotlib.pyplot as plt
03: import matplotlib
04: myfont = matplotlib.font_manager.FontProperties(fname=r'C:/Windows/
    Fonts/msyh.ttf')
05: df = pd.read_excel('分省年度数据.xlsx',index_col='地区')
06: a = df['上海':'山东']['2015年']
07: label = ['上海','江苏','浙江','安徽','福建','江西','山东']
08: plt.rcParams['font.sans-serif']=['SimHei']#用于显示中文标签
```

```
09: plt.pie(a,colors=('m','b','r','y','k','w','g'),autopct='%1.2f%%',
    labels=label)
10: plt.title(u'华东六省一市工资对比')
11: plt.show()
```

程序运行结果如图 13.40 所示。

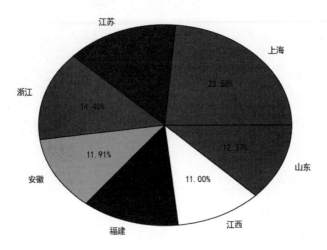

图 13.40　华东六省一市收入对比饼图

5．频率分布直方图

从频率分布直方图就能看出来 Matplotlib 的强大，只需一行代码即可完成统计与绘图的工作。

```
plt.hist(a,bins=10)
```

运行结果如图 13.41 所示。

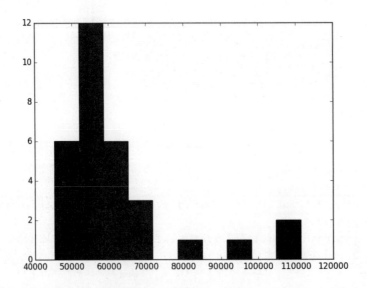

图 13.41　频率分布直方图

6. 地图

使用 Matplotlib 绘制地图需要额外安装其拓展包 Basemap，本章中不进行介绍，有兴趣的读者可以自行尝试。

13.4 优化：Seaborn 的使用

Seaborn 在 Matplotlib 中添加了一些定制好的参数，许多功能不需要一一通过代码实现。

1. 频率分布直方图

如绘制频率分布直方图时会自动添加趋势图，代码如下：

```
import seaborn as sns
import pandas as pd
import matplotlib.pyplot as plt
df = pd.read_excel('分省年度数据.xlsx')
a = df['2015年']
sns.distplot(a)#若不需要趋势线，可以添加参数kde=False,若只需要趋势线，添加参数
                hist=False
plt.show()
```

程序运行结果如图 13.42 所示。

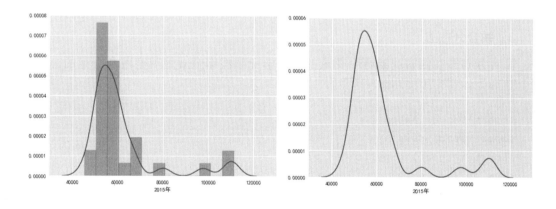

图 13.42　Seaborn 频率分布直方图

2. 柱状图

绘制柱状图会自动分配颜色，如绘制华东六省一市 2015 年的工资对比图，代码如下：

```
import pandas as pd
import seaborn as sns
import matplotlib.pyplot as plt
```

```
df = pd.read_excel('D:\Book\Chapter13\分省年度数据.xlsx',index_col='地区')
a = df['上海':'山东']['2015年']
print(type(a))
sns.barplot(a.index,a)
plt.show()
```

程序运行结果如图 13.43 所示。

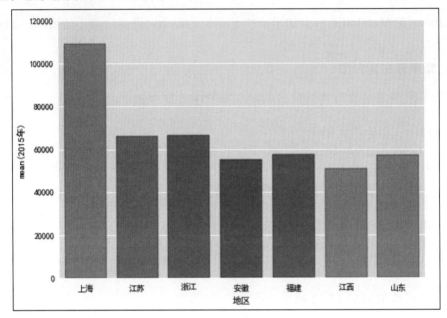

图 13.43　Seaborn 多彩柱状图

3．联合分布图

联合分布图能同时观察两个变量的分布情况且能够直观地观察两个变量的分布关系，绘制联合分布图的代码如下：

```
import pandas as pd
import seaborn as sns
import matplotlib.pyplot as plt
df = pd.read_excel('D:\Book\Chapter13\分省年度数据.xlsx')
sub_df = pd.DataFrame(data=df, columns=['2012年', '2013年'] )
with sns.axes_style("dark"):
    plt.rc('font', family='SimHei', size=13)
    sns.jointplot('2012年', '2013年', data=df, kind="hex")
sns.plt.show()#与plt.show()作用相同
```

程序运行结果如图 13.44 所示。

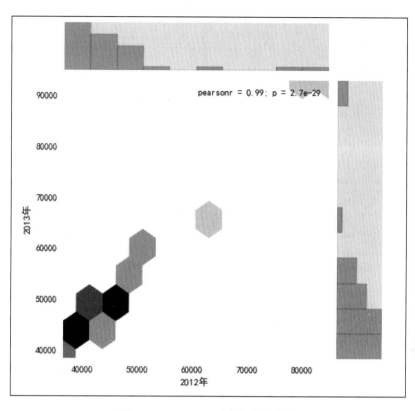

图 13.44　Seaborn 联合分布密度图

将 sns.jointplot()中 kind 参数修改为"kde",可以绘制出如图 13.45 所示的曲线型联合分布密度图,显示的分布结果更加精确。

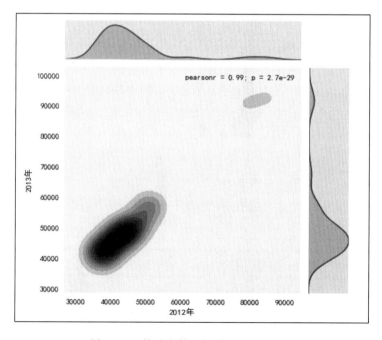

图 13.45　修改参数后的联合分布密度图

4．多变量作图

Seaborn 提供了多变量绘图功能，能够快速分析变量之间关系。

代码如下：

```
import pandas as pd
import seaborn as sns
import matplotlib.pyplot as plt
df = pd.read_excel('D:\Book\Chapter13\分省年度数据.xlsx')
#在Jupyter Notebook中显示中文标签
plt.rc('font', family='SimHei', size=13)
sns.pairplot(df, vars=['2012年', '2013年','2014年','2015年'])
sns.plt.show()
```

程序运行结果如图 13.46 所示。图中绘出了 4 列数据（2012～2015 年的数据）之间的相互关系，一共 16 幅图，其中对角线上 4 幅图为 4 列数据各自的频率分布直方图，其余图为各列数据的交叉关系。

若不喜欢直方图的形式，可以添加 diag_kind='kde'参数，将直方图修改为趋势图，代码如下：

```
sns.pairplot(df, vars=['2012年', '2013年','2014年','2015年'],diag_kind= "kde")
```

修改后的程序运行结果如图 13.47 所示。

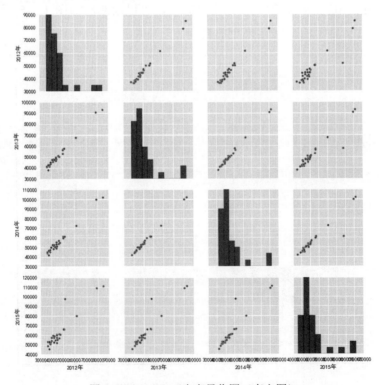

图 13.46　Seaborn 多变量作图（直方图）

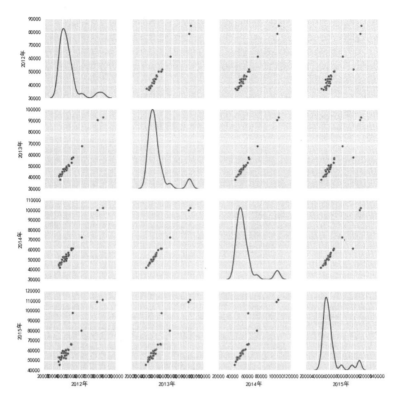

图 13.47　Seaborn 多变量作图（趋势图）

13.5　综合实例：利用 Matplotlib 构建合肥美食地图

Tableau 对国内城市地图的支持不太理想，所以这个实例中的美食地图会选择 Matplotlib 绘制，效果可能会比专业的可视化软件更朴素一点。

在专业的地图软件中，区域边界通常是使用坐标点序列的形式表示，如："116.3288977621845,30.08526472680418；116.42577673164577,29.929492948465658，116.70319817450891,30.16534338245409，"

13.5.1　绘制区域地图

首先我们来绘制区域地图，代码如下：

```
def draw_streets():
    streets = pd.read_csv('street_data.csv')
    streets = streets[streets['COORDINATE'].apply(lambda x:True if x is not
                                                  None else False)]
    streets = streets[streets['XZQHSZ_DM'].apply(lambda x:True if x in
['"340102"','"340103"','"340104"','"340111"'] else False)]  # 筛选合肥四区的街道

    # 将字符串格式的坐标转化为易于处理的列表形式
    def clean(x):
        x = re.sub(r'"|;$','',x)
        coords = x.split(';')
```

```
    return [(float(c.split(',')[0]),float(c.split(',')[1])) for c in
                                coords[:-1]]   # 最后会出现一个空字符串

streets['COORDINATE'] = streets['COORDINATE'].map(clean)
fors,row in tqdm(streets.iterrows()):
    coords = row['COORDINATE']
    for i in range(len(coords)-1):
      plt.plot([(coords[i][0]),coords[i+1][0]],[coords[i][1],coords[i+1]
                                                [1]],color = 'r')
plt.show()
return streets
```

代码执行结果如图 13.48 所示。

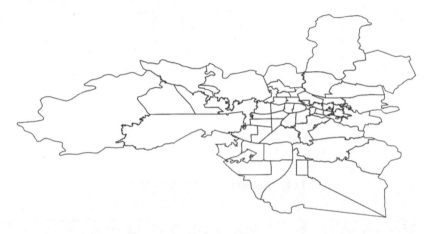

图 13.48　区域地图

13.5.2　利用百度地图 Web 服务 API 获取美食地址

百度地图 API 的调用已经介绍过了，这里再温习一下。

下面的这段代码利用了百度地图 Web 服务 API 的圆形区域检索的功能，请求方式为 Get，请求网址为：

http://api.map.baidu.com/place/v2/search?query=银行&location=39.915,116.404&radius=2000&output=json&ak=您的密钥

其中：

- query 为检索关键词；
- location 为搜索中心点坐标；
- radius 为搜索半径；
- output 为输出格式，可选 JSON 或者 XML；
- ak 为百度地图 api 的密钥。

注意：检索时，API 会自动返回在搜索范围内的前 9 个最佳匹配项；因此，在大范围地毯式搜索的时候会出现大量的重复地点，在采集时需要进行查重。

获取美食地址的步骤如下：

(1) 创建一个矩形,将合肥地图包围在里面,取 4 个顶点坐标。

代码如下:

```
GRID = {

    '合肥':[

        [116.884841,31.973278],
        [116.884841,31.589222],
        [117.473626,31.589222],
        [117.473626,31.973278]
    ]
}
```

(2) 创建一个搜索中心点坐标队列,便于分布式或者多进程协作爬取。

代码如下:

```
class MysqlQueue:
    def __init__(self,points,db_name="food_map", table_name="points",
                                    conn=None):self.db_name = db_name
        self.table_name = table_name
        self.conn = pymysql.connect("localhost", "worker1", "123456", db_
                                    name) if conn is None else conn
        self.cursor = self.conn.cursor()
        sql = """
                CREATE TABLE IF NOT EXISTS %s (
                    ID INT NOT NULL PRIMARY KEY AUTO_INCREMENT,
                    POINT VARCHAR(255) NOT NULL,
                    USED INT NOT NULL
                )CHARSET=utf8;
                """ % table_name
        try:
            self.cursor.execute(sql)
        except Exception as e:
            print(e)

        self.points = [(point,0) for point in points]
        sql = """
                INSERT INTO points(
                    POINT,USED
                ) VALUES (%r,%r)
                """
```

```python
            self.cursor.executemany(sql,self.points)
            self.conn.commit()


    def pop(self):
        # 提取之后将 used 字段置为 1
        self.cursor.execute("""
                SELECT POINT FROM %s WHERE USED=0 LIMIT 1
                """ % self.table_name)
        c = self.cursor.fetchone()
        if c:
            p = c[0]  # fetchone 会取出一个列表
            self.cursor.execute("""
                        UPDATE %s SET USED=1 WHERE POINT=%r
                        """ % (self.table_name, p))
            self.conn.commit()
        else:
            p = None
        return p
```

（3）创建爬虫，进行美食搜索。

代码如下：

```python
class baidu_spider:

    def __init__(self,ak='ttoYeqUv8PCDjdrdXQfLP7M7YcRnO1aQ',keyword='美食',city='合肥',density=150,db_name = "food_map",table_name = 'food_data',radius = 500,output = 'json',scope = 2,conn=None):
        self.ak = ak
        self.keyword = keyword
        self.city = city
        self.density = density
        self.radius = radius
        self.scope = scope
        self.output = output
        self.conn = pymysql.connect("localhost", "worker1", "123456",
                db_name,charset='utf8') if conn is None else conn
        self.cursor = self.conn.cursor()
        sql = """
                    CREATE TABLE IF NOT EXISTS %s (
                        ID INT NOT NULL AUTO_INCREMENT,
                        NAME VARCHAR(255) NOT NULL,
                        TAG VARCHAR(255),
                        RATING VARCHAR(255),
                        DISTRICT VARCHAR(255),
```

```
                            COORDINATE VARCHAR(255) NOT NULL,
                            COMMENT_NUM VARCHAR(255),
                            ADDRESS VARCHAR(255),
                            TYPE VARCHAR(255),
                            PRIMARY KEY (ID,NAME,COORDINATE)
        )CHARSET=utf8;
                    """ % table_name
    try:
        self.cursor.execute(sql)
    except Exception as e:
        print(e)
    self.table_name = table_name


def generate_points(self):
    grid = GRID[self.city]

    # 生成搜索中心点坐标

    lat = ['%r' % (grid[0][0] + (grid[2][0] - grid[0][0]) * i / self.
                    density) for i in range(self.density - 1)]
    lng = ['%r' % (grid[2][1] + (grid[0][1] - grid[2][1]) * i / self.
                    density) for i in range(self.density - 1)]
    self.points = [n+','+a for a in lat for n in lng]
    self.queue = MysqlQueue(points=self.points)


def get_coordinate(self):
    self.generate_points()
    p = self.queue.pop()
    i = 0
    while p:
        if i % 100 == 0:
            print(i)
        i += 1
        url = 
'http://api.map.baidu.com/place/v2/search?query=%s&location=%s' \
            '&radius=%d&output=%s&scope=%s&ak=%s' % 
(self.keyword,p,self.radius,self.output,self.scope,self.ak)
        r = requests.get(url)
        print(r.text)

        # 解析返回的json字符串

        information = json.loads(r.text)['results']
        if information != []:
            for infor in information:
                name = infor['name']
                coordinate = str(infor['location']['lng']) +','+ str
```

```python
                                    (infor['location']['lat'])
            district = infor['area']
            address = infor['address']

            if infor['detail'] == 1:
                try:
                    tag = infor['detail_info']['tag']
                except Exception as e:
                    tag = ""
                try:
                    is_type = infor['detail_info']['type']
                except Exception as e:
                    is_type = ""

                try:
                    rating = infor['detail_info']['overall_rating']
                except Exception as e:
                    rating = ""
                try:
                 comment_num = infor['detail_info']['comment_num']
                except Exception as e:
                    comment_num = ""

           else:
                tag,is_type,rating,comment_num = "","","",""

            sql = """
            INSERT INTO %s(
               NAME,TAG,RATING,DISTRICT,
               COORDINATE,COMMENT_NUM,ADDRESS,TYPE
            ) VALUES (%r,%r,%r,%r,%r,%r,%r,%r) ON DUPLICATE KEY UPDATE NAME=%r;
            """ % (self.table_name,name,tag,rating,district,coordinate,comment_num,address,is_type,name)
            self.cursor.execute(sql)
            self.conn.commit()

        p = self.queue.pop()  # 重新获取下一个搜索中心点p
```

13.5.3 数据分析

通过上面的步骤之后，得到的数据结构示例（这里只显示其中一家饭店的数据）如下表 13.1 所示。

表 13.1 获取到的数据结构示例

ID	TYPE	NAME	COORDINATE	DISTRICT	RATING	COMMENT_NUM	ADDRESS	TAG
1	cater	*饭店	"116.839299,31.905239"	蜀山区	4.5	5	合肥市蜀山区****	美食；中餐厅

可以根据坐标将这些饭店绘制在上面的合肥四区地图上。

在绘制地图的代码中的 plt.show() 上方添加如下代码：

```
con = pymysql.connect(host="localhost",user="worker1",password="123456",db="food_data")
res = pd.read_sql("select * from food_data",con)
res = res[res['XZQHSZ_DM'].apply(lambda x: True if x in ["蜀山区","包河区","庐阳区","瑶海区"] else False)]

for c in res['COORDINATE'].values:
    plt.scatter(float(c.split(',')[0]),float(c.split(',')[1]),color= 'g')
```

程序执行后可得到如下图 13.49 所示。

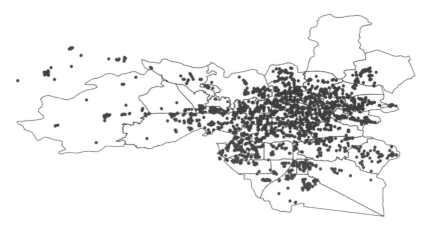

图 13.49 将获得数据绘制到地图上

这样便能从地图中看到合肥四区中的美食分布密度。为了方便地查看合肥各地区的美食质量，还需要根据美食评分采用不同的颜色深浅来绘制美食点，将绘制美食点的代码修改如下，为不同的 RATING（评分）值的美食点设定不同的 alpha（颜色深浅）：

```
res['RATING'] = res['RATING'].fillna(0)
alphas = {
    10:1,9:1,8:0.8,7:0.8,6:0.5,5:0.5,4:0.3,4:0.3,3:0.15,2:0.15,1:0.15,0:0.05
    }
for i,row in tqdm(res.iterrows()):
    c = row['COORDINATE']
    plt.scatter(float(c.split(',')[0]),float(c.split(',')[1]),color='g',alpha=alphas[int(row['RATING']*2)])
```

代码修改后的执行结果如图 13.50 所示。

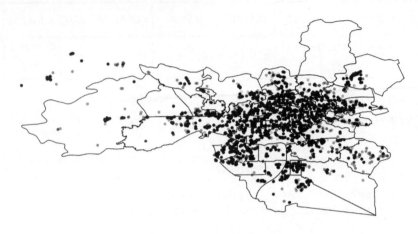

图 13.50　变化颜色深浅后的效果

13.5.4　绘制热力图完善美食地图展示

展示效果仍然不理想，可以考虑采用热力图的方式进行展示，根据街道中的美食平均分对街道填充不同深度的颜色，绘制热力图还需要以下两个辅助功能。

（1）判断点是否在多边形内部

判断点是否在多边形内部可以使用射线法，即在图中任选一点作一条射线，如果该射线与多边形的交点数量为奇数，则可以判定点在多边形内部；如果是偶数则可以判定多边形在外部。

代码如下：

```
def pointInPolygon(point,polygon):
    j = len(polygon) - 1
    result = False
    for i in range(len(polygon)):
        p1 = polygon[i]
        p2 = polygon[j]

        #如果point正好是polygon上的顶点

        if (p1[0] == point[0] and p1[1] == point[1]) or (p2[0] == point[0] and p2[1] == point[1]):
            return True
        j = i
        if point[1] > min(p1[1],p2[1]):
            if point[1] <= max(p1[1],p2[1]):#如果point的纵坐标在线段p1p2的范围内
                if point[0] < max(p1[0],p2[0]):
                    if p1[1] != p2[1]:#如果线段p1p2不是水平线段，则求过point的
                                     水平直线与线段p1p2的交点
                        x = (point[1]-p1[1])*(p2[0]-p1[0])/(p2[1]-p1[1]) + p1[0]
```

```
            if p1[0] == p2[0] or point[0] < x:
                result = not result
            if point[0] == x:
                return True
    return result
```

(2)多边形填充

多边形填充功能采用了扫描线填充算法，即先从任一点出发画直线，求直线与多边形之间的交点，然后再通过在交点之间画粗线的方式填充多边形。

代码如下：

```
def cross_point(polygon,num):
    '''polygon是多边形点列表，num是水平线的y坐标

    return 交点坐标
    '''
    ps = []
    for i in range(len(polygon)-1):
        p1 = polygon[i]
        p2 = polygon[i+1]
        if max(p1[1],p2[1]) <num or min(p1[1],p2[1]) >num:
            continue

        #如果p1p2不是水平线

        if p1[1] != p2[1]:
            x = (num-p1[1])*(p2[0]-p1[0])/(p2[1]-p1[1])+p1[0]

        #如果p1p2是水平线，水平线不求交点

        if p1[1] == p2[1]:
            x = None

        #左闭右开，但是要排除竖直线的情况，因为竖直线时，x==p1[0] and x==p2[0]

            if x== p2[0] and num == p2[1]:
                x = None

        #判断是不是上下顶点

        if i == 0:
            p0 = polygon[len(polygon)-2]
        else:
            p0 = polygon[i-1]

        #如果是上下顶点

        if x == p1[0]:
          if (p0[1]>p1[1] and p2[1]>p1[1]) or (p0[1]<p1[1] and p2[1]<p1[1]):
```

```python
            x = None
        if x != None:
            if x==2.0:
                print(p1[0],p1[1],p2[0],p2[1])
            ps.append((x,num))
    return ps

def fill(df,col = 'AVG_RATING'):

    '''填充'''

    nums = [31.5000+i/3000 for i in range(3000)]

    #红黄绿篮紫
    for i,row in tqdm(df.iterrows()):
        poly = row['COORDINATE']
        alpha = 0.5
        if row['AVG_RATING']>= 4.5:
            color = 'red'
        elif row['AVG_RATING']> 4.3 and row['AVG_RATING']< 4.5:
            color = 'tomato'
        elif row['AVG_RATING']> 4.2 and row['AVG_RATING']<=4.3:
            color = 'orange'
        elif row['AVG_RATING']> 4.1 and row['AVG_RATING']<=4.2:
            color = 'yellow'
        elif row['AVG_RATING']> 3.9 and row['AVG_RATING']<=4.1:
            color = 'greenyellow'
        else:
            color = 'lightblue'
        for num in nums:
            cps = cross_point(poly,num)
            for i in range(int(len(cps)/2)):
                line = (cps[2*i],cps[2*i + 1])
                        plt.plot([line[0][0],line[1][0]],[line[0][1],
                    line[1][1]],color=color,linewidth=3,alpha=alpha)
```

添加完这两个功能之后就可以开始绘制热力图了，绘制热力图首先要对原始数据进行处理，计算平均评分 AVG_RATING。

代码如下：

```python
import pandas as pd
import matplotlib.pyplot as plt
from tqdm import tqdm
from point_in_polygon import pointInPolygon
from fill import fill
import re
df = pd.read_csv('C:\\Users\\Dl\\Documents\\GitHub\\learning_notes
```

```python
\\food_map\\new_items.csv')
    df['RATING'] = df['RATING'].fillna(df['RATING'].mean())
    df['COORDINATE'] = df['COORDINATE'].apply(lambda x:eval('('+str(x) + ')'))
    streets = pd.read_csv('C:\\Users\\Dl\\Documents\\GitHub\\learning_notes\\food_map\\street_data.csv')
    streets = streets[streets['COORDINATE'].apply(lambda x:True if x is not None else False)]
    streets = streets[streets['XZQHSZ_DM'].apply(lambda x:True if x in ['"340102"','"340103"','"340104"','"340111"'] else False)]

    # 将字符串格式的坐标转化为易于处理的列表形式

    def clean(x):
        x = re.sub(r'"|;$','',x)
        coords = x.split(';')
        return [(float(c.split(',')[0]),float(c.split(',')[1])) for c in coords[:-1]]   # 最后会出现一个空字符串

    streets['COORDINATE'] = streets['COORDINATE'].map(clean)

    # 匹配美食所属街道

    belong_street = []
    for i,row1 in tqdm(df.iterrows()):
        b_street = ""
        for j,row2 in streets.iterrows():
            if pointInPolygon(row1['COORDINATE'],row2['COORDINATE']):
                b_street = row2['QH_CODE']
                break
        belong_street.append(b_street)

    df['QH_CODE'] = belong_street

    # 计算每个街道的平均评分

    avg_ratings = []
    for h,row in tqdm(streets.iterrows()):
        code = row['QH_CODE']
        avg_ratings.append(round(df[df['QH_CODE']==code]['RATING'].mean(),1))
    streets['AVG_RATING'] = avg_ratings

    print(streets['AVG_RATING'].value_counts())

    # 填充

    fill(streets)
```

```
# 绘制地图边界
for s,row in tqdm(streets.iterrows()):
    coords = row['COORDINATE']
    for i in range(len(coords)-1):
        plt.plot([(coords[i][0]),coords[i+1][0]],[coords[i][1],coords
                    [i+1][1]],color = 'black')
plt.show()
```

运行代码，最终得到的合肥美食地图如下图 13.51 所示。

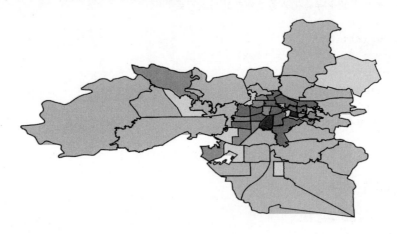

图 13.51　最终的合肥美食地图

实例分析：

这个实例包含了百度地图 API 的调用、分布式爬取和 Matplotlib 绘图的知识，重点介绍了通过扫描填充的方式实现了热力图的绘制，展现了 Matplotlib 强大的绘图功能和拓展性。在熟练掌握 Matplotlib 之后，还能够绘制更多更复杂的图形。